国家社科基金项目（12CZX023）

发明哲学

吴红 ◎ 著

The Philosophy of Invention

中国社会科学出版社

图书在版编目（CIP）数据

发明哲学／吴红著 . —北京：中国社会科学出版社，2020.3
ISBN 978 - 7 - 5203 - 6005 - 0

Ⅰ.①发… Ⅱ.①吴… Ⅲ.①创造发明—科学哲学
Ⅳ.①G305

中国版本图书馆 CIP 数据核字（2020）第 026483 号

出 版 人	赵剑英
责任编辑	喻　苗
责任校对	胡新芳
责任印制	王　超

出　　版	中国社会科学出版社
社　　址	北京鼓楼西大街甲 158 号
邮　　编	100720
网　　址	http://www.csspw.cn
发 行 部	010 - 84083685
门 市 部	010 - 84029450
经　　销	新华书店及其他书店
印　　刷	北京明恒达印务有限公司
装　　订	廊坊市广阳区广增装订厂
版　　次	2020 年 3 月第 1 版
印　　次	2020 年 3 月第 1 次印刷
开　　本	710×1000　1/16
印　　张	18.25
字　　数	263 千字
定　　价	88.00 元

凡购买中国社会科学出版社图书，如有质量问题请与本社营销中心联系调换
电话：010 - 84083683
版权所有　侵权必究

前言　发明的哲学之思：不应该被忽略的主题

在技术成果搭建起人们赖以生存的环境的今天，广大民众都能够对新技术和新产品如数家珍，非专业技术人士也能够快速操作极其复杂的设备终端。然而，在这种技术繁荣现象的背后，很少有人冷静地思考"新事物究竟是怎样被发明出来的"这一基本问题。在技术哲学领域，发明的哲学思考亦是一个被严重忽略的主题。

当前，在整个学术界，研究者对待发明所抱有的热情远不及创新，现有的研究成果表明已有的研究主要集中于创新，而非发明，[①]这种现象在中国则更为突出。特别是江泽民同志在1995年召开的全国科学技术大会上做出"创新是一个民族进步的灵魂，是国家兴旺发达的不竭动力"的著名论断之后，"创新"成为中国社会各个领域竞相追逐的话题，成为全民关注的焦点，许多领域的学者也迅速将研究视角转向创新，而对"发明"这一主题的研究却被扔得越来越远了。这是一个极具讽刺意味的现象，因为发明是创新的源头，没有发明就无所谓创新。如果人们只关心创新之流，严重忽视创新之源，难道我们就不担忧终有一天创新的源与流可能会一起枯竭吗？

对发明主题的忽视，笔者认为有多方面的原因。第一，很长时间以来，发明笼罩着一层神秘的面纱。发明的出现通常是在没有准确预

---

① Wilfred Schoenmakers, Geert Duysters, "The Technological Origins of Radical Invention", *Research Policy*, Vol. 39, No. 8, October 2010, pp. 1051–1059.

期的情况下发生的，发明人的思考方式很难被别人模仿，可以说没有哪两个发明产生的过程和模式是完全相同的。由此，发明被贴上了"神秘"的标签，发明人头顶特殊的光环，发明家的英雄形象长期存在于社会生活中。人们对发明的神秘性和不可知性的接受，成为研究发明主题最大的障碍。

第二，发明主题的学科归属不明确。在学科领域划分中，发明是一个尴尬的主题，它不像医学、农学中的很多研究主题有着明确清晰的学科归属，所以发明遭遇到了许多研究者的婉拒。目前，与发明最为接近的研究主题应该是创新，近一个世纪以来，创新一直是经济学和管理学中的热门话题。熊彼特（Joseph A. Schumpeter）把技术变迁划分为三个阶段：发明（新技术的产生）、创新（新技术的商业化）和扩散（新技术的传播）。但是，著名经济学家、技术哲学家布莱恩·阿瑟（W. Brain Arthur）指出，在这三个阶段中，关于发明的研究最少。[①] 我们完全可以理解，经济学家更为关注的是新技术如何在快速商业化中取得经济效益，以及这些新技术如何在更大的范围内进行传播，而对于一项新技术是如何被发明出来的，由于不是经济学家的专业所长，他们的兴趣自然不会很高。另一个与发明主题关联密切的领域是知识产权，但是，目前知识产权领域的研究者基本上是从法律的视角探讨发明的可专利性、发明的权属以及由此产生的知识产权纠纷等问题。知识产权学科领域的研究者只关注已经产生的发明成果，并不考虑发明是怎样产生的。在法学家和专利律师的眼里，新技术的发明完全是属于技术人员的事情。由此，发明主题找不到自己的一席之地，想要引起较多研究者的关注，显然非常之困难。

第三，研究者的兴趣与局限。谁对发明的哲学问题感兴趣，谁有能力研究发明？这是发明的哲学思考是否繁荣的一个非常关键的方面。第一类是相关专业领域的发明人员。他们懂得如何完成一项新设

[①] W. Brain Arthur, "The Structure of Invention", *Research Policy*, Vol. 36, 2007, pp. 274–287.

计、解决一个新问题,他们的技术活动中随时随地涉及或重大或微小的发明活动,所以他们对发明活动最为熟悉,也最有发言权。但是,这些发明人员缺乏社会科学知识的训练,他们感兴趣的是某项技术本身,而非对发明进行一般意义上的思考与总结。第二类是技术史家。他们从历史学的角度梳理技术发明,关注技术发明的发展历程,以及这些发明在其所处的时代如何影响社会进程,但对于技术发明的本质,技术史家并不关心。第三类是哲学社会科学研究者。这部分研究者具有良好的哲学社会科学理论素养,但是,他们缺乏技术活动的知识背景与训练,对于技术发明活动本身没有实践经验,他们想要去研究发明活动,则稍显力不从心。

虽然发明理论研究文献相当稀少,但是绝不意味着缺席。西方学者对创造力、发明和天才的起源问题,表现出相当持久的兴趣。① 关于创造力、发明和天才的起源的观点也随着它们的含义和用法而不断演变。其解释已经从神圣的转变到遗传的、心理的和社会的。在古希腊神话中创作被表达为神的干预,诸神把原创的思想通过对人们吹气传递给他们,由此给他们启示。②

几个世纪以来,发明通常被认为是人类的本性,发明人的活动是人类创造力和思想自由的非理性冲动的后果。尤其在19世纪的浪漫主义时代,发明充溢着英雄主义情结,这一时期涌现了大量的赞扬发明家的传记式的文献。但是,对发明的这样的解释受到19世纪末出现的新兴理论的挑战,新的理论提出发明是环境的、发展的和心理因素共同作用的结果。20世纪,发明的理论开始偏离对创造力的神圣的、神秘的解释,转向思考有可能塑造人类发明行为的其他因素。在20世纪,更多领域的研究者对发明这一主题表现出浓厚的兴趣,他们主要是心理学家、社会学家和经济学家。

---

① F. M. Collyer, "Technological invention: Post-Modernism and Social Structure", *Technology in Society*, Vol. 19, No. 2, 1997, pp. 195–205.

② R. W. Weisberg, *Creativity: Bqyond the hlyth of Genius*, W. H. Freeman, New York, 1992, p. 7.

心理学家关注的焦点是人类创造力的来源及特性，研究者的研究方法主要集中于两个方面：一方面是选取个别突出的艺术家和科学家，探索他们的创造性的人格特征；另一方面通过对大量发明人进行样本统计，得出他们创造力的一般特性。心理学家的研究侧重于人类创造力的本质，包括艺术创造力、科学创造力和发明中的创造力，对于发明活动的过程，他们则不怎么关心。

20世纪以后，对发明活动研究最具特色的则是社会学家，他们从社会学的视角探索发明的产生、过程和社会影响。社会学家对发明活动的研究形成了两个阶段：旧技术社会学也叫发明社会学研究阶段和新技术社会学阶段。旧技术社会学研究阶段是以美国社会学家奥格本（W. F. Ogburn）和吉尔菲兰（S. C. Gifillan）为代表的奥格本学派所进行的工作。吉尔菲兰最早提出"发明社会学"（S. C. Gilfillan，1935）这一概念。奥格本学派反对发明的英雄理论，转而从社会发展中寻找形成发明的各种因素，明确提出发明的组合累计的模式，是打开技术发明的黑箱的首次努力。奥格本学派的发明社会学研究轰轰烈烈展开却于20世纪50年代末迅速消退，时隔20年后，一群从事技术与社会研究的社会学家重新掀起了技术社会学研究的浪潮，进入新技术社会学研究阶段。新技术社会学借用社会建构主义理论分析技术发明活动，对发明案例进行微观层面的剖析，以寻求社会多方力量在发明活动中是如何相互博弈并最终促成发明的完成的。

经济学家对发明的兴趣不在发明活动本身，而是考察发明活动的经济影响。他们把技术变迁引入经济学领域，研究指出，发明活动的经济后果无论对长期的经济增长还是短期的周期性不稳定都具有重要的研究价值。此外，对发明活动的研究也有助于分析社会的经济需求。

经济学家研究发明主要采用专利统计的方式，经济学家为什么对专利统计的研究如此感兴趣？这起码有以下两个原因：[1] 一个原因是

---

[1] Jacob Schmookler, "Changes in Industry and in the State of Knowledge as Determinants of Industrial Invention", in Universities-National Bureau Edited, *The Rate and Direction of Inventive Activity: Economic and Social Factors*, Princeton University Press, 1962, pp. 195–232.

在当前环境下，数据研究已经阐明了一些社会理论和经济发展理论的基本问题。就算不是全部，也是有很多经济学家、历史学家、社会学家和人类学家在科学发现和发明中找到一对外生变量，这一对外生变量在很大程度上解释了长期的社会变迁和经济增长。另一个原因是社会经济力量已经为发明人的活动指明方向，尽管同样更大的力量影响了发明的命运。在新知识的发现和通过工业进行过滤之间展示了创新和扩散的过程。这些过程反过来又被萧条和繁荣、战争与和平、新进的竞争者和补充进来的发明、相关行业非周期性的兴衰等要素彻底颠覆。因此，没有理由假设一个行业的平均发明的经济影响随着时间的推移却不出现变化。新产品或过程的发明不过是事件发展链条中的第一个环节，对于这个链条，我们知之甚少。而专利统计研究不过是这个事件链条研究中的一个阶段。

在国内学术界也有部分跨越自然科学和社会科学领域的学者研究技术发明问题。东南大学夏保华教授近年来致力于技术发明的哲学思考，2008年，夏保华教授在美国宾夕法尼亚大学进行学术访问期间，偶然发现了19世纪英国工程师、发明家、技术哲学家亨利·德克斯（Henry Dircks）发表于1867年的一部作品——《发明哲学》。德克斯在其著作中系统地将发明划分为实验发明和实用发明两大部类，并且对发明的阶段进行了描述。夏教授敏锐地认识到这本书所具有的学术价值，积极地介绍给国内学者。笔者正是受到夏保华教授的影响，在借鉴前人研究的基础上展开对发明本质的思考。

笔者本科毕业于中国矿业大学"工业电气自动化（创造工程）"专业，这是我国高等教育专门培养创造工程师的首次尝试，笔者接受了四年严格的发明创造理论与实践训练，本科毕业后开始转向从哲学的层面对发明展开思考。本书是对发明哲学研究的一次尝试，希望能够引起更多对发明主题感兴趣的同行的共鸣。鉴于笔者水平有限，在参考外文文献中对某些字句把握欠准确，书中难免存在一些疏漏，恳请读者给予批评指正。

目　录

第一章　发明的本质 ……………………………………… (1)
　　第一节　发明的含义与流变 ………………………………… (1)
　　第二节　发明的分类 ………………………………………… (16)
　　第三节　发明的特质 ………………………………………… (24)

第二章　发明的来源 ……………………………………… (36)
　　第一节　发明中的创造力 …………………………………… (37)
　　第二节　发明的社会需要 …………………………………… (46)
　　第三节　现有技术产品的缺陷 ……………………………… (53)
　　第四节　变化的环境因素 …………………………………… (60)
　　第五节　科学进步与技术发明 ……………………………… (73)

第三章　发明的组合模式 ………………………………… (83)
　　第一节　对发明组合模式的探索 …………………………… (84)
　　第二节　什么是组合模式 …………………………………… (97)
　　第三节　组合的依据 ………………………………………… (107)
　　小　结 ………………………………………………………… (111)

第四章　发明人 …………………………………………… (112)
　　第一节　发明人的群体分化 ………………………………… (113)
　　第二节　发明人在发明活动中的地位 ……………………… (130)
　　第三节　发明人的教育背景 ………………………………… (141)

第四节　发明人的动机 …………………………………… （147）
　　第五节　发明人的年龄情况 ……………………………… （152）
　　第六节　发明人的性别 …………………………………… （167）
　　小　　结 …………………………………………………… （177）

第五章　发明伦理 ………………………………………………… （178）
　　第一节　发明伦理研究的缺失 …………………………… （178）
　　第二节　发明关涉伦理吗？ ……………………………… （186）
　　第三节　发明伦理准则 …………………………………… （192）
　　第四节　发明主体伦理道德的建构 ……………………… （203）
　　小　　结 …………………………………………………… （210）

第六章　发明的成与败 …………………………………………… （211）
　　第一节　失败的发明 ……………………………………… （212）
　　第二节　成功发明的产生——技术社会学的视角 ……… （223）
　　第三节　发明中失败与成功的辩证关系 ………………… （236）

结　语 ……………………………………………………………… （248）

参考文献 …………………………………………………………… （253）

后　记 ……………………………………………………………… （280）

第一章 发明的本质

发明是什么？一个想法，直觉，还是对自然界运行规律的领悟？不管发明是人的行为还是神的启示，发明都具有足够的力量改变人类的生活、社会和自然环境。技术史家厄舍尔（Abbott Payson Usher）认为发明是一种超出正常的技能训练之外的一种顿悟，这一界定也逐渐成为公认的发明的定义。[①] 但是在发明的历史中，人们对发明的认识经历了什么样的变迁？发明种类繁多，从不同的角度应该怎么样给予发明分类，才能让人们更好地理解发明？当前，发明和社会的互动越来越密切，不能脱离社会来进行发明，那么真正有意义的发明应该具备何种特性？本章通过对以上问题的探索和思考，尝试揭开发明的本质，以便人们更好地认识发明和进行发明活动。

第一节 发明的含义与流变

发明，一个复杂而又极具魅力的概念，从古代到现代，一直频繁地出现在各种文献中，表达着多重含义。虽然当前人们在使用这个词语的时候，首先习惯于和技术上的革新联系起来，但是早期发明的使用和今天具有很大不同。发明作为把新事物当作研究对象的一种活动，其主要含义有两大方面：第一种是发现，第二种是新事物的创造。今天，英文

---

① Abbott Payson Usher, *A History of Mechanical Inventions*, Cambridge: Harvard University Press, 1954, pp. 60–65.

中 invention 这个词语和中文中的"发明"一词，已经严格地使用第二种含义，发明的第一层含义已经摒弃不用了。但是在发明的历史中，人们对发明的认识究竟经历了怎样的变迁？发明在不同的语境中表达何种含义？今天，回溯发明的含义与演化，有助于人们更好地理解发明的本质。

一 古代到文艺复兴：发明含义的多样化

根据词源学解释，"发明"（invention）源自拉丁语 inventio。在拉丁语中，inventio 是动词 invenire 的名词形式，invenire 由 in（对应英文 in, on）加上 venire（对应英文 to come，即产生出来）构成，从字面的意思来看就是"突然产生"，在实际使用中表达新奇的事物突然出现到人们的视野中。[①] 它还有一个衍生的意思是指想出，设计出。[②] 当然，也有学者认为"发明"一词通常用于一首诗歌，一台机器，但是其关键的意思不是创造新事物，而是偶然发现已经存在的旧的事物。[③] 所以，不管在哪种场合使用，发明总是和新颖性相联系，这种新颖性源于发明的事物之前不为人们所知。拉丁语 Inventio 经历古法语 invencion、希腊语 ενρεσι 和中古英语 invenciŏun，最后演化到当前的 invention。在中国人的传统语言中，"发明"本是"使之开朗明畅""将某个道理阐述清楚"之意，这与今天通常所说的"发明"的意义原本不相干。直到 20 世纪，它才被用来对译西文中的 invention 一词。[④]

从古代一直到文艺复兴之前的漫长历史中，发明被赋予多重含义，在不同的语境中指代不同的内容。

（一）作为发现意义上的发明

被称为"古代世界的最后一位学者"的西班牙塞维利亚的伊西多

[①] Julian Wolfreys, Literature, in Theory: Tropes, Subjectivities, Responses and Responsibilities, 2010, p.142.

[②] Alfred Daniell, "Inventions and Invention", The Juridical Review, Vol.11, 1899, pp.151-172.

[③] George Perkins Marsh, The Origin and History of the English Language, and of the Early Literature It Embodies, New York: Charles Scribner & CO., 1867, p.398.

[④] 江晓原：《技术与发明》，复旦大学出版社 2010 年版，第 3 页。

尔（Isidore）在636年完成的类似百科全书的《词源学》一书中，对拉丁语 ingeniosus（英语对应 talented）进行这样解释：具有高度创新的天才是那些有能力产生任何种类艺术的人，而发现者（inventor）则是因为他偶然发现了他所要寻找的事物，因此他找的东西就是发明（inventio）。假如我们考虑词的来源，to invent（in + venire）① 就是突然产生了一直想要寻找的事物。人们寻找的东西可能是已经存在的，发明人必须经历发明的过程，把隐藏的事物揭露出来，或者是发明人重新把隐藏的事物带到现实世界中来。发明的这个思想并非它的唯一含义，发明不仅包含宽泛的含义，还与其他若干个词语交叉使用。伊西多尔自己交替使用词语 inventor，author，discoverer。在他的一个关于"医药发明人（inventor）"章节中，开篇就提到阿波罗（Apollo）是医药的发现者（author and dicoverer）；几何学是被发现的（discovered），但是喜剧是被发明（invented）的，他还提到音乐的发现者（discoverer of music）等。这种发明和发现交替使用的现象贯穿整个古代直到近代早期。②

（二）作为设计意义上的发明

在古代，发明较为古老和普通的用法还用来表达设计或发现一个方法或目标的行为，不管是偶然发生的还是通过精心的寻找才最终发现的，但是它都强调产生或创立了某些事物。在希腊人和地中海东部地区的人们对发明有特殊的兴趣，他们对发明活动的认识也更为深刻。希腊人认为，发明是一个大规模的创造性过程，涉及所有地区人们的思想和活动，涉及应用洞见能力或者有用的方式，以产生知识的新领域、物质上的舒适，或者是新的社会制度和技术。③ 此种含义在希腊人称发明人（inventor）和标识发明物（inventions）的时候，表

---

① Translated by Stephen A. Barney, et al., *The Etymologies of Isidore of Seville*, New York: Cambridge University Press, 2006, p. 22.

② Alexander Marr, Vera Keller, "Introduction: The Nature of Invention", *Intellectual History Review*, Vol. 24, No. 3, 2014, pp. 283-286.

③ Catherine Atkinson, *Inventing Inventors in Renaissance Europe: Polydore Vergil's de Inventoribus Rerum*, Germany: Mohr Siebeck, Tübingen, 2007, pp. 17-19.

现的是很明显的，而且这种概念和用法在公元前5世纪就已经建立起来了。

这一时期，发明所承载的某些层面的含义已经包含了今天的发明（invention）和发现（discovery），但发明的这一层面的含义和今天发明的意思具有本质的区别。早期古老的发明（inventio）的概念嵌入了多种含义——宇宙论的、哲学的和神学的思维框架。在古代，当有人提到发明活动时，他们都会被看作原创性和新颖性的特质，但是，并非今天普遍意义上的一种依靠人类思维有意识的、自主的创造性活动。相反，发明只是一种在柏拉图哲学意义上的"从记忆中寻找"，恢复或者找回原本存在但是隐藏在记忆这个精神仓库中某个地方的知识，是靠着思维去寻找。尽管这种取回知识的思维过程是一个充满想象力的、创造性的过程，但是还需要发明天赋、明智的判断和在某些领域拥有良好知识素养的思想者所具有的原创性能力。这条主线涵盖了一个问题：如何从有序的世界中获得洞见？神明创造了世界，但是没有把它展示给所有的人类，揭露这些隐藏的秘密则是人类的任务，即发明的过程。

（三）发明在修辞学中的使用

早期，发明还有一个较为重要和普遍的用法是在修辞学中。在修辞学的论著中，在 invenire（发明）一词出现的地方，我们经常会看到 reperire（发现，获得）或者是 excogitare（想，通过思考来发现）。在修辞学文献中对发现过程的论述，最明晰和容易理解的是西塞罗（Marcus Tullius Cicero）在其《演讲的结构》（*De Partitione Oratoria*, *Dialogus*, 1538）中的描述。西塞罗认为演说家的能力来自两个方面：第一是发现演讲的主题，第二是传达主题所选择使用的语言。[①] 主题的发现先于语言的寻找，尽管发明有时候松散地运用于以上两种发现中，但通常发明仅仅关注主题，而非语言。在西塞罗其他的论著中，

---

① Ullrich Langer, "Invention", in Glyn P. Norton Edited, *The Cambridge History of Literary Criticism*, Volume 3: The Renaissance, Cambridge University Press, 1999, p.136.

他曾论述道：发明可以被定义为真理或者貌似真的主题的发现，这个主题用来渲染可能的或者貌似可能的原因。① 发明通常被认为比选择修饰主题的语言更加重要，西塞罗评价发明是修辞五部分中最重要的。② 发明在修辞学中的使用一直持续到 17 世纪。

（四）宗教文献中发明的特定含义

15 世纪中期以后，发明还因为一个特殊的含义而频繁地出现在各种文献中，尤其是宗教著作中。发明，专门用来指"圣十字架的发现"（invention of the cross）。③ 这件事情指的是在基督纪元 326 年君士坦丁（Constantine）大帝的母亲海琳娜（Helena）被托梦，然后她在耶路撒冷耶稣被钉死在十字架上的叫各各他（Golgotha）的受难地挖出三个十字架。在基督教中，大多数基督教徒都相信这一事实，对这些片段的崇拜，逐渐被加工成如神迹般的故事，成为中世纪宗教文化中的一个重要部分。④

（五）用于"音乐主题的发现"的发明

从 16 世纪开始，"发明"（invention 或 inventio）开始在音乐文献中使用，翻译成"创意曲"。这一时期，音乐出现了大量不同的创作形式，然而对创意曲准确的定义从未出现。已经知道的最早使用这个词语是在《第一本创意曲集》（*Premier livre des inventions musicales*，1555，这是第一本关于音乐创意曲的书）中。这是法国作曲家雅内坎（Clément Janequin）的作品，书中发明暗指作曲家在创作法国标题音乐合唱曲中主调合唱曲的过程中，他们在考虑音乐之外的因素时表现出来的高度的独创性和新颖性。创意曲这种曲式体裁兴盛于 17—18

---

① Cicero, *De invention*（*Large Type Edition* 16*pt Bold*）, Objective Systems Pty Ltd. CAN, 2006, pp. 15–16.

② 西塞罗强调修辞中发明和配置（disposition），后来，古罗马的西塞罗和昆提连则将修辞学确立为一门学科，分为构思（invention）、谋篇（disposition）、宏辞（elocution）、记忆（memory）、演讲方式（delivery）五个方面的研究。

③ Sherman M. Kuhn Editor, *Middle English Dictionary*, Volume 5, The University of Michigan Press, 1975, p. 255.

④ The New Encyclopaedia Britannica, Chicago: Encyclopaedia Britannica, Founded 1768, 15th Edition, Volume 4, 1985, p. 361.

世纪欧洲地区，最为杰出的成就是德国作曲家巴赫（Johann Sebastian Bach）创作于18世纪20年代的30首创意曲。巴赫采用"发明"这个词语并非指称一种人们普遍接受的音乐风格，而是从修辞学中借用这个词用作一个音乐片段背后的思想的常规隐喻，指作曲家在完成整部音乐内容之前发现的音乐主题。① 20世纪以来，"发明"一词依然偶尔使用在音乐作品标题中。

二 文艺复兴时期：发明含义的收敛

人们通常有一个假设，就是在人文教育和柏拉图主义者偏见的影响下，文艺复兴时期的学者绝对地否定机械技术的价值，并且照此推测，他们藐视手工劳动。或许，这种情况是普遍现象，但是也有例外。在15世纪40年代到50年代期间，有多位人文学者对设计新机械或者学习最新的发展表现出浓厚的兴趣。② 这一时期，学者对当前进步和成就的关注，主要体现在一些关于发明和发现的文献学著作的出现中。通过对这些文献的梳理，可以感受到相比较文艺复兴之前，这一时期发明的含义呈现收敛的态势，发明的含义主要集中于依然没有清楚划界的发明和发现这两层含义。

文献学中关于发明和发现的梳理最早出现在1449年托尔泰利（Giovanni Tortelli）的题为《现代发明的首次分类》的讨论新发明手稿上。③ 他用编年史的方式，回顾一些发明最早出现的年代以及发明的产生过程，比如机械钟表、教堂的鸣钟、罗盘、马靴、水磨等。虽然他所罗列的发明最早出现的年代大多不准确，但是他的工作深刻地影响了后来的

---

① Laurence Dreyfus, *Bach and the Patterns of Invention*, Pennsylvania: President and Fellows of Harvard College, 1996, pp. 2 – 3.

② Alex Keller and Giovanni Tortelli, "A Renaissance Humanist Looks at 'New' Inventions: The Article 'Horologium' in Giovanni Tortelli's 'De Orthographia'", *Technology and Culture*, Vol. 11, No. 3, 1970, pp. 345 – 365.

③ Alexander Marr, Vera Keller, "Introduction: The Nature of Invention", *Intellectual History Review*, Vol. 24, No. 3, 2014, pp. 283 – 286.

学者。① 在托尔泰利的影响下,很快产生了一批梳理发明和发现的著作,比较有代表性的是丰塔纳(Giovanni Da' Fontana)的《自然界万物的本质》(大约完成于1544年),韦杰尔(Polydore Vergil)的《论发现》(1499),潘西若利(Guido Pancirolli)的《新发现》(1602)等。

丰塔纳较早地梳理了关于地球、天穹和各类天体运行、关于四元素及其相关现象、人类居住的环境、各类天体和地球上动植物等各类事物的数量问题。丰塔纳对于他所处的时代的气象知识和地图制作知识感到自豪,同时也自豪于当时的机械进步和中世纪后期的一些发明,并且在他的文献中提到整个人类居住的环境充满了华丽的面料、巧妙的机器和用来进行艺术与科学操作的仪器。② 丰塔纳本人还是一个热爱发明的人,他曾经根据游鱼、飞鸟和奔跑的兔子等来发明机器人测量员的前身,所有的设计的目的都是去测量在水中、在空气中等的表面和距离。③ 韦杰尔在其《论发现》这本巨著的前面三本书里,罗列的发明和发现可谓包罗万象,涉及天文、地理、宗教、哲学,度量、人类的起源、绘画、雕刻、农业、技术等。

虽然这个时期的人文学者只用了较少的篇幅来解释科学和技术领域的新发明和发现,但是在他们的文献中可以感受到,在韦杰尔所处的时代,发明和发现使用依然纠缠在一起,比如韦杰尔提到建筑的发明,纺织的发明,肥皂的发明,药物合成的发现等。只是,托尔泰利的目的并非为新发现进行分类,而兴趣在于一个文献学的问题:在新事物出现的过程中如何保持良好的拉丁语风格?韦杰尔对很多新发明进行了分类编撰,但是他关注的是发明最初的奠基人,而非当前的革新者。④

---

① Alex Keller and Giovanni Tortelli, "A Renaissance Humanist Looks at 'New' Inventions: The Article 'Horologium' in GiovanniTortelli's 'De Orthographia'", *Technology and Culture*, Vol. 11, No. 3, 1970, pp. 345 – 365.

② Lynn Thorndike, "An Unidentified Work by Giovanni da'Fontana: Liber de Omnibus Rebus Naturalibus", *Isis*, Vol. 15, No. 1, 1931, pp. 31 – 46.

③ Don Ihde, *Instrumental Realism: The Interface Between Philosophy of Science and Philosophy of Technology*, Indiana University Press, 1991, p. 59.

④ Alexander Marr, Vera Keller, "Introduction: The Nature of Invention", *Intellectual History Review*, Vol. 24, No. 3, 2014, pp. 283 – 286.

发明哲学

  文艺复兴时期，发明的含义逐步收敛集中于新事物的发现和设计（现代意义上的发明），发明涉及艺术、建筑、自然哲学、发明人权利和机械方面的创新。但是这一时期，发明的首要意思还不是现代常用的机械设备的发明。在近代欧洲早期，发明的本质没有表现出明显的变化，在1500年，这个词语有"编造故事"的含义，到1531年，它的意思开始逐渐蕴含着：规定一个新颖的设备或者方法。[①] 在16世纪和17世纪，随着新的文化不断融合进来，"发明"的含义和这个词的古代时期的意思一并向前发展。在17世纪，发明开始比较缓慢地转向当前技术创新的含义。

  直到近代早期，人们都没有严格区分发明和发现，就连著名的人文学家韦杰尔也没有把区分发现和发明当作重要的内容来看待。自然界最遥远的过去就是与发现和发明相联系的，但是发现和发明是有区别的。自然界产生的第一个法则或者要素不是发现也不是发明，但是人类后来发现了——而非发明——这些要素。英文单词的发明，意味着事物（物质的和非物质）刻意地和创造性地被制造出来以满足某些目的，而发现则意味着事物被第一次发现（而不是制造），不管是有意的还是无意的。韦杰尔用 invenire 和 inventor 连同 repertor，auctor 和别的一些词一块表达发现（finding）和制造（making），发现（dicovering）和发明（inventing）。同样地，当兰勒（Langley）在1546年把韦杰尔的著作翻译成英文的时候，他把其中一章的题目——De Herbarise et Medicamentariae Atque Melleae Medicinae Inventoribu——翻译为——The Inventours of Herbs Medicinable，意思是那些发现了草药的人，这其中没有"发明"任何东西。兰勒和韦杰尔一样，都没有对发明和发现进行区别，"发明"这个词语也同时在这两种层面上使用。这一时期，发现和发明区别很小，不仅仅因为拉丁词语本来含糊不清，还因为在它们所处的时代，发明人被当作技巧（artifice）和革

[①] Gaurav Desai, "The Invention of Invention", *Cultural Critique*, Vol. 24, 1993, pp. 119–142.

新的英雄来看待。①

三 17 世纪到 19 世纪：走向技术发明

在中世纪，发明更多地指偶然发现，比如发现一处新的矿石资源，而技艺（ars 或 art）则用来指在技术上知道如何去做，这是一个有目的行为。② 16 世纪后半叶，发明有时候含有创建（founded）的意思，比如 1576 年，威廉姆·兰巴德（William Lambarde）在其著作《肯特郡的勘查》（*A perambulation of Kent*, 1576）中提到"一种秩序的发明"③。17 世纪以后，发明的含义和用法脱离了之前的多样化，逐步集中于发明和发现，并且这两种用法逐步区分使用。同一时期，在技术领域，发明（invention）取代了之前的技艺（art），专门指代技术领域中的创建。发明在形成技术创造这一固定用法的过程中，大约经历了以下三个阶段。

（一）17 世纪开始，发明和发现的意思出现分化

在十五六世纪之前，"发明"（inventio）一词的概念不可避免地与现代"发明"和"发现"两个词语相联系起来，17 世纪开始，发明和发现的使用开始分化，而到 19 世纪末的时候，文献中已经明显强调发明和发现的独立使用。弗兰西斯·培根（Francis Bacon）在他的《学术的进展》（1605）中多次使用 invention，在使用中涉及发明的三层含义：演讲主题的发明（invention）、事故原因的发现（invention）和水手指针的发明（invention）。④ 同时，培根还清晰地阐明，发明是发现我们所不知道的，不是揭露或者回忆起我们已经知晓的，发明的应用

---

① Polydore Vergil, Edited and Translated by Brian P. Copenhaver, *On Discovery*, Cambridge, Mass.; London: Harvard University Press, 2002, p. xi.

② E. Kaufer, *The Economics of the Patent System*, Switzerland: Harwood Academic Publishers GmbH, 1989, p. 2.

③ William Lambard, "A perambulation of Kent: Conteining the Description, Hystorie, and Customes of Shyre", *First Published in the Year 1576*, London: Edm Bollifant, 1576, p. 163.

④ Francis Bacon, *Advancement of Learning*, London: Macmillan and CO, 1869, pp. 125–155.

不是别的而是凭借我们头脑中拥有的知识，唤起与我们所思考相关的答案。① 培根关于发明的定义已经展露出现代发明的含义。到了 1640 年，在威尔金斯（John Wilkins）的《新世界的发现》（1640）中提到"船的发明（invention）"② 和"自然界秘密的发现（discovery）"③，从中可以看出从这个时代开始，技术发明和科学发现开始区别使用。

（二）17—18 世纪，发明的含义开始倾向于机械创造

到了 17 世纪，大约在笛卡尔（Rene Descartes）和莱布尼兹（Gottfried W. Leibniz）之间的时期，发明不是总被看作揭露或发现原本存在的事物或者真理，而是越来越多地指设备的生产性发现，就是较为宽泛的意义上的技术。发明不仅仅表现于技术化发明，它总是和相对独立的机械设备联系在一起，它具有自我复制重现的和某些反复模仿的能力，这一含义在"发明"一词的使用中开始占据主导地位。④

意大利人文学家、帕多瓦大学教授潘西若利在 16—17 世纪之交的年代，出版了两本关于人们发现而又被遗忘了的事物，著作后来被翻译成英文于 1715 年出版，著作全称为《被遗忘的事物的历史：在古代时期使用的事物和很多现在依然在使用的卓越的发现，包括自然的和人工的产品》，书中频繁使用 invention 一词，并且提到印刷的发明、马鞍的发明和航海指南针的发明等，此外还区分使用了发明和发现，比如新世界（new world）的发现（discovery）等。⑤ 这一时期，发明转向现代意义上技术上的创造，发明可以被理解为规划和创造原

---

① Francis Bacon, *Advancement of Learning*, London: Macmillan and CO, 1869, p. 155.
② John Wilkins, *A Discovery of a New World, or, a Discourse: Tending to Prove, That'tis Probable There May be Another Habitable World in the Moone*, London: John Norton for John Maynard, 1640, p. 205.
③ Ibid., p. 33.
④ Derrida, Jacques, *Psyche: Inventions of the Other*, Stanford, Calif.: Stanford University Press, 2007, pp. 29 – 30.
⑤ Translation from Pancirolli, *The History of Many Memorable Things lost: Which Were in Use Among the Ancients: and An Account of Many Excellent Things Found, Now in Use Among the Moderns, both Natural and Artificial*, London: John Nicholson, 1715, pp. 339 – 375.

本不存在的事物。① 这种含义的应用从伍斯特侯爵（Marquis of worcester）的《发明的世纪》（1655）一书中罗列的100项发明中可以看出来。

法国解构主义代表人物雅克·德里达（Jacques Derrida）认为在法语中发明至少有三种指称：第一，发明的能力或者天赋，常用来指天生的能力（natural genius）。第二，发明指发明活动、行为或者经历。第三，新颖性的内容，发明物。德里达指出，和以上三种分法不同，在历史上发明一直同时包含两种有竞争力的意思：一是"首次"发现事物，或者认识现存事物，让现存事物或者真理进入人类视野；二是先前不存在的技术设备的生产性发明。在17世纪以来，发明的第一种含义有消失的倾向，第二种含义成为主流。② 同一时期，真理的发明的说法越来越少，比如说万有引力的发明，相反越来越多的说印刷技术的发明、蒸汽机船的发明等。但是尽管这种转换一直在进行中，可是关于真理的发明的用法依然存在。不过这是充满争议的，因为技术设备的生产性发明的用法原则上是在模仿第一种用法，我们说发明出原先不存在的新的机械装置，但是新机械装置的机制或者说原理是真理，而真理一直存在于某处。因此，这两种意思还是很相近的。但是德里达认为这两种用意思是异质的，并且从来没有停止加重两者之间的分离。毋庸置疑，第二种意思稳定处于主导地位，而第一种意思在应用中的地位则不断波动。

（三）18世纪末期以来，发明的含义固定于技术上的创造

18世纪后半叶到19世纪末，以机器大工业代替手工技术为主要内容的欧洲工业革命轰轰烈烈展开。从一定程度上来讲，欧洲工业革命是伴随着机械发明活动一同进行的，这个时期也被称为"发明的时

---

① J. Frederick Lake Williams, *An Historical Account of Inventions and Discoveries in Those Arts and Sciences, Which Are of Utility or Ornament to Man*, Volume I, London: T. and J. Allman, 1820, pp. 4–5.

② Derrida, Jacques, *Psyche: Inventions of the Other*, Stanford, Calif.: Stanford University Press, 2007, pp. 29–30.

代"和"英雄发明家的时代"。这一时期人们对发明的研究逐渐增多,而发明的概念稳定在技术发明领域,发明的含义也专门用来指通过人们创造性的思想,产生出解决问题的新思路、新技术、新产品。由于所有的发明成果的产生,都有实施使用的目的,所以发明不可避免地开始和市场化挂起钩来。

19世纪的英国工程师、技术史家德克斯(Henry Dircks)对发明(Invention)和发现(Discovry)、发明与理论(Theory)、发明与实验(Experiment)、发明与改进(Improvement)、发明与设计(Design)等术语进行严格的划界。德克斯在他的《发明哲学》一书中明确了作为科学技术范畴的发明的含义,他指出,作为一个术语,发明仅指一些新颖的制造业机器设备的更改,这些更改节约劳动,同时使生产产量增加,或质量提高,或者两者都得以实现。发明从更广泛的意义上指创造新事物,不仅创造用于科学研究、教育和说明的科学装置,还创造那些为商业目的而建造的满足人们需求的发动机、机器工具及材料等。[1]

到19世纪末期,发明已经在较宽广的意义上指一个重要的新思想,或者是一个重要的设备。和发明紧密相联的特质是"新颖",虽然不存在绝对新颖的思想和设备,因为每一个思想和设备都是建立在已有思想和设备要素的基础之上的。但是发明所表达的内容相对同类要素而言具有相对的新颖性,发明涉及当前的环境、个人或者社会习俗等。同时,开始有学者已经从心理学角度探索发明的产生问题。[2]随着发明对社会的影响越来越深刻,发明和社会的关系也成为人们思考发明的一个新角度。

综上,到19世纪末期,发明的含义已经固定于技术或艺术领域产生新事物的创造性活动,不管这种发明是源自偶然的还是有意识的努力。发明同时还暗含了它有益于社会的某些方面,并且发明人能

---

[1] 夏保华:《发明哲学思想史论》,人民出版社2014年版,第39—40页。

[2] Josiah Royce, "The Psychology of Invention", *The Psychological Review*, Vol. 5, No. 2, 1898, pp. 113 – 144.

够从发明中获益，比如获得专利，如果发明产品批量化生产，发明人则会名利双收。

四　20世纪以来：发明与创新的纠缠

20世纪初期，一个新的词语出现，开始和发明进行了长达一个世纪的纠缠，这个词语就是"创新"。发明和创新时常结伴出现，有时使用者对两者进行区分，但是划分的界限各有不同；有时使用者将这两个概念混合使用。比如，宾夕法尼亚大学从事市场战略研究的托马斯·罗伯森教授（Thomas S. Robertson）曾经在其早期的研究中论述美国经济史家艾伯特·厄舍尔（Abbott P. Usher）关于发明产生的四个阶段的理论，① 厄舍尔认为一个发明的产生大致要经历问题的感知、搭台、顿悟和批判式修正这四个阶段，通过不断的综合，新的要素添加到原有的发明中间来，形成新发明。但是，罗伯森教授将厄舍尔的发明（invention）理解成创新（innovation），并将厄舍尔的发明的四个阶段理论写成创新的四个阶段。② 可见，在20世纪，发明和创新具有一定程度上的混用。同样地，最近康奈尔大学机械与航空航天工程系的弗兰西斯·摩恩（Francis C. Moon）教授认为："创新是新的科学技术设想，而发明则是新的技术人工物或产品，比如蒸汽机、收音机或移动电话。"③ 创新究竟和发明有何异同，或许仍然需要回到创新的最初研究文献中去寻找。

20世纪上半叶，对创新理论做出重要贡献的要数济学家熊彼特。熊彼特认为，创新就是建立一种新的生产函数，也就是说，把一种从来没有过的关于生产要素和生产条件的"新组合"引入生产体系。这种新组合包括5种情况：（1）采用一种新产品或一种产品的新特

---

① Abbott P. Usher, *A History of Mechanical Inventions*, Cambridge: Harvard University Press, 1954, p. 60.
② Thomas S. Robertson, "The Process of Innovation and the Diffusion of Innovation", *Journal of Marketing*, Vol. 31, No. 1, 1967, pp. 14–19.
③ Francis C. Moon, *Social Networks in the History of Innovation and Invention*, New York, London: Springer Dordrecht Heidelberg, 2014, p. 12.

征；（2）采用一种新的生产方法；（3）开辟一个新市场；（4）掠取或控制原材料或半制成品的一种新的供应来源；（5）实现任何一种工业的新的组织。在此基础上，创新的定义展现出多样化的特点，比如欧盟委员会对创新给予了较为宽泛的定义："在经济和社会领域中，所有的成功地产生、吸收和利用新事物的活动。"[1]熊彼特在其早期著作中就明确指出："只要发明没有用于实施，它就和经济无关，努力促进发明产生实际影响的任务和发明任务本身是截然不同的，尽管企业家可能也正好是发明家，但是企业家并非天然的也是发明家，反之亦然。"[2]

从以上关于创新的定义可以看出，创新严格区别于发明。首先，发明是一个技术过程，创新是一个经济过程。[3]"创新"不是一个技术概念，而是一个经济概念，创新关注经济效益结果，发明的目标是产生新技术、产品和设备；创新的目的是将发明推进市场并被人们大规模采用。其次，发明源于一个问题，经过寻找解答方案的过程，最终产生一个可能的设想，发明止于技术蓝图或产品模型，但不涉及市场化。创新起源于发明，经历发明进入市场，实现技术和产品的扩散。当然，并非所有的发明都会实现创新，很多发明止步于蓝图。最后，创新不仅包含发明和扩散，还包含很多媒介和桥接过程，同时涉及与发明、引入新事物、产生新思想等活动相关的情感；发明只涉及解决物理问题。

发明与创新又密切相关。发明是创新的前提，是创新的来源，是创新过程的首要阶段；创新是组织发明被社会采用的经济活动。没有发明，创新就成了无源之水；没有创新，发明也只能是一纸空谈。发明和创新时常合理地交织在一起，因为创新揭露了某些技术问题，由此

---

[1] European Commission, The Green Paper on Innovation, 1995, p. 9.
[2] Joseph Schumpeter, *The Theory of Economic Development*, New Jersey: New Brunswick, Original Printing 1934, Sixteenth Printing, 2012, pp. 88 – 89.
[3] David VanHoose, *E-Commerce Economics*, Oxon: Routledge, 2011, p. 217.

建议相应的改进技术的发明出现,因此发明有时候又成为创新的主题。[①] 发明和创新由不同的人来完成,比如乔布斯(Steve Jobs)和沃兹尼亚克(Stephen G. Wozniak)在苹果公司,比尔·盖茨在微软,他们都是伟大的创新者,但或许不是发明者,而贝尔(Alexander G. Bell)和爱迪生(Thomas A. Edison),他们则既是发明者又是创新者。

发明和创新虽然有区别,但两者却是互补的。[②] 从短期来看,这种互补性还不甚完美,但是两者缺一不可。从长远来看,技术创新的社会必须同时是发明性的和创新性的,没有发明,创新最终会缓慢下来直至停滞,社会发展处于静止状态;没有创新,发明人将缺乏关注点并且没有什么经济动力去追求新想法。当发明人独自进行发明工作的时候,发明依赖于那些决定个人行为的因素;另外,创新需要和其他个体相互作用,依赖于制度和市场,因此创新在很大程度上是社会的和经济的。

结 论

发明活动与人类的文明史相伴随前行,但是人们对发明活动的思考却是非常晚近的事情。今天,英文世界中的 Invention 已经成为与发明活动相对应的术语,但是发明(Invention)在过去的两千年里,其含义从多样化到不断收敛,最终固定于技术领域的创造。发明含义的变迁很大程度上受到不同时代的文化和人们对技术进步的关注程度的影响。

结合当前发明的使用情况,我们可以给发明下一个定义:发明是为了解决人类面临的问题,人们经过创造性劳动而非常规技术性活动,从而产生出新思路、新方法、新技术和新设备的活动过程及成

[①] Michael J. Meurer, "Inventors, Entrepreneurs, and Intellectual Property Law. Patent Law in Perspective Institute for Intellectual Property & Information Law Symposium", *Houston Law Review*, Vol. 45, 2008, pp. 1201 – 1237.

[②] Joseph Schumpeter, Joel Mokyr, *The Lever of Riches: Technological Creativity and Economic Progress*, New York: Oxford University Press, 1990, pp. 10 – 11.

果。发明具有以下几个方面的指称：第一是指新颖性的发明成果；第二是指发明活动，产生新事物的行为过程；第三在专利制度中，指一种优先权，发明人因为在其他人之前做出新颖性的成果而获得的对这一成果的垄断权。

第二节　发明的分类

"发明"作为一个词语适用范围宽广，含义多样，根据不同的划分标准，发明可以分成不同的种类。根据某一发明在本产品一系列发展过程中的进步程度，可以分为基础型发明（Basic invention, radical invention）和改进型发明（Improving invention, incremental invention）；根据发明的内容，可以分为社会发明（social invention）和技术发明（technological invention）；根据发明人在发明活动过程中，是个人独立研究还是身处某一企业或研究组织，是发明人独立自主的活动还是企业组织化的活动，由此划分为独立发明或个体发明（Independent invention, individual invention）、集体发明（Collective invention）和组织化（organizational invention）。

一　基础型发明和改进型发明

发明既是一个静态的成果的指称，又是一个动态的不断变化的过程。一项发明，很少是停滞不前，稳定地处于一种状态中而持续很多年。绝大多数发明都是从最初的简单的结构逐渐向前发展，在使用者和发明者的努力下，慢慢改进其结构中的某些部分，因此许多学者都持有"发明的像生物界一样是一个进化的过程"这一观点。那么，在一项发明的发展过程中，会出现一系列的成果形式，其中，具有关键性改变的发明，我们称为基础型发明。基础发明可以定义为那些应用了新的原理或者原理的新组合而产生的发明。所谓基础的意义在于这类发明为其自身的进步和发展的方向揭露了一种新的潜力，在常规的事件发展过程中，这些发明成为其他整个系列发明的基础。① 在事物发展过程的一系列发明中，基础型发明之外的，我们称为改进型发明。改进型发明，就是对先前已有的设备进行修改的结果。改进型发明通常是为了提高一个设备的效率或者扩大其使用范围而对已有的发明做细节上的改变，或者借鉴别人的想法，添加到已有的发明中来，形成一个新产品。

基础型发明，一项发明如果符合以下三个标准，则可以被认为是基础型发明。（1）发明必须是新颖的，它不同于先前的发明；（2）发明必须是独一无二的，它不用于当前的发明；（3）发明必须是可以被采用的，它能够影响未来发明的内容。② 这三个标准暗示了每一个发明都需要从三个时期来分析：过去、当前和未来。一项发明是否是基础型发明是必须和过去的发明，当前的发明和未来的发明相比较才能得出结果。基础型的发明最重要的特征是与先前的发明、当前的发明不同，但是未来的发明一定和它相近，因为基础型发明的第三个标准要求它必须深刻影响未来的发明，未来的发明是在其基础上启发而产生的。

改进型发明通常出自发明者无意识的工作，当使用者对已有的设备不满意的时候，发明者最先采用的方式往往是想方设法地改进和修补。当改进和修补不能使这一设备提高效率或者解决人们面临的问题的时候，发明者开始了强烈目的性的探索。他们尝试用新的原理和途径去替换已有设备的某些部分，或者将其他几个原理综合到一个产品中去，基础型发明则有可能在这种探索中出现。基础性发明一般都会成为后续改进型发明的新的起始点。简而言之，基础型发明是改变一种新的范式，而改进型发明则是在一个范式内的变化。

在医疗器械发展过程中对疾病诊断做出最为重要的贡献的要数计算机 X 射线断层摄影术（computed tomography scanner, CT scanner）

---

① Ralph Linton, *The Study of Man*, New York: Appleton-Century-Crofts, 1936, p. 317.

② Kristina B. Dahlin, Dean M. Behrens, "When is an Invention Really Radical?: Defining and Measuring Technological Radicalness", *Research Policy*, Vol. 34, No. 5, 2005, pp. 717 – 737.

扫描仪的发明,[①] 即通常人们所说的 CT 扫描仪。CT 扫描仪可以让医生获取病人身体内部及其详细的图像，CT 扫描仪的发明过程中，起码有四个人做出了重大贡献，他们发现了 CT 扫描仪背后的基本原理。科马克（Allan Cormack）是第一个意识到如何让 CT 扫描仪工作的人，而豪斯菲尔德则是第一位真正让 CT 扫描仪投入使用的人。1955 年，科马克在南非格鲁特索尔医院（Groote Schuur Hospital）兼职为医院的医生做教师的时候，他注意到当时的放射治疗技术中有一个重要的缺陷，那就是在决定给病人多大剂量的放射时，医生只是依赖假设病人身体的各个组织吸收放射物是相等的。但是医生和科马克都清楚这个假设是错误的，因为不同的密度的物质吸收放射物的量并不相同。科马克决定创造一个方法来得到人体图像以准确显示每一种组织吸收了多少放射物。这样一来，病人就不需要接受比实际治疗需要的更多的放射。在此之前，对病人体内的观察主要依靠 X 射线的透视，但是科马克注意到传统的 X 射线有一个重要缺陷，那就是 X 射线不能显示病人的大脑，因为头盖骨阻止了辐射。而且 X 射线对那些前后重叠的并且吸收辐射差别微小的组织的病变也难以发现。在 CT 扫描仪之前，假如一个人被怀疑患有脑瘤，医生不得不采用外科手术来进行诊断。"如何确定适当的放射剂量"就成了科马克决心攻克的难题。经过多年的努力研究，科马克终于解决了计算机断层扫描技术的理论问题。1963 年，他首先建议用计算机断层扫描技术对 X 射线取得的图像进行重建，并给出了精确的数学计算公式，这为后来 CT 技术的诞生奠定了理论基础。1969 年，英国科学家豪斯菲尔德借鉴了科马克的发现，将这一原理和他所熟悉的计算机技术结合起来，设计了一种可以用于临床的断层摄影装置，即 CT 扫描仪。这一仪器可以使人体器官和组织对 X 射线吸收的多少都反映在计数器上，然后经过计算机的处理，多得到的数据被转换为横断图像，并在荧屏上显示出来。医生可

[①] Doris Simonis, *Inventors and Inventions*, Vol. Ⅱ, New York: Marshall Cavendish Corporation, 2008, pp. 361 – 368.

以直观地得到病人体内尤其是大脑内部图像。1972年，豪斯菲尔德的CT扫描仪开始商业化并在世界范围内推广。但是，人们总有追求完美的欲望，并且不存在绝对完美的产品。20世纪80年代后期，两个新的CT扫描仪被发明出来，一个是超高速扫描仪，它可以在两次心跳之间捕获图像；另一个是螺旋CT扫描仪，它可以在很短的时间内获取人体大部分图像。

在现代人体内部医疗诊断仪器发展过程中，19世纪末到20世纪初采用的含气式冷阴极离子X射线管技术的X光透视机和豪斯菲尔德的CT扫描仪可以称为基础型发明，CT扫描仪采用了科马克发明的新技术，并且和电子计算机组合到一起，由此产生新的设备。在CT扫描仪之前，人们对医用X光机做过的改进都属于改进型发明，比如1913年开始使用的"钨灯丝X射线管技术"的X透视机，1923年发明的"双焦点X射线管"X透视机等则是在最早X射线透视机的基础上所做的改进，以提高设备的效率和质量。豪斯菲尔德的CT扫描仪作为基础型发明，则成为后来超高速扫描仪和螺旋CT扫描仪等改进型发明的一个新的起始点。虽然基础型发明和改进型发明可以在分类上名称不同，但是可以说任何发明中的微小改进都有可能产生很大的影响，因此基础型发明和改进型发明对社会进步和人类生活水平的提高而言，具有同样重要的意义和价值。

尽管相比较改进型发明，基础型的发明数量较小，但是基础型发明通常被认为是最为重要的。它们产生了数量级的进步而不是在现有技术基础上做缓慢增长式的改进。[①] 它们处于技术范式变迁中的核心地位。

二 社会发明和技术发明

技术发明，为解决人们面临的问题或者满足人们的需求而进行技

---

① M. L. Tushman and P. Anderson, "Technological Discontinuities and Organizational Environments", *Administrative Science Quarterly*, Vol. 31, No. 3, 1986, pp. 439 – 465.

术或者物质的创造。技术发明的存在形式是人工物，这些人工物不是现在存在的东西被发现出来，而是作为一种新的事物现象被创造出来。技术发明不是一个独立的虚构和想象，它产生于对技术问题预设答案领域的认知，技术发明是设想的现实显现，它以物质实体的方式存在。技术发明是人与自然环境的直接调适媒介，有时也间接地调整有机体和社会与精神环境之间的关系。

与技术发明成果形式相对应的是社会发明。社会发明，是引导人类在社会进步中相互竞争与合作的新方法，[1] 社会问题需要社会发明来解决。社会发明可以被定义为：（1）在组织结构或组织间关系中的新要素；（2）为了形成人际关系、活动和人们与自然界与社会环境关系而产生的一套新程序；（3）行为活动中的新政策；（4）一个或一套新的角色。[2] 社会发明的产生要么是因为新的环境让这些发明成为可能，要么是新环境创造了这些发明的新用途。

康格（D. Stuart Conger）把社会发明定义为一个能够改变个体之间或者个体与组织之间相互关系的新的法律，组织或者程序。[3] 学校、监狱、教堂、陪审团、罢工以及反对虐待儿童的法律等都属于社会发明。社会发明不是一个抽象的概念、思想或者目标，而是具体地处理人类需求和社会本位的方法和手段。社会发明的形式根据地域和时代的不同而改变，单独的社会发明的创造不会带来社会变迁。然而，社会发明的特征在于它一旦被采用，有可能给社会带来实质性的改变。当一个社会发明成为法律、制度或者社会程序的一部分之后，它就有可能成为人们思维习惯和现实知觉中不可见却是根深蒂固的部分。

技术发明和社会发明是社会发展的两种推动力量，它们改变了人们的思维、制度和生活环境，两者分工不同，但没有孰重孰轻之分。技术

---

[1] Simon Kuznets, *Inventive Activity: Problems of Definition and Measurement*, in the Rate and Direction of Inventive Activity: Economic and Social Factors, Universities-National Bureau, Princeton University Press, 1962, pp. 19 – 52.

[2] William Foote Whyte, "Social Inventions for Solving Human Problems", *American Sociological Review*, Vol. 47, No. 1, 1982, pp. 1 – 13.

[3] D. Stuart Conger, *Social Invention*, Canada: Saskatchewan Newstart, Inc., 1974, p. 7.

发明和社会发明相伴前行，有时候甚至是相互交织。人们理解发明家爱迪生的伟大之处在于他一生获得了1093项专利，他的技术发明给人类生活带来巨大影响。但是，爱迪生最为重要的发明或许不是他的某项专利，而是他创造了一种群体发明的模式，他最早创建了工业研发实验室，吸纳不同学科的研究者集中进行发明创造，即所谓的发明工厂。爱迪生的工业研发实验室的模式成为伟大的技术发明的主要来源，这种模式在当前的影响日趋深刻，而研发实验室则是一种社会发明。

三 独立发明、集体发明和组织化发明

独立发明也称为个体发明，理解独立发明需要将其和独立发明人或者个体发明人结合起来。独立发明人实质上是私人从业者，他们独立地解决问题，创造出发明并且独立于职业竞技场之外，他们努力将自己的专利推向市场。独立发明则是那些不受制于某一组织，依靠发明人自由的努力来进行发明工作而取得的结果。独立发明产生过程中所需的资金支持主要依靠发明人自己提供，并且在发明活动中，发明人要么单独工作，要么只有少数的几位助手或者工匠，他们的试制品多是在自己私人建立的实验室和工厂完成。但是，相比较受雇于企业、公司或科研机构的发明人，独立发明人具有很大的自主性。他们基本上能够不受牵制地投入发明工作，他们依靠自己的敏锐的感知来把握当前的社会需求，并自由地进行发明活动。

早期技术研究创新和技术变迁的经济学家认为发明的产生有三种方式：第一种是非营利组织，比如大学和政府机构；第二种是以追求利益为目的的企业，这些企业自己出资进行技术研发，比如美国通用电气公司，中国的华为技术有限公司；第三种是独立发明。在研究19世纪英国高炉炼钢工业的案例之后，罗伯特·艾伦（Robert C. Allen）提出发明还会产生于第四种方式，即公司之间的相互交流产生集体发明。[①]

[①] Robert C. Allen, "Collective Invention", *Journal of Economic Behavior and Organization*, Vol. 4, 1983, pp. 1–24.

发明哲学

集体发明就是通过发明者共同体知识共享而产生的技术进步,这些发明者通常分别受雇于特定组织,而这些组织之间一般都具有知识产权利益的竞争。①

在20世纪70年代到20世纪末的三十多年里,大企业R&D实验室衰退趋势凸显,很多非常知名的企业实验室已经关闭或者拆除,集体发明的第二次浪潮正在众多技术先进的行业中塑造着技术变迁的速度和方向。根据皮特·迈耶(Peter B. Meyer)的观点,21世纪以来,由于以下几个方面的原因,集体发明开始活跃起来。第一,由于知识存量的增长,个人组织获得自己所知的领域之外专门知识的需求在增长。第二,当潜在的互补性知识的来源变得更加多样化的时候,与外部团体的合作也在相应地增加。第三,智力的新形势的出现使集体发明的成本更低,因此集体发明仍然与私人企业的目标相兼容。第四,在技术机会和社会机构中持续存在的行业间差异使它们面临的很多问题需要通过功能多样的团队同时解决,这导致整个行业对集体发明的依赖增加。②

集体发明有一个重要特征:技术信息在一个虽然通常是局部的,但是还算是较为宽广的行动者群体中共享。集体发明的重要前提是自由地交换新技术信息。根据艾伦的观点,集体发明具有两个核心特征:一个是公司将新技术、新厂房的效能以及厂房设计信息释放给竞争对手;另一个是个人企业为新知识的发明所做的贡献很少。艾伦推测,20世纪以后,随着工业研发实验室的崛起,集体发明的重要性开始降低。时隔20年后,考恩(R. Cowan)和卓纳(N. Jonard)接着艾伦的话题进一步探讨了当前集体发明依然存在,集体发明仍旧在生产大量的知识和财富。有一个地方,知识的发现相对便宜而信息的传播是最

---

① W. W. Powell, E. Giannella, "Collective Invention and Inventor Networks", in Bronwyn H. Hall, Nathan Rosenberg, *Handbook of the Economics of Innovation*, Vol. I, UK: North-Holland, 2010, pp. 575–605.

② Peter B. Meyer, "Episodes of Collective Invention", *U. S. Bureau of Labor Statistics Working Paper*, No. 368, August, 2003.

为普通的活动,这个地方就是互联网。① 集体发明在历史发展的不同时期具有不同的作用和突出特点,相比较19世纪的集体发明中信息传播的地域性限制,当前的集体发明中的信息传播真正具有全球性。

虽然独立发明在社会进步中起到重要的作用,但是现代技术具有系统性和复杂性,同时发明所需的设备又过于昂贵,独立发明人很难支付高昂的发明费用,个人知识和技术的有限性也阻碍了他们独立发明活动的进行。由于技术和利益竞争以及知识产权的保护,并非所有的企业都愿意将新的技术信息发布给竞争对手,所以集体发明也并非当前的主要发明形式。20世纪以后,很多发明活动逐渐隐藏到公司研发实验室里去了,这就是组织化发明。

组织化发明也可以理解为系统化发明或者企业发明,发明主要在企业R&D实验室中产生。组织化发明的发明者在企业中有两种定位:职业发明人(Employed inventor)和做出发明的员工(Employee who invents)。职业发明人,是那些专门受雇于企业组织,他们享有雇主单位赋予的特权和赞誉,但是他们的工作任务就是发明,而且职业发明人清楚地知道他们的报酬依赖他们所做出的发明。做出发明的员工,他们被雇用的主要目的不是专门从事发明活动,而是主要从事大量的从设计到销售等工作,他们的工作能力和绩效的评价不依赖他们的发明能力,发明只是他们主要工作任务的附属成果。② 组织化发明具有以下几个关键要素:(1)发明人受雇于企业,主要在企业实验室从事产品的研究和开发工作。(2)发明人联合展开发明工作。发明者身处不同的学科领域,掌握一项发明所必需的各种专业知识。在解决问题的过程中,发明者具有明确的分工,发明结果主要依靠群体的智慧。比如,中国专利号为CN00106770.2的"餐具洗净机"的发明,③ 来自松下电

---

① R. Cowan, N. Jonard, "The Dynamics of Collective Invention", *Journal of Economic Behavior & Organization*, Vol. 52, 2003, pp. 513–532.

② Florence Essers, Jacob Rabinow, The Public Need and the Role of the Inventor: Proceedings of a Conference held in Monterey, Calting Office, 1974, p. 188.

③ http://www.pss-system.gov.cn/sipopublicsearch/search/search/showViewList.shtml, 2015/4/27.

器产业株式会社，其优点是体积小，空间紧凑，可以放置在厨房洗碗池料理台狭小的空间中，并且不受侧面摆放的物品的影响。本项专利在发明过程中，发明人谷口裕承担洗碗机内部空间设计，在保证能够放置16件餐具的情况下，如何使洗碗机宽度尺寸最小；发明人梶原裕志则承担洗碗机门的设计，如何在开关门的时候不受到洗碗机侧面物品的干扰，其他科技人员分工设计无须额外提供动力360°喷水的喷臂。经过十个月的开发，谷口裕将洗碗机内部碗架设计成双层，并调整上层碗架的方向，使水流经过下层盘子的反弹投射到上层餐具中。洗碗机的门设计成公交车折叠门样式，向上打开，不需要额外预留侧面空间。洗碗机内部喷臂采用螺旋形状，依靠水压推动喷臂旋转。在数位发明者共同努力下，这款以体积小巧著称的洗碗机，引领了松下电器公司洗碗机迅速占领市场。（3）发明组织在科学的研究体制和先进的管理方式下从事科研和发明活动。

虽然组织化发明是发明者群体活动的结果，但是组织化发明不是前面所说的集体发明。集体发明很像现代企业中的研究和发展以产生新的技术知识。但是，集体发明又不同于研发，因为企业不分配发明资源。新技术知识只是正常商业操作的副产品，技术信息是行动人员探索并产生而非企业发现它。

独立发明、集体发明和组织化发明，虽然促成发明产生的各种影响条件不同，但是发明活动的结果和影响具有相似性。它们在不同的时期、不同的地区、不同的环境条件下各自主导情况有所不同，但是它们都是发明产生的形式，都为社会进步和技术变迁起到重要的推动作用。

第三节　发明的特质

发明活动是一项产生新知识的活动，发明是发明者为实现某些目的而创造出的技术人工物。从技术人工物的双重属性理论出发，发明同样具有双重属性：物质属性和功能属性，亦即自然属性和社会属性。发明的物理结构具有几何、物理和化学特性,发明之所以为发明还由于它在其物理结构上与之前存在的产品不同。发明的功能属性表现于发明是为了解决人们面临的问题,发明应该有用。除此之外,发明在使用过程中要和人、社会发生联系,产生社会影响,因此要想实现发明对社会发展的正向推动作用,还要求发明具有合伦理性。

由此可以认为一项真正的发明应该满足以下三个方面的特性:新颖性、有用性和合伦理性。

一 新颖性是发明的主旨

新颖性是衡量一个技术活动成果能否被称为发明的根本标准。一般文献中的术语"新颖性""创新性"和"创造性"在使用的时候,都假设读者已经明白这些术语的意思。换句话说,对这些术语的定义较少,有时还会产生歧义,尤其是研究人员时常描述某一项产品是"新颖的"或者"非新颖的",但是什么是新颖,多新才算新颖,以及对谁而言是新颖的,这三个问题需要澄清,这才有助于人们理解发明的本质特征。

词语"新颖"可以根据其所处的环境的不同而有不同的含义,它可能会指"以前没有见过""从工厂新鲜出炉"或者"最近的"等。所以,对于新颖性本身的界定就有很大难度,而对于发明的新颖程度的界定则更困难了。

(一)什么是发明的新颖性

新颖性,是在某一个时间点之前未知,在此时间点之后被发现或者发明出来的事物的特征。[①] 发明的新颖性指发明相比较其产生之前就已经存在的技术、产品和思想而言含有新的要素和特征。这些新的要素和特征既不属于公众所熟知的知识,也没有在现有的技术产品中出现过。比如 CT 扫描仪,在它出现之前,还没有哪一种设备可以精

---

① Ulrich Witt, "Propositions About Novelty", *Journal of Economic Behavior and Organization* (2008), Vol. 70, No. 1-2, 2009, pp. 311-320.

确获取人体组织的断面图像，所以 CT 扫描仪具有高度的新颖性。新颖性的产生可能是发明人的感官受到外界事物的触发，也可能是其独立自觉地形成新思想。新颖性是发明的主旨和核心，发明的新颖性从根本上来说，来自发明者创造性的活动，是发明人的创造力通过发明外化成可以具体实施的技术和产品。发现可能涉及一些创造性行为，但不是必须涉及创造性行为，发明总是预设创造一些新的思路，这些新思路可能物化成新的人工物或新的实践形式。

发明的新旧程度是由观察者给予的属性的界定，因此新颖性的确定需要考虑两个方面的要素：该发明的特性和观察者的特性。[①] 发明的新颖性特性又是一个相对而言的概念，所谓的"新"是相对哪些技术来说是新的，因此，了解发明的新颖特性需要先弄清楚比较的规则。

（二）新颖性是相对而言的概念

发明的新颖与否是在和已有技术的比较中所得出的结果。新颖性结果的界定要从纵向和横向两个方向来进行比较。第一，关于纵向比较。所谓纵向比较，是指发明和其他技术的比较有一个时间点的确定，这个时间点一般指新发明出现的时间。即发明要与在其之前已经出现和存在的技术之间进行比较，发明的新颖性是相对它之前的技术而言的。第二，关于横向比较。我们的社会充斥着各种各样的技术产品，想要衡量一个新的发明是否新颖，不可能做到它和所有的已有技术比较，不同类的事物也很难比较其新颖性。所以，发明要和现存的同类技术进行比较，更进一步，是和解决同一个问题的已有技术之间的比较。

（三）发明对谁来说是新的？

发明的新颖性还需要考虑观察者的特性，因为同一项发明对一位观察者来说是新的，对另一位来说则未必新。这是因为观察者个人经验、阅历和见识各有差异，并且在不同的环境条件下，同一观察者对

---

① Jim Blythe, "Innovativeness and Newness in High-tech Consumer Durables", *Journal of Product & Brand Management*, Vol. 8, No. 5, 1999, pp. 415–429.

新颖性的衡量标准也会有波动。从理论上讲，客观分析一项发明相比较已有技术产品而具有的新颖性特性是可以做到的，但是对观察者来说发明是新的还是旧的则更多依赖观察者自身的主观判断。因此，实际上客观而又准确地判断一项发明的新颖性程度是不可能的。① 我们可以根据专利理论中相对新颖性和绝对新颖性的含义，② 如果一项发明只是相对于部分观察者而言是从未公开过的，可以认为这项发明具有相对的新颖性；如果一项发明在世界范围内都从未公开过，对于所有的观察者来说都未曾见过，那么这项发明可以认为具有绝对的新颖性。

（四）发明新颖性的获得途径

发明物产生的过程中，添加了发明者的创造性劳动，而不是根据众所周知的常识就可以产生。那么发明者的创造性劳动成果一般是如何产生的呢？或者说发明的新颖性通常是通过哪种模式建立起来的呢？

从某种意义上来讲，很少具有全新的发明，大多数发明都会包含人们已知的技术或者要素。根据发明的新颖性程度不同，我们将发明分为基础型发明和改进型发明。基础型发明由于产生了突破性的技术进步，颠覆了原有的技术范式，形成新的技术系统，所以基础型发明包含高度的新颖性。改进型发明，虽然相比较基础型发明新颖性程度较低，但是改进型发明不仅数量众多，而且在社会发展中起到同样重要的作用，所以，改进型发明同样不可小觑。改进型发明的新颖性主要来自两个途径：已有技术要素的组合③和改变已有技术中的某一个或某些要素。现存的技术组合部件添加到一个新的组合中就有可能产生新的技术。当然这要具备两个条件，一方面新组合在此之前没有出

---

① Jim Blythe, "Innovativeness and Newness in High-tech Consumer Durables", *Journal of Product & Brand Management*, Vol. 8, No. 5, 1999, pp. 415 – 429.

② Christopher D. DeCluitt, "International Patent Prosecution, Litigation and Enforcement", *Tulsa Journal of Comparative and International Law*, Vol. 5, 1997, pp. 135 – 168.

③ Arts S., Veugelers R., The Technological Origins and Novelty of Breakthrough Inventions, Available at SSRN 2230366, 2013.

现过，另一方面新的组合具有有用性。组合的要素距离越远，组合后的发明新颖性越强。改进型发明的另一种情况是在已有的技术上改变某个或某些要素，以改进原有技术的性能。改进后的发明虽然只是在个别部件上有所变动，但是发明结果优于未改进之前的技术，个别部件的改动而产生的新功能则是本项技术的新颖性。

例如，1712年，托马斯·纽可门（Thomas Newcomen）创立了他的蒸汽机，他首次将带有活塞的气缸装置和通过冷凝压缩气缸中的蒸汽来产生真空的原理结合起来，他的"空气机"得到广泛采用。在随后的50年里，虽然有不少人对这一发明进行改进，但是都没有实质性地提高其工作效率。1763—1764年冬天，作为向格拉斯哥大学提供数学仪器的制造商的瓦特（James Watt）帮助自然哲学教授安德森（John Anderson）修理纽可门机的模型。瓦特探索了纽可门机的几个方面，发现其效率低下的原因在于：如果想要蒸汽效率高，应该使其保持在100摄氏度，但是每次往气缸中注入冷水压缩蒸汽都会使气缸里蒸汽降到100摄氏度以下。1765年，瓦特将压缩蒸汽的结构和气缸分离开来，单独设置了一个通过抽气泵压缩蒸汽的冷凝器。随后的几年里，瓦特幸运地得到了罗巴克博士（John Roebuck）等人的经济支持，瓦特的分离式蒸汽机开始大规模实施。在这一案例中，瓦特蒸汽机相比较纽可门机而言，其新颖性在其添加了新的冷凝器，结果是提高了热能利用效率。由此，我们也可以得出精确衡量发明的新颖性的高低很难达到，其实也不是特别必要，而且新颖性的大小与发明实际产生的效应并非绝对地呈现正比例状态。虽然瓦特蒸汽机对英国工业革命产生极其重要的作用，但是瓦特蒸汽机实际上只能算作改进型发明，这也很好地证明了有时候改进型发明的作用要甚于基础型发明，发明对人类社会的实际意义还在于它的第二个重要特质：有用性。

二 发明的有用性

虽然有用性在发明阶段只是一个概念，在创新阶段才具有现实应用性，但是发明的有用性，是发明能否完成创新，能否实现其自身的目标的一个重要特质。

美国专利法第101条规定：一项发明必须是有用的（35 U.S. C. § 101，1994）。更进一步，专利法要求对本发明的制造、使用过程和方式必须提供书面的描述。假如一项专利申请文件中没有展示出如何使用这项发明，专利审查员则有权驳回本专利申请或者不予授予专利权。所以，发明的有用性是发明社会属性的体现，也是其社会价值实现的根本基础。

（一）发明的有用性具有明确的指向

几乎所有的发明都是在发明的目的驱动下产生。虽然发明的来源有多种要素，但是解决人们面临的问题和满足需求是发明本身的任务。发明解决人们面临的问题和满足人们需求的过程，就是发明的有用性的体现过程。因此，发明的用途具有明确的指向性，即发明要解决的主要问题是特定范围的或者有限范围的。虽然任何一项发明都有可能在不同的场合发挥不同的功能，但是这些功能都不是发明产生的根本目的，或者说其本质上的用途。比如，任何比空气密度大的物品放置到桌面上都可以做镇尺，像手机和茶杯等，但是手机被发明出来的特定目的并非是用来做镇尺，而是进行远距离无线通信。

在人类发明史中，很多发明后来的适用范围可能已经远离了发明者当初的意图，这是因为发明的有用性还有直接的用途和潜在的用途之分。巴萨拉（George Basalla）揭示出发明过程中一个普遍存在的事实：发明的潜在功用和直接功用并不是不言自明的，不知新设备有何具体用处的尴尬时常出现。[①] 发明的直接用途往往是发明者在发明产生的时候就确定的，这是发明的直接目的；随着社会环境的改变，本发明使用的环境条件也相应发生变化，发明的新功能很可能被使用者挖掘出来。

（二）发明的有用性的实现

发明的有用性，并非通过发明者的承诺和对发明的描述而体现出

---

① ［美］乔治·巴萨拉：《技术发展简史》，周光发译，复旦大学出版社1987年版，第152页。

来，发明的有用性是通过发明在实际生产和使用中实现的。可行性包含两个方面：可以制造出来和可以使用并达到发明预期的效果。发明的新颖性决定了一项发明在其出现之前无法证明其在实践中的现实效果，所以发明的有用性的一个关键特质就是它的可行性。[①] 发明的理论上可行性的分析是可行性实现的基础。比如完成一项发明所必需的材料应当是当前已有的或者根据已有的技术条件可以提供的，同时发明的生产条件在当前可以得到。发明的可行性的最终实现要求一方面发明在现有技术条件下可以生产出来，另一方面发明在使用过程中能够达到预期的效果。发明在实际使用中会受到现有环境的影响，比如地理位置、气候环境、使用者的自身条件等。假如，一项发明在实际操作中，必须要求操作人员仅凭肉眼看到五公里之外的事物，那么这项发明的有用性就很难实现，无法实现其有用性的发明不能称为真正的发明。

（三）发明要优于已有的技术

一般而言，如果一项发明结构上、使用方式以及效果上不能优于已有的技术，那么这样发明的有用性和价值就很难体现。新发明是否优于已有技术，需要和能够解决同样问题的已有技术相比较，否则便没有可比性。发明在何种方面能体现其"优"的特点呢？主要表现在：第一，发明在结构上相比较已有的产品更加简洁、轻便、成本低、材料更容易得到、生产过程更简便。第二，发明在使用过程中操作更简单，容易使用。第三，发明的实际使用效果更好。以上三个方面并非要求同时满足，但是总体而言，越是满足的方面多，发明优于已有技术的程度就越高。

生产和使用了一个多世纪的经典曲别针在19世纪末出自英国一家叫宝石有限公司旗下的一个国际化公司，所以宝石曲别针到今天依然是经典比例的曲别针的代名词。不过，宝石曲别针似乎从未获得专利权。[②]

[①] Joseph P. Lane, Jennifer L. Flagg, "Translating Three States of Knowledge-discovery, Invention, and Innovation", *Implementation Science*, Vol. 5, 2010, pp. 1–14.

[②] Henry Petroski, *The Evolution of Useful Things*, New York: Vintage Books, a Division of Random House, Inc., 1992, p. 69.

第一章　发明的本质

像所有的人工物一样，宝石曲别针也有它自身的缺点，但是一个世纪过去了，它的结构和比例依然没有改变（见图1-1）。当一个旧的公司想去制造更便宜的宝石曲别针或者一个新的制造商想要进入曲别针市场的时候，他们的一个最明显的策略就是减少每个曲别针所用的金属丝，那么必须斟酌如何改造经典的宝石曲别针的绕线。有一个方法就是按照相同的比例缩小，但是曲别针的长度就会变小，这在功效上无法与标准的宝石曲别针相比。换一个方案，内环变小或者外侧的腿变短，或者采用更细的金属丝，或者以上几种方式融合到一个成本低廉的曲别针中间。但是每一种改进后的曲别针都出现了功能上的问题，比如卡纸的力量变小，曲别针更容易变形，较易于刮破纸等。[①]在宝石曲别针之后类似发明都没有取代它，因为它们在成本、性能等综合方面没有优于宝石曲别针。

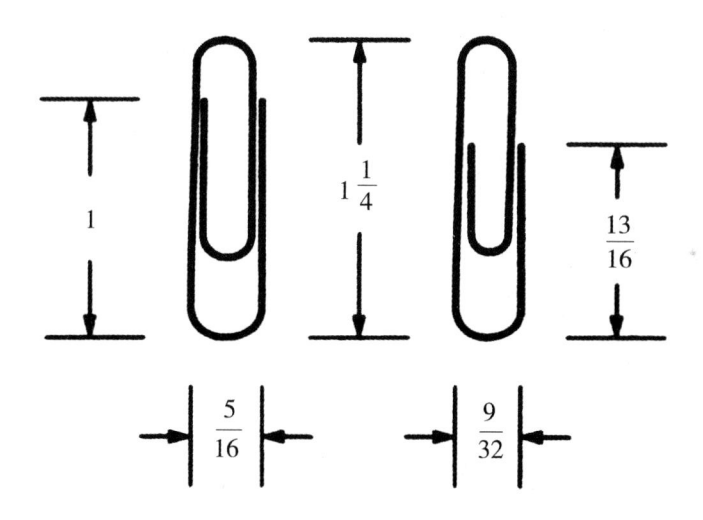

图1-1　经典宝石回形针的尺寸和它的仿制品的尺寸

资料来源：Henry Petroski, *Invention by Design: How Engineers Get from Thought to Thing*, Cambridge, Mass.: Harvard University Press, 1996, p.24。

[①] Henry Petroski, *Invention by Design: How Engineers Get from Thought to Thing*, Cambridge, Mass.: Harvard University Press, 1996, pp.24-25.

(四) 发明有用性的衡量

对发明的有用性进行定量化是非常困难的，精确地测量一个发明到底有多大的用途也没有必要。但是，依然可以通过发明与人们需要解决的问题、发明的使用者群体的状况等方面的相互关系中，大致衡量一项发明的有用性的大小。[①] 发明的有用性的大小取决于以下几个方面。

第一，发明是否解决了人们迫切需要解决的问题。如果发明能够解决人类迫切需要解决的问题，那么这个发明的有用性是增强的。如果一项发明产生是为了一个虚设的问题，或者说是发明者预测未来有可能会出现的问题，那么这项发明的有用性会减小。

第二，发明是否解决了众多人群面临的问题。如果一项发明能够解决很多人面临的问题，那么这项发明的有用性会增大。相反，如果一项发明所解决的问题是非常少见和鲜有发生的，面临此问题的人群稀少，这项发明的有用性将降低。

第三，发明是否属于革命性或基础型的发明。如果一项发明，首次解决了某个问题，那么这项发明的有用性会非常高。如果在这项发明出现之前，已经有别的技术或者产品用不同的方法也可以解决此类问题，那么这项发明的有用性则降低。这就意味着，革命性或者基础型的发明蕴含的有用性是比较高的。

第四，在发明有用性的实现过程中是否会产生额外的负面影响。人们通常说技术是一把"双刃剑"，发明的使用过程中时而带来意想不到的负面影响虽然是难以避免的，但是这将影响发明的有用性的大小。一项发明虽然可能解决其特定针对的问题，满足特定群体使用者的需求，但是它在解决问题的同时却产生了新的麻烦，比如发明的使用过程中给环境带来严重污染，这会在一定程度上削弱本项发明的有用性。当发明的负面影响远远大于本发明的有用性的时候，这项技术产品是否应该被发明出来甚至实施，则需要进行道德考量和法律约束了。

---

① Nathan Machin, "Prospective Utility: A New Interpretation of the Utility Requirement of Section 101 of the Patent Act", *California Law Review*, Vol. 87, No. 2, 1999, pp. 421–456.

综上所述，发明的有用性是一个复杂的概念，它只能大致衡量。发明的有用性及其大小是可能变化的，因为随着发明使用的环境的改变，发明所解决的问题以及发明使用者群体的范围都有可能发生变化，发明的有用性也会随之改变。当我们提到一项发明的有用性的时候，我们理所当然地会认为发明帮助人们解决了问题，满足人们的需求，发明总是好的，而且发明的有用性也总是好的有用性。但是，现实中的发明并非如此，发明给社会带来巨大正向推动作用的同时，也产生了深刻的负面影响，所以，发明的合伦理性是保证发明最大限度地给人们带来福祉的重要特性。

三 合伦理性

一项发明除了具备新颖性和有用性外，它在进入使用阶段以后还需要满足一些标准，比如不能与公共政策或国家安全相违背等。[①] 发明的实施是在和人类及社会相互作用中进行的，发明的后果无可避免地涉及是否符合伦理道德的问题。

发明要与当时所处环境中的伦理道德规范相符合，关于这一点的官方声明最早出现在1817年美国的专利侵权的诉讼案中。法官申明：所有的专利法律条文都要求，任何一项发明都不应该是无聊的，也不应该对人们的幸福生活、合理的政策和社会良好的道德规范产生破坏作用。[②] 一个世纪以来，世界各国专利法一直遵循这一原则。虽然没有对发明的技术价值和社会价值给予衡量，但是从中可以看出一项发明不仅具有其存在的基础特质即新颖性和有用性，还需要有道德上的考量。

（一）有用性不等于有破坏性的作用

价值，简单地说就是有用性。发明的价值即发明的有用性，即发

---

① Christopher D. DeCluitt, International Patent Prosecution, Litigation and Enforcement, Tulsa Journal of Comparative and International Law, Vol. 5, 1997, pp. 135 – 168.

② Lowell v. Lewis, 1 Mason. 182; 1 Robb, Pat. Cas. 131, Circuit Court, D. Massachusetts. May Term. 1817, http：//cyber. law. harvard. edu/IPCoop/17lowe. html.

明能为使用者解决他们面临的问题。在传统意义上,价值通常与"好"的观念联系在一起。哲学上"好"的观念意味着事物在自然界秩序中的三个特质:存在、目的和道德。① 这三个方面共存于同一个发明中。一项发明的构思天然地蕴含有预设的目的,这个目的也是发明产生和存在的理由,道德则是发明实施以后对社会产生影响时所给予的关于"对"或"错"的评价。发明的有用性和发明的恶意、不道德的行为作用不可同日而语。早在1873年美国的专利诉讼案中,法庭就明确指出:一项发明必须是新的和有用的,并且假如发明不能让操作者完成专利材料上所描述的结果,或者使用者在实施本发明时持续暴露于丧失生命或者身体受到严重伤害的危险中,那么这项发明不能算是有用的。② 比如"可以立即致窃贼双目失明的装置",本发明虽然从某种程度来讲可以有效遏制窃贼的不法行为,但是对窃贼人身安全造成过于严重的后果,这样的发明与社会最基本的伦理道德和法律准则不相容,所以在发明阶段,发明者应该有责任对发明的后果给予全面考虑,将发明后果的不确定性和风险降低到最小。

(二)发明价值和道德判断

道德判断是应用道德概念或道德知识对行动的是非、好坏和善恶进行评价的过程。道德判断是一种认识活动。由于一项发明对不同的使用者而言具有不同的价值,故而评价者对发明价值的道德判断具有很大的主观性。比如,一项名为"可以方便打开各种锁具的万能钥匙"的发明,它对于盗窃者来说极具价值,对于普通民众来说这项发明不应该出现,对于特殊工作需要的群体如刑侦、公安、特殊紧急开锁服务等群体来说也是有价值的,但是这项发明的使用需要特定规范。由此可见,发明的价值是相对的,人的道德判断也是相对的。一项好的发明应该能够接受广大社会群体的道德判断,符合社会普适的

---

① Alex Tiempo, *Social Philosophy*: *Foundations of Values Education*, Manila: REX Book Store, Inc., 2005, p.7.

② Michael L. Kiklis, *The Supreme Court on Patent Law*, New York: Wolters Kluwer Law & Business (Firm), 2015, pp.3-30.

道德准则。

(三) 合目的性与合伦理性相统一

如前所述,发明产生的驱动力和它的目的都来自它的有用性。从这个意义上讲,所有的发明都有潜在的价值,价值的实现在发明被采纳实施的那一刻得以体现,也就是发明目的达到的时候。但是,技术上可以达到的不代表就是应该做的,发明的目的还应该符合社会伦理道德标准,发明要体现合目的性与合伦理性相统一。

第二章 发明的来源

长期以来,不同领域的学者关注发明问题。技术史家关心发明的变迁过程,[①] 经济学家关注发明活动和经济增长之间的关系,法学研究者探索专利事务中的纠纷,传记研究者更多地强调发明家个人在发明中的作用以及发明家的发明热情和潜力对发明产生的影响,社会学家则寻求发明与社会之间的相互影响,这些研究大体上可以分成两大类:发明的内部解释和外部解释。发明的内部解释侧重于对发明动力的思考。

技术哲学中一个比较经典的问题是技术变迁背后的驱动力是什么?有人说是发明家天赋的独特创造力,他们总是试图摆脱已有的限制,超越看似不可能的事情。有人说"需求是发明之母",但是其中不乏一些发明激发人们新的需求的发明。在过去的一百年中,很多人断言发明是科学的应用,[②] 但是,现代技术发明显示,发明又不仅仅是科学的应用。纵观技术发展史,似乎直到19世纪,科学和技术之间的关联都比较微小,技术变迁主要是由实践中的工匠完成的,而非科学家。[③] 鲁迅说:"不满是向上的车轮",很多发明都是由于对现有

[①] Henry Petroski, *The Evolution of Useful Things*, New York: Vintage, 1992.

[②] D. Layton, *Interpreters of Science: A History of the Association for Science Education*, London: John Murray & the Association for Science Education, 1984. R. Kline, "Construing 'Technology' as 'Applied Science': Public Rhetoric of Scientists and Engineers in the United States, 1880 – 1945", *Isis*, Vol. 86, No. 2, 1995, pp. 194 – 221.

[③] Marc J. de Vries, *Teaching about Technology: An Introduction to the Philosophy of Technology for Non-philosophers*, Dordrecht: Springer, 2005.

状况的不满而产生的。有的研究描述发明产生于神圣的灵感,而另外一些学者又否定这些灵感或者启示的作用。还有一些学者讨论发明是人类在特定条件下调试和自然环境相适应的努力的结果,因此发明是不可避免的。这些观点有些是相悖的,因为那些讨论神奇的灵感是发明的来源的理论就否定了发明的必然性,而那些讨论发明是不可避免的观点则强烈反对灵感在发明中的作用。

由于发明是一个复杂的活动,发明的背后的驱动力也绝不是单一的因素,以上的对发明背后驱动力的解释都有道理,而又不完全准确。每一种理论都具有片面性,因为都没有全面考察发明产生的多方面的来源。本章将从多个角度探索发明产生的动因,并且辩证地看待这些动因在发明产生中的地位。

第一节 发明中的创造力

没有具有才能的人类,不管提供多么现代化和良好的装备也创造不出那么多新发明。当然,天才的发明人如果缺乏必要的设备和装置也不可能产生新的发现,不管他们多么具有创造性。因此,发明的这两个主要成分:有天资的人和恰当的设备,这两者必须共同工作才能产生发明。[①]

长期以来,创造力都极具有神秘性,因为在已有的文献中,发明家、科学家和艺术家的创造性火花和灵感总是在无法预测的情况下迸发而出,这逐渐给人们产生了一个印象:创造力神秘莫测。那么创造力是否真的如此,究竟什么是创造力,创造力在发明中的作用和地位如何?

一 什么是创造力

1950 年吉尔福特(J. P. Guilford)在就任美国心理学会主席的就

[①] Luis Suarez-Villa, *Invention and the Rise of Technocapitalism*, Maryland: Rowman & Littlefield, 2000, p. 187.

职演讲中指出：创造力是一个长期被忽视但却十分重要的品质，应受到研究者的关注。① 在吉尔福特的努力和影响下，20世纪后半叶，对于创造力的研究逐渐形成气候。

对于创造力的研究的角度越多，创造力的定义也愈加多样化，但是创造力总是和新颖性相联系。英国学者博登（Margaret A. Boden）首先区别了创造力的两个层面：心理层面的（P-creativity）和历史层面的（H-creativity）的创造力。假如一个人在其头脑中产生了一个他从未有过的有价值的想法，不论在他之前这个想法被别人想到过多少次，那么我们称这个想法具有心理的创造性；相对应的是假如他头脑产生的想法在人类历史上从未被提起过，那么这个想法则可以称为历史层面的创造性。② 根据以上区分，所有的具有历史层面的创造性思想都是心理层面创造性的思想。博登对创造力层面的区分暗示了创造力结果新颖性的两重性：相对新颖性和绝对新颖性。创造者头脑产生的想法仅仅相对于自己而言是新颖的则是相对新颖性的，如果创造者的思想相对于全社会或者全人类而言都是新颖的，那就是绝对新颖性。但是，不管是相对新颖性和绝对新颖性，它们都是人类创造力的表现结果。

由于人具有自然属性和社会属性，并且人类的本质是其社会属性，"在一定程度上是人类社会关系的总和"。所以，人类头脑产生的新颖性的想法也要在社会中去评价，有用的新颖性的想法才是人类的恰当的创造力的表现，否则，随机的拼凑可能毫无意义而言。

由于发明结果具有好与坏之分，即发明给人类社会带来正面的影响还是负面的影响，虽然发明的价值因为评价人的不同而有所不同，但是我们依然需要根据一般的道德规范来评价发明的价值，并且从人类向善的角度来讲，发明人的创造成果应该给社会带来正向价值。

---

① J. P. Guilford, "Creativity", *American Psychologist*, Vol. 5, No. 9, 1950, pp. 444 – 454.

② Margaret A. Boden, *What Is Creativity*, in Margaret A. Boden edited, *Dimensions of Creativity*, The MIT Press, 1994, pp. 75 – 118.

借鉴博登以及已有学者的研究,① 可以尝试为创造力给出以下定义：创造力是人的思维过程，其思维结果是产生新颖的且对社会具有正向价值的想法。定义中的"新颖"包含相对新颖性和绝对新颖性，就算是相对新颖性的设想，也是发明人自己并不知晓在此时间点之前已经存在类似或者相同的设想。所以发明人产生这个设想是需要他创造性的思维活动，是发明人创造力的显现。

创造力是一个很普通的现象，它不限定在少数人的思维过程中，创造可以说是较为普通且神秘性较低的现象。② 早期的发明的英雄理论将发明的出现归功于发明人独特的天赋，目前，这一观点基本被否定。脑科学、生理学、基因科学等不同领域的研究结果显示，创造力是人人皆有的一种潜在的属性，是人类大脑中存在的固定的功能活动区域，创造力是人类发展进化的结果。虽然最新的创造力基因组学研究结果还不能非常清晰地解释创造力的产生与心理机制，却能够提供一个普遍的认知，就是创造力并不稀有。③

创造力产生过程是发明人进行创造性思维的过程。创造性思维和其他普通的思维形式主要不同在于：（1）乐意接受对问题的含糊的描述并且逐步构建它们；（2）在相当长的时间里持续关注问题；（3）拥有相关领域和潜在的相关领域的广泛的背景知识。④ 并非所有的发明案例中这些关于模糊性、持久性和知识条件都满足，但是它们在很多发明活动中都存在，并且和很多偶然性的发明同样具有关联。这几个条件中没有哪一条是让人感到奇怪的，它们都拥有强烈的动机成分，而且它们都满足了我们所追求的——容忍的美德，持久性，

---

① Stein M. I., *Stimulating Creativity*, New York: Academic, 1974. Rickards T., "The Management of Innovation: Recasting the Role of Creativity", *Eur J Work Organ Psychol*, Vol. 5, No. 1, 1996, pp. 13 – 27.

② Elliot Samuel Paul, Scott Barry Kaufman, edited, *The Philosophy of Creativity: New Essays*, New York: Oxford University Press, 2014: 20.

③ 衣新发、王小娟等：《创造力基因组学研究》，《华东师范大学学报》（教育科学版）2013年第31卷第3期，第56—62页。

④ Herbert A. Simon, "Discovery, Invention, and Development: Human Creative Thinking", *Proc. NatL Acad. Sci. USA*, Vol. 80, 1983, pp. 4569 – 4571.

勤勉。

创造性思维结果出现的瞬间通常涉及直觉、顿悟，这些词语否定了关于发明的更加浪漫的过程，这些词语就是专利制度中所谓的"天才之火"。毫无疑问，发明的关键一步往往是突发性事件，有时是发明人得到的一个意想不到的结果。因为发明人可能是仅仅添加了微小的一点东西，结果就立即显露出来了。通常在发明结果出现之前，有一个漫长的"酝酿"过程。从创造力理论的角度来解释，在人类的心理活动中，自觉的意识不是一直存在、固定不变的。顿悟是人类认知活动中的典型，有时候我们不能确切地说出是什么线索对我们的认知起到了关键的或有帮助的刺激作用，但是很多顿悟是我们在寻求答案的时候碰到了之前熟悉的场景或者模式，由此引导我们从那些熟悉的事物中提取可行的方案。想要获得顿悟，起码有两个方面是不可或缺的：知识和恒久的毅力。实现突发见解情况的能力取决于发明人存储了大量的知识，这些知识为发明人提供了可以回忆起的熟悉的模式和认知的线索。关于恒久的毅力，表现于发明人掌握大量的知识需要花费长久的时间。根据象棋大师、音乐家等传记资料的研究发现，想要达到一流专家需要花费至少10年的时间进行不懈的学习，才能掌握足够的知识。[①] 所以，知识和恒久的毅力是高水平的能力的首要必备条件。

综上，可以看出虽然创造力是发明人内在的特性。创造力的强弱和在创造活动中的展示能力很大程度上受到其他因素的制约，这些因素有的是发明人的心理品质和人格，也有发明人与社会环境相互作用过程中产生的知识条件。所以，创造力不是单一的事物，而是多种要素相互影响后的人的思维活动能力的外在显现。

爱迪生说："天才就是1%的灵感加99%的汗水"，这句名言时常用来激励人们要勤奋刻苦地工作，但是这恰恰是爱迪生发明神话的核

[①] Herbert A. Simon, "Discovery, Invention, and Development: Human Creative Thinking", *Proc. NatL Acad. Sci. USA*, Vol. 80, 1983, pp. 4569–4571.

心，也是对真正天才直言不讳的描述。"1%的灵感"指的是发明人的创造性的头脑，或者说创造力，爱迪生的这句话起码给我们两个方面的启示：发明中创造力是不可或缺的；但是创造力在发明中只占很小的比重，一个成功的发明还涉及其他很多的方面。当前，我们越来越清楚地认识到，发明人的特质中不仅包含他们的创造力、想象力和才气，还有他们领袖的能力，超越常人的对于科学技术进步方面的专业化知识等，这有别于早期的经验技巧和工艺知识。

二 发明中的技术创造力

创造力具有"流畅性""灵活性""敏锐性""敏感性""独创性"等特征，[1] 创造力在人类的各种活动中普遍存在，但是创造力具有领域特殊性。根据创造力所活动的领域不同可以把它分成艺术创造力、科学创造力和技术创造力。艺术创造力特指用于表达任何形式的艺术的创造力，这些艺术包括视觉艺术、音乐、文学、舞蹈、戏剧、电影和混合媒体。[2] 或许人类通过艺术来表达思想的怪癖最终都是大脑皮层的结构和功能的尚未可知的变异性，即我们感受到的艺术的多变性。这也是为什么通常将艺术分配到个人和他们的主观世界，艺术的丰富性在于它干扰和激发的动力因人而异，它的共性在于我们可以通过艺术交流，不管是否使用口头语言和书面文字。目前我们还不能完全知晓几乎无限可能的创意变化使不同的艺术家迥异的艺术风格如何产生于同样的神经生物学过程。[3] 艺术通过它的抽象过程为那些大脑产生的不满意的设想提供了一个避难所，从而加速我们的文化发展。艺术创造力具有模糊性和抽象性，艺术创造力在一定程度上需要较强的想象力。

---

[1] J. P. Guilford, *The Nature of Human Intelligence*, N. Y. : McGraw Hill, 1967.

[2] A. Jr Alland, "The Artistic Animal: An Inquiry into the Biological Roots of Art", Garden City, NY: Anchor Press, 1977, p. xi.

[3] Semir Zeki, "Artistic Creativity and the Brain", *Science*, Vol. 293, 6 July, 2001, Issue 5527, pp. 51 – 52.

科学创造力则是用于进行科学发现的创造力。在培根和笛卡尔之后，科学哲学家努力想为科学发现提供一个逻辑基础，这个逻辑基本上是归纳或演绎，或者两者的组合。另外一些思想家则质疑科学创造力是否能够归纳入一个理性的方式，比如波普尔和一批诺贝尔奖获得者。普朗克曾宣称创造性的科学家必须拥有一个丰富的直觉性的想象力，新思想不是通过演绎而产生，而是产生于艺术家那样的创造性想象。① 虽然也有研究者努力地为科学创造力的随机发生模式提供建模，以此强调科学创造力实际上构成了一种约束随即行为的模式，② 直到现在，科学家自身依然相信自己的发现在很大程度上源自直觉和其他非逻辑的路径。

相比较艺术创造力和科学创造力，更为理性和逻辑的方式则是技术创造力。技术创造力是以人类的技术思考和技术活动为基础的思维过程。当传统的创造力的独特要素和技术领域的属性有效地结合到一起的时候，技术创造力才能够被很好地执行。技术人工物的多样性的原因之一就是"设计者想要展示他们的智慧和艺术天赋的渴望"③。也恰恰是因为人类伟大的技术创造力，才产生了人类历史上的多种革命。

技术创造力不同于艺术创造力和科学创造力，技术创造力往往更脚踏实地。在这三种创造力类型中具有一些平凡的特点比如灵巧和贪婪。技术创造力和艺术、科学创造力同样具有偶然性，这个偶然性取决于灵感、运气、缘分、天赋以及人们无法解释的驱动人们到一些无人涉足之地的力量。尽管当前发明的声音很大部分来自那些在三件套西装外面罩着实验室外套的研发工程师的冰冷和算计的头脑，但是大

---

① Max Planck, *Scientific Autobiography and Other Papers* (F. Gaynor, Trans.), New York: Philosophical Library, 1949, p. 109.

② Dean Keith Simonton, "Scientific Creativity as Constrained Stochastic Behavior: The Integration of Product, Person, and Process Perspectives", *Psychological Bulletin*, Vol. 129, No. 4, 2003, pp. 475–494.

③ Adrian Forty, *Objects of Desire: Design and Society Since 1750*, New York: Thames and Hudson, 1992, p. 91.

多数技术创造力具有不同的来源。①。没有唯一的令人满意的答案可以回答为什么技术创造力产生在一个社会而在另一个社会没有出现。

技术创造力包括两个大类的要素：能力要素和倾向性的要素。②能力要素是和"将要做什么"相关联的。为了解决需要解决的问题，需要发明人展示建立在技术知识基础上的活动、技巧和能力。技术创造力的能力要素包含分析、改进、组合、评估等多个方面。倾向性的要素是和"本质上希望什么"相联系的，它是发明人的技术创造力的品质、倾向等。技术创造力除了具有创造力的"流畅性""灵活性""敏锐性""敏感性""独创性"等一般的倾向性的属性之外，"实践性""挑战性"和"精密性"是技术领域中独特的属性。因此技术创造力包含7种倾向性要素。在技术创造力活动的过程中，倾向性要素处于核心位置，能力要素围绕倾向性要素进行，两者紧密结合。这也意味着只有当创造力的普通属性和技术领域的特殊属性相结合的时候，技术创造力才能显示其最佳的发明能力。

三 技术创造力的产生

人类的技术创造力伴随着技术进化而产生和发展。早期，人类在和自然界的相处过程中为了改变现有的生存环境而不断地激发起发明的欲望，这是技术最早的来源也是技术创造力最早产生的动力。这个时期人们的发明方式比较简单，比如发明人时常采用对自然界的模仿来形成他们的创造力。③ 早期的技术创造力的产生常常是无意识的，人类的发明速度缓慢，技术创造力隐藏在技术进化的背后。文艺复兴时期，意大利的工匠较早地体会到先进的技术带来的利益，在他们之

---

① Joel Mokyr, *The Lever of Riches: Technological Creativity and Economic Progress*, New York: Oxford University Press, 1990, p. vii.

② Hyunjin Kwon, Changyol Ryu, Model of Technological Creativity Based on the Perceptions of Technology-Related Experts, Daejeon Technical High School, Chungnam National University, Korea, www. aichi-edu. ac. jp/intro/files/seika05_ 2. pdf, 2015/9/8.

③ Magee G. B., "Rethinking Invention: Cognition and the Economics of Technological Creativity", *Journal of Economic Behavior & Organization*, Vol. 57, No. 1, 2005, pp. 29 – 48.

后，人们对技术创造力的关注日益增强。到20世纪50年代后半期，随着人们对技术创造力的重视，技术创造力逐渐被纳入采用教育的手段进行激发的做法中去了。

技术创造力和发明人的个性化的经历相关，因为他们个性化的经历来自每一天的积累，这些积累根植于发明人个人的经历和熟知的实用性知识。这些第一手的知识随着时间的推移逐渐累积起来并且不仅成为个人专业知识的来源，也成为发明人个人潜在的创造力。① 就像沃尔伯格（H. J. Walberg）提醒我们："发现可能发生在瞬间，但是它通常需要在专业领域中进行几十年的准备。"② 费尔德曼（D. H. Feldman）通过个案研究指出，领域为一个人提供接近和熟悉有关知识的机会，同时提供创造的机遇。③ 爱迪生杰出的创造性与他所处的19世纪后半期和20世纪初期电器技术所特有的发展机遇有密切关系，他找到了施展自己发明才能的最佳机会。技术创造力还要考虑两个要素：价值和经济获益。发明人期望他们的设想得到支付，这可能会成为他们进行发明的动机。越真切地感知到经济利益，他们会投入越大的努力和精力到发明活动中去。在雇佣发明人群体中，这种动机具有很大的影响力。

对于工业来讲，技术创造力具有很强的有用性并且富有成效。由于生产手段不断扩大其在市场中的地位，市场是一面镜子，反映了经济和遵循经济的跌宕起伏的凯恩斯主义经济周期。或许，在今天的经济地平线上，较大可能的经济生存周期是建立在从一个危机到另一个危机的基础之上，而非从一次萧条到下一次萧条，或一次膨胀到下一次膨胀。而在任何经济体中的主要生产工具也是周期性的。原始社

---

① Magee G. B., "Rethinking Invention: Cognition and the Economics of Technological Creativity", *Journal of Economic Behavior & Organization*, Vol. 57, No. 1, 2005, pp. 29-48.

② H. J. Walberg, "Creativity and Talent as Learning", In Sternberg, R. J. (Ed.), *The Nature of Creativity: Contemporary Psychological Perspectives*, Cambridge University Press, Cambridge, 1988, pp. 340-361.

③ Feldman D. H., "The Development of Creativeity", In R. J. Sternberg, T. I. Lubart (eds.), *Handbook of Creativity*, New York: Cambridge University Press, 1999, pp. 169-186.

会，作为猎人的人们的经济产品主要来自动物，动物为人类提供了食物、衣服、工具和武器。在农业社会，人们在土地上创造性培育和存储食物，动物成为主要的经济产品的工具，而肥沃的土地成为主要的经济资源。工业社会，人类凭借技术创造力用机器、汽车、电子、机器人等取代了动物。知识经济社会，知识成为经济发展的主要来源。当前，企业竞相开发创造性的产品参与市场竞争并不断再次发明以保持获得高额利润。① 所以，技术创造力在工业进程中不断地被激发并且成为竞争的主要方面。

四 技术创造力在发明中的地位

在哲学家（也包括诡辩论者）的影响下发展的古代丰富的实践传统是非常重要的。希腊化时期发明人，拜占庭的斐洛（Philo，大约公元前3世纪晚期）在一个关于火炮机械的专著中强调：任何事物都不能依靠纯力学的理论方法来完成，更多的发现要依赖试验。发现是不断试错的试验过程。② 斐洛关于发明的观点主要集中于持续不断的试验，在试验中，发明本身出现的问题不断被发现并解决，新的要素陆续被添加到发明中去，发明在这个过程中逐渐被完善。这个发明过程的观点是渐进主义的，这个观点和很多人类学家关于人类艺术的获得的观点是相近的。斐洛的观点中，没有提到或者暗示卓越的创造力或者人格特殊个人的天赋是发明过程中的要素。

对待发明人特殊能力的观点在经历英雄的发明理论之后，发明人的特殊天赋逐渐被淡化。技术创造力作为一种较为普通的能力逐渐被人们接纳。今天，大多数重大的发明通过技术专家精致的试验和严密的思考而产生，这显示技术创造力并非极少数人所特有，当然也并非

---

① Phillip Sinclair Harvard, "Two Hs from Harvard to Habsburg or Creative Semantics About Creativity: A Prelude to Creativity", in Elias G. Carayannis Edited, *Encyclopedia of Creativity, Invention, Innovation, and Entrepreneurship*, New York: Springer, 2013, pp. 1861–1868.

② Eric W. Marsden, *Greek and Roman Artillery: Technical Treatises*, Oxford: Claredon Press, 1971, p. 109.

人人都拥有并可以恰当地使用。

技术创造力在不同的人身上有不同程度的显示,这可以部分解释为什么有的人成为多产的发明人而有的人则不是。很多人都可能会感知到相同的问题,他们或许都想去解决这一问题,在答案迟迟没有出现的时候,问题通常会暂时搁置到一边,缺乏创造力的人会完全忘记它。对于具有创造力的人而言,虽然他们依然在从事着自己每天的事物,但是在这个酝酿阶段,他们的意识保持待发状态,随时都可能被激活,任何时候出现的与问题相关的线索都可能随时激活他们的灵感。

技术创造力是发明的必要条件但不是充分条件。发明的产生除了发明人本身的创造性头脑,对问题的感知,创造性解决问题的能力等条件之外,发明的来源很大程度上源自社会中的其他因素。

第二节 发明的社会需要[①]

希望和需要能够激励人们采取行动、感知、思考并且为了改变现存的、人们不满意的状态而采取行为。人类在心理上更容易受到与为他们需要而进行的活动相关联的信息的影响。人类需要的产生具有一定的生理基础。进化的生物圈中的一个关键驱动力是适应资源稀缺的动态环境。因此,人类进化的过程中,自然选择的力量影响行为,并且他们的动机背景就是在那样的环境中生存。人类行为倾向的遗传部分就包括了一组最基础的需求,这可以被认为是生物进化的结果。为了说明在人类发展史中的社会经济发展的起源及其对行为的先天要素的持久影响,达尔文的理论是值得借鉴的。借用这些深刻的见解,可

---

① 英文中 necessity is the mother of invention,在中文中有两种翻译:"发明是需要之母"和"发明是需求之母",并且人们没有加以区分。笔者认为,需要是人为了满足自身的物质生活和精神生活而产生的期望,需求则侧重于在具有购买能力的条件下对某些事物产生期望,而 necessity 一词本身有必需品的意思,发明往往是对人们的愿望和期望的反映,发明知识根据人们的需要而产生,在发明阶段而不是创新阶段,往往无法准确估量社会需求如何。所以,本书采用"发明是需要之母"。

以假定一些选择和行动者展示的行为方式可以被追溯到一些共同的基本需求，这些需求曾经拥有一个适应值。这一规则在人类的认知和行为领域同样适用。[1] 通过参照人类的系统进化，可以简单地用遗传适应性来解释需要。需要引导行为，行为决定繁殖成功，而后者作为遗传适应性的表现，进而驱动欲望的演变。[2] 所以，需要不仅伴随人类的进化史，也伴随人类的发展史，同样伴随技术发明史。

一 需要是发明之母，但不是发明的唯一之母

"需要是发明之母"（Necessity is the mother of invention）这句话的变形第一次出现在英语世界中是在1519年，即"需要教给他智慧"（Need taught him wit）[3]，同时还有几种稍有差异的说法同时存在。在1681年，有了明确的"需要是发明之母，她也是工业的保姆"（Necessity is the mother of invention, so it is the nurse of industry）的写法，[4] 之后出现的频率越来越高，以至于一直到20世纪早期，很多人依然持这种观点。众多发明的案例也证实了"需要是发明之母"的说法。

20世纪30年代，燃气涡轮发动机的发展需要合金来制造涡轮的扇叶，合金需要能够在高温下抵抗蠕变和蠕变断裂、由于热气产生的腐蚀和意外的冲击，还要具有机械加工成型的属性。所以超耐热合金的发明就成为首要的需要，没有超耐热合金就没有燃气涡轮发动机。[5] 此外，贝尔的电话的发明，纽可门、瓦特等的蒸汽机的发明等都证明

---

[1] Christian Cordes, "Long-term Tendencies in Technological Creativity—A Preference-based Approach", *Journal of Evolutionary Economics*, Vol. 15, 2005, pp. 149 – 168.

[2] W. Guth, M. E. Yaari, "Explainin Greciprocal Behavior in Simple Strategic Games: An Evolutionary Approach", in U. Witt (ed.), *Explaining Process and Change*, The University of Michigan Press, AnnArbor, 1992, pp. 22 – 34.

[3] Christine Ammer, *The American Heritage of Idioms*, Houghton Mifflin Harcourt, 1997, p. 432.

[4] Whiting, Bartlett Jere, *Early American Proverbs and Proverbial Pharases*, Cambridge, Mass.: Belknap Press of Harvard University Press, 1977, p. 307.

[5] Subrata Dasgupta, *Technology and Creativity*, New York: Oxford University Press, 1996, p. 20.

了需要作为发明的驱动力的强大作用。

需要是发明之母的思想内涵很简单,它指人类总是在进行着发明,低等动物很少做出发明,因为它们的需要较少且相同。人类进步发展的历史是一部需要引导有价值的发现和发明的历史。处于相对舒适的环境中的人做出的发明要少于需要较多的人做出的发明,许多重大发明都出自处于贫困环境的人之手,他们的需要经常驱使他们穷尽最大能力去减少他们面对的困难,最终的成功往往是带来一些有价值的发明。

通过对发明史的集中研究发现,发明是对社会需要的反映,并且必须拥有充分发达的文化和培植一项发明所需的恰当的技术遗产。历史证明,伟大的发明从来都不是任何一个人的头脑的工作结果,每一个重大发明要么是微小发明的累积,要么是前进进程中的最后一步。吉尔菲兰说:"发明不是一个巧合的偶然事件,也不是零星的天才,而是先前的科学和技术发展到一定程度所致,此外发明还有很多社会原因和阻碍的因素,新的和变化的需要和机会,技术教育的增长,购买力,资本,专利和商业系统,企业实验室等。"[1]

早期的发明主要源于人们的基本需要,而近一个世纪尤其是当前,对于刺激发明出现的需要已经远远超出人们的基本生活需要,所以彼得罗斯基(Henry Petroski)认为"不是需要而是奢侈是发明之母"[2]。我们需要空气和水,但是空气净化器和冰水就不是必需品,我们需要食物但不一定非要吃牛肉来解决饥饿。人们对新技术的无限追求的欲望促使当前的发明快速出现,这些新技术已经无关于人们的基本生存问题,而是为人们提供了舒适、便捷、懒惰、奢华和虚荣等。

需要具有时代性。已有的知识状态和特定社会中已经达到的技能联合起来共同促进发明的形成。瓦特在蒸汽机方面做出重大改进,因为

---

[1] S. C. Gilfillan, Prediction of Inventions, The Journal of the Patent Office Society, 1937, pp. 623–645.

[2] Henry Petroski, *The Evolution of Useful Things*, New York: Vintage Books, a Division of Random House, Inc., 1992, p. 22.

所有的必要条件在 18 世纪的英国都已经具备：对新动力的需要，节省劳动力的机械的商业化需求，必不可少的燃料和影响发明的工匠、建造者、铁匠以及其他金属制造者的技能的满足。换一个国家或者提前一个世纪，促使瓦特做出这个重大发明的动机和知识都不具备。

技术发明的目的是解决人们面临的问题，即满足人们的不同层次的需要，所以需要是发明产生的驱动力量，这毋庸置疑。但是，在技术发展和进化的历史中，需要是发明的驱动力，但却不是唯一的驱动力。需要对发明的驱动并不总是单向进行的，发明有时候反过来催生需要，需要和发明相互推动并伴随前行。

二 发明是需要之母

有些情况下，"需要是发明之母"这句话是不适合的，因为人们的欲望所决定的需要总是一直存在并且不断增强，而人类满足这些需要的能力有限，事实上，"发明是需要之母"可能更为正确，因为新技术的可能性经常会引起迄今为止不为人知的期望。对技术的需要是一个派生需要，也就是说它最终取决于对商品和技术辅助产生的服务的需要，而并非对技术本身的需要。一百年前的研究者就关注到发明对需要的刺激作用，凡勃伦（Thorstein Veblen）认为在任何领域，发明一直都是需要之母，技术方式和手段的复杂性也在逐渐地增长。[①]

发明是需要之母，其中包含了两种情况。

第一种情况：发明激发了人们之前未有的全新的需要。

有时发明的使用暗含了新的需求。[②] 新发明开始出现的时候，人们在使用时并不能充分实现这个新发明的价值，而是在使用的过程中发明的价值逐渐呈现出来，并催生出使用者的新需求。这种需求可能因时而异，是一种文化变量，而非生物变量。巴萨拉揭示出发明过程

[①] Thorstein Veblen, *The Instinct of Workmanship and the State of the Industrial Arts*, New York: Cosimo, Inc., 2006 (Originally Published in 1914), p. 314.

[②] W. F. Ogburn, *Social Change with Respect to Culture and Original Nature*, Gloucester (Mass): Peter Smith, 1950, p. 79.

中一个普遍存在的事实：发明的潜在功用和直接功用并不是不言自明的，不知新设备有何具体用处的尴尬时常出现。① 所以，新发明出现以后，很可能会催生出之前人们没有预期到的新需求。

爱迪生发明留声机（1877）以后就遇到了上述难题。第二年，爱迪生发表了一篇文章，详细说明了这项发明对大众有用的 10 种途径：用它来做听写记录，而不需要借助速记；为盲人提供"说话的书"；教人学习演讲术；复制音乐；保存家人重要留言、忆旧的话语和垂死者的临终遗言；为音箱及音乐玩具创造新的声音；制造能发布时间或信息的钟；保存外国语言的正确发音；教拼写和其他需要死记硬背的材料；记录电话的内容。这份重要的清单反映了爱迪生自己是如何对留声机的潜在用途进行排序的。音乐复制排在第四位，因为爱迪生觉得这只是他的发明的一个较小用途。当十年后爱迪生进入留声机市场时，他仍拒绝努力把留声机作为一种乐器推向市场，而是将它作为听写机器来出售。关键在于，其他人看到了留声机的娱乐应用前景，就改进了留声机，只要投入一枚硬币启动这种机器，就能自动播放流行乐曲专辑，当它在大众场合展示，立即受到了欢迎。② 由此可见，有些需求是在对新发明的使用中逐渐摸索出来的。

第二种情况：发明的产生需要额外的技术进步来维持发明本身的充分运行。

每一个技术创新似乎都需要额外的技术进步来使技术创新本身产生充分的作用。假如有人发明了比现有的设备可以更快地切割金属的车床，那么一些必要的改进就不得不去进行。例如，改进润滑系统以保持该机械运行高效，增强研磨材料以维持增加的运行速度，还要开发新的方法将车床切割下来的废弃材料快速移走。许多重大创新都需要进一步的发明以确保创新本身的有效实施。贝尔的电话的发明催生了各种技术改进，从爱迪生的碳粒听筒到中央交换机制，各个环节的

---

① ［美］乔治·巴萨拉：《技术发展简史》，周光发译，复旦大学出版社 1987 年版，第 152 页。

② 同上。

技术改进都被迫在短时期内完成，否则贝尔的电话就无用武之地。一项发明的产生同时催生了额外的技术进步来维持发明本身的充分运行，这种情况下，"发明是需要之母"被技术史家克兰兹伯格（Melvin Kranzberg）纳入他的技术发展的第二法则。① 这个法则始于技术的内部因素并且一直延伸到包含很多的非技术要素。克兰兹伯格也把这种现象称为"技术失衡"，即一台机器的部分改进打乱了之前的平衡，就必须努力通过必要的其他的改进来保证改进后的机器正常使用，产生新的平衡。

克兰兹伯格的"技术失衡"在技术史家休斯（T. P. Hughes）那里有一个指代的词语——"反向凸角"②。当系统发展的时候，伴随着会产生很多问题，其中一些问题被称为"反向凸角"。反向凸角主要指的是技术系统中技术落后的组成部分，当系统进步的时候，反向凸角不得不及时发展改进，否则整个系统无法运行。保守的发明会解决这些问题，而激进的发明则会产生新的系统，一个凸角就像一个图形中的突出部分。随着技术系统的扩大，反向凸角也会得到发展。

当前，手机自我拍照为全球范围内的使用者带来了便利，虽然照相技术已经发展了将近200年，但是自拍的广泛需求却是在手机上带有摄像头之后才产生出来。手机摄像头的发展带动了相关技术的改进，这是"发明是需要之母"在当前技术发展中的有效验证。

2000年当夏普手机装上第一款用于拍照的摄像头的时候，它给人们提供了随时随地拍照的便利。但是，为了让摄像头的拍照功能充分发挥，一些相关的反向凸角出现，首要的是拍照用闪光灯的配置，以满足在光线不足的情况下拍照。两年后，氙气闪光灯作为外设独立的部件和手机组合到了一起，这显得粗糙而又笨拙。随后的几年中，

---

① Melvin Kranzberg, "Technology and History: 'Kranzberg's Laws'", *Technology and Culture*, Vol. 27, No. 3, 1986, pp. 544–560.

② Thomas P. Hughes, "The Evolution of Large Technological Systems", in *The Social Construction of Technological Systems: New Directions in the Sociology and History of Technology*, Wiebe E. Bijker, Thomas P. Hughes, T. J. Pinch, Anniversary ed., Cambridge, Mass.: MIT Press, 2012, pp. 45–76.

> 发明哲学

LED 内置闪光灯和手机融为一体，在结构上实现了闪光灯和手机以及摄像头的真正结合。但是，LED 灯具备长亮特性，其光亮程度远远达不到"闪光灯"的效果，那么正确的理解应该是 LED 灯只能达到补充光源的效果。所以，亮度足够的氙气灯作为内置闪光灯于 2006 年安装到手机的内部。不过，氙气灯的缺陷在于体积较大，在近些年人们追求手机超薄的年代，LED 补光灯重新代替了氙气闪光灯，同时通过提高 LED 补光灯的亮度或者增加 LED 灯的数量来产生更好的拍照补光效果。手机闪光灯的技术伴随着摄像头技术发展而发展，手机拍照系统得以有效发挥作用。手机拍照系统发展的同时，又催生了人们新的需要，就是自拍的辅助实现手段。

起初，由于手机摄像头的品质限制了拍摄出照片的质量。并且摄像头置于手机背面，使用者手持手机给自己拍照还显得很困难。因为自己并不能通过手机屏幕看到自己的容貌，如果想拍照，最好的方式是站在镜子面前。随着手机系统的发展，以下四个要素催生了自拍杆的需要：第一，手机前置摄像头系统的出现以及摄像头成像的品质不断提高，逐步满足了人们日常拍照的要求；第二，随身携带的手机为人们随时拍照带来了可能；第三，手机大容量的内存可以让使用者毫无顾忌地任意拍照，无须胶卷的数字照相技术不会产生照相成本，使人们对手机拍照成为普遍需要；第四，使用者手持手机拍照带来的局限，即近距离拍照镜头选取的景象范围太小，人们对手机拍照的图像效果产生不满。这样，在需要和局限之间，辅助自拍照的设备应运而生，手持自拍杆在近几年风靡全球。

技术人工物以多样性的形式发展，其原因之一就是不断产生的新的需要，这些需要是通过新设计而发展出来的。[①] 比如机械和工具的复杂性和紧凑性一直在不断增强，新的发明需要新的工具来进行装配和分解，新工具反过来促使发明人进一步认识到新的发明。需要和发

---

① Adrian Forty, *Objects of Desire: Design and Society Since 1750*, New York: Thames and Hudson, 1992, p. 91.

明是两个紧密结合又互相作用的事物。发明满足了人们生存的基本需要和高层次的需要，人们又借助人类特有的丰富的想象力创造着新的需要，这些需要驱动着发明人不断探索和尝试未知的新技术。而不管从当前的、独立的还是多重发明的案例中看，需要又不总是发明之母，有时候发明引导着人们的生活，这似乎是社会经济力量和技术创新之间的双向的作用，在相互影响中推动着社会的进步。

第三节　现有技术产品的缺陷

没有什么事物可以达到绝对完美，任何现存的技术产品都有其有限的结构和功能，同时它总有某些方面功能的欠缺，而这些欠缺恰恰是人们需要和期望的。简而言之，人们期盼这些技术产品能够使用起来更便利和更经济，已有的技术产品却不能总是完全满足人们对它的期望。现存产品的不足也成为改进的动力，促使新发明的出现并满足人们的奢侈的需要。任何一件技术产品都存在某些方面的潜在的需要，对这些潜在需要的实现就是技术发展的驱动力，在这种模式下，实现技术的进化。因此发明的形式总是针对现有技术产品在功能属性方面的缺陷，这几乎驱动着所有的发明人，[①] 也成为发明产生的来源之一。

由于现有技术产品缺陷的严重程度不同，发明人在针对已有缺陷的取舍和改进等处理方式也有所不同，由此可能产生激进发明或者渐进发明。

一　错误的发明有可能导致激进发明的出现

发明是探索新事物的活动，成功的发明往往少于失败的发明，所以在发明活动中，发明人做出错误的发明是常有的事情。错误的发明

---

① Henry Petroski, *The Evolution of Useful Things*, New York: Vintage Books, a Division of Random House, Inc., 1992, p. 22.

或者失败的发明有一定的客观原因,一方面是现有技术发展的有限性,另一方面是发明人知识和发明能力的有限性。但是,就像教育理论中"有价值的失败"(Productive Failure)所蕴含的意思一样,发明是一类有价值的失败的活动。成功和失败的发明相互交织,对失败的关注和思索会产生新的成果,当然对过去成功的模式的过度依赖也会导致失败。成功绝不仅仅是失败的缺席,它还掩盖着潜在的失败的或者错误的模式。① 反过来,即便一项发明中出现错误的设计,它也会给人们带来启示,有可能激发新的成功的发明。当发明出现错误,或者成为一项失败发明的时候,它往往不是简单地被历史遗弃,相反,因为这项发明给人们激发了人们的新的需要,而有缺陷的发明本身并没有满足这种需要,所以会促使其他发明人从另外一种完全不同的路径中去探索新的发明,其结果有可能导致激进发明的产生。

  动力飞机飞行之前,人们探索飞行的方式主要集中于借助空气浮力的方式。早期的人们模仿飞鸟的结果设计了机械翅膀,但是它们的飞行无一例外的只能从高处往下滑翔,根本无法维持长距离的飞行。1783年,法国蒙哥菲埃尔兄弟俩首先发明了热气球,并实现了第一次载人飞行,但是热气球的飞行速度有限,人们并不满足于这种飞行方式,并且当1937年兴登堡飞艇发生爆炸以后,热气球彻底抛开了商业运输业务。借助空气浮力实现人类飞行的梦想频繁地被有缺陷的飞行工具所打破,但是人们飞行的热情却一发不可收。同时随着空气动力学理论的发展,人们开始寻求全新的飞行方式。相比较借助空气浮力实现飞行的工具,动力飞机是一项激进发明,它不是在已有的发明基础上做逐步的改进,而是另辟蹊径。

二 已有技术产品中的微小缺点催生渐进发明

  技术一直在向着进步的方向努力,但是从来也不会达到完美,其

---

① Henry Petroski, *Success Through Failure: The Paradox of Design*, New Jersey: Princeton University Press, 2006, p. 3.

中总有些方面可以改进。① 技术的不完美由以下几个方面的原因造成。第一，大多数发明都不止有一个功能，而且随着人们对事物多功能化的追求，发明虽然越来越紧凑但是也变得越来越复杂。技术的复杂性使发明解决问题的同时，难免会忽略整个发明系统中的某些小的环节，而这些被忽视的环节往往是发明中缺点的集中地。第二，发明的构思和发明的实现之间存在一定的距离。发明在发明人头脑中构思的时候，其材料、结构和使用效果更多依靠发明人的想象，而当发明产品在现实中使用的时候，会逐步暴露出这样或那样的缺点。就像曾经有发明人期望将帆船上的风帆移植到汽车上，为陆地汽车添加辅助推动力一样。但是这样的汽车真正使用的时候，风向和风速不稳定暂且不说，尤其当车速超过风速的时候，风帆就可能为汽车添加阻力了。第三，人们不断增长的需要和对已有技术产品的挑剔，也使发明很难保持恒久的成功。没有哪一项发明可以满足使用者全方位的需要，而且人们似乎在欲望得到满足之后，总会紧接着产生新的需要，进一步对发明提出更高的要求。第四，已有的技术产品在外界环境改变的情况下，会暴露出自身的不足。不管一项发明在过去显示出多么大的成功，都不能保证它在未来不会失败。无论是简单的还是复杂的产品，当它的使用环境改变的时候，有些不足就会逐渐显露出来。一把很简单的雨伞，在刮风的时候，直的手柄会让使用者更用力才能维持雨伞的平衡，这就要求发明人改进雨伞手柄的设计，以便更稳定地握住手柄。

以上原因决定了发明总存在难以避免的缺点，使用者对这些缺点的不容忍成为进一步改进的驱动力。由于在一项发明中，这些小的缺点往往不是致命的，而发明本身还有一定的市场，这种情况下发明者更多的选择是在原有的发明的基础上做局部的改进，这是渐进发明的产生模式。

---

① Henry Petroski, *Success Through Failure: The Paradox of Design*, New Jersey: Princeton University Press, 2006, p.47.

发明哲学

在各国专利申请的文件的说明书中，发明人对自己发明的背景进行描述的时候，通常有一个惯例，就是要指出同类发明中前人发明的不足和自己的发明如何弥补了之前的不足。通过专利文献的一贯撰写规范可以看出大多数发明都是在前人发明的基础上做改进。夹纸用的回形针产品已经在市场上存在一个多世纪，关于回形针的专利从19世纪末一直到现在依然层出不穷。由于创新往往受到诸多因素的影响，所以很多发明并没有完成商业化，但是这并不能说明没有商业化的发明都不是好的发明或者没有意义的发明。我们从众多回形针的专利中都可以看到发明逐渐改进的痕迹。例如，1987年美国发明人桑德斯（Calvin E. Sanders）申请了一个可以作为钥匙扣使用的回形针（专利号为4658479，见图2-1）。在这个发明的背景介绍中，发明人引证了之前已有的发明，比如美国专利号为1247087、1449684、2502289、3348271、3564674、4382617和4458386等多项专利，并且分析之前的专利都有一个共同的局限：只能将一叠纸夹成一组，而有时候使用者发现需要将材料分成两组或者更多的组的时候，已有的发明不能满足这个需要。此外，已有的回形针的内外两个金属环是相互嵌套的，在使用中一旦金属环被分开超出金属丝的弹性范围，回形针则很难自动回到原初状态，在这种情况下已有的回形针没有表现出它们良好的抓握能力。如图2-1中的（3）所示，本项发明至少可以将纸分成三组，并且由于其金属环前后叠放，夹纸的过程中不易使其变形。

发明人在改进回形针功能的同时还赋予了这个回形针另外一个功能：钥匙扣。这个钥匙扣和一般的封闭性环形钥匙扣还有不同，所以发明人桑德斯又指出了美国专利号为803839、1261148、1815209、2605632、2633734、2783637和4364250等钥匙扣发明的缺点：所有的钥匙都聚集在一个环上。而如图中（5）所示，本回形针作为钥匙扣使用的时候，可以将钥匙分隔开来，便于使用者区分和快速取用。

美国专利 1987年4月21日 表2（共三页）4,658,479

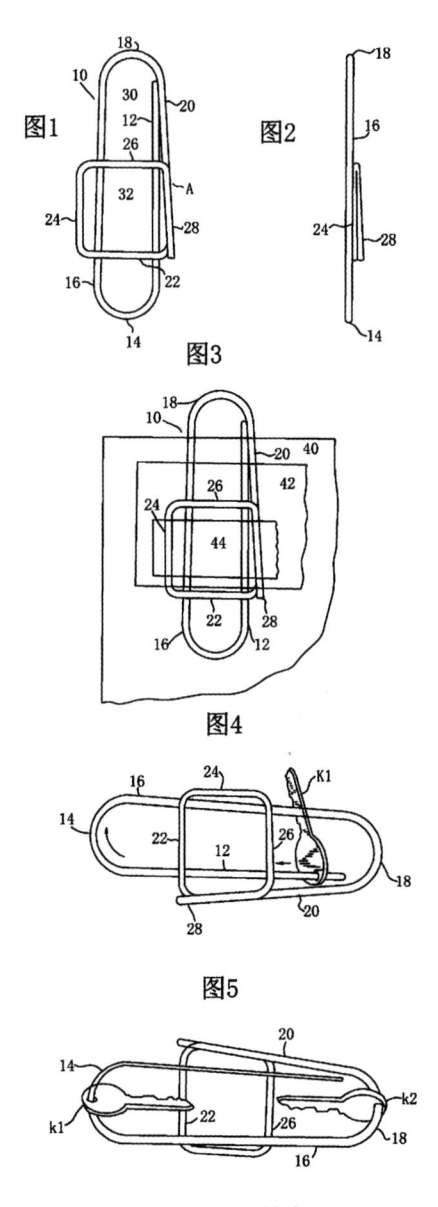

图1

图2

图3

图4

图5

图2-1 回形针发明

资料来源：美国专利商标局，U. S. Patent No. 4658479。

这个专利的发明只是众多文献中比较简单的一个，但是它反映了绝大多数的发明产生的来源，就是对已有发明的缺陷的改进，对已有技术不足的弥补。一代又一代的发明在这样的模式中产生，共同形成发明的序列。当我们纵观一类发明的发展序列的时候，我们往往会发现原来这个序列中的每一个发明不过是在前任基础上的微小改进。

三　已有技术产品因为使用群体的分化而催生进一步的发明

发明从理论上来讲是发明人的发明，但是从现实使用中来说发明是公共的。发明人做出的发明不管是否满足自身的需要，发明总是满足别的一些群体的需要，这个群体可能很大，也可能较小。发明对于适合它的群体来说是美好的，但是对于那些非适用的群体则是有缺陷的。当不适用的群体对本发明产生需要的时候，要求发明做新的改进和调整。希佩尔（E. Von Hippel）为工业产品设想的产生构建了两种模式：客户活跃模式和制造商活跃模式。在前一个模式中，客户或者使用者在产品启发中具有关键的作用，而在后一种模式中使用者仅仅起到对产品的反应的作用。[①] 一项发明商业化之后会产生一定的社会影响并激发不同的群体的需求的变化，从而导致针对不同群体的发明。

（一）有些发明在设计阶段不考虑特定的使用群体，但是在使用过程中出现了不同群体的需要的分化

大多数发明在设计阶段都是考虑面向广大社会群体，尤其是在发明的最初阶段，特殊人们的特殊需要往往很难顾及。在发明商业化以及应用过程中，不同群体的不同需要逐渐显露出来，发明的缺点随之暴露出来。这就要求发明人在下一步的发明中调整发明的某些方面，以适应不同的人群。有时候人数较少的特殊群体的需要也要求发明人进一步改进和完善发明。

---

① E. Von Hippel, Appropriability of Innovation Benefit as a Predictor of the Functional Locus of Innovation, Sloan School of Management, MIT, Working Paper 1084 - 79, June, 1979, pp. 50 - 56.

以移动电话的使用为例，移动电话在发明阶段并没有考虑使用者的特殊性，移动电话的各种功能主要迎合身体健康、反应速度正常的人群。为了满足人们携带便利的需要，移动电话一度朝着集约化、小型化发展。当人们需要大的屏幕来满足对视频和图像的高要求时，移动电话开始朝着大的平面、超薄厚度、手指触屏按键等特征发展，但是这些发展让六七十岁的老年人群体使用时感觉不到舒适和便利。于是，近十年各大移动电话制造商都根据老年人的使用特点改进开发了"老人手机"，这类移动电话具有以下特点：大按键、大声音、收音机、手电筒、一键紧急呼救、数字按键报音等。在"老人电话"开发的同时，面向另一个特殊群体——儿童的移动电话也随之而来。

就像正常的楼梯旁边辅助铺设了残障人士通道一样，许多发明在构思阶段集中考虑人们的普遍需要而非特殊需要。当发明在后来的使用也就是用户检验的过程中，发明的缺点会显现出来，特殊群体的需要会加快新发明的出现。

（二）发明所面向的非使用者群体产生的渴求

技术的发展是动态的，反复的过程，而非一次性事件。一个成功的发明在产品特征和使用者的需要之间只能提供短暂的平衡，使用者后续的需要以及随后的成功的发明不断调整这种平衡。一部分发明在构思的初始阶段是面向一个特定的群体，一项发明商业化并被一定的群体接纳采用之后，其影响会蔓延到使用者群体之外。由于"发明也是需要之母"，所以发明有可能激发非使用者群体的需要，当发明转向非使用者群体的时候，发明的缺陷的显露就是自然而然的了，虽然有时候非使用者群体对发明的要求是吹毛求疵的。一旦发明的需要和缺点产生，发明的动力随之而来。

跟随发明的缺陷而产生的发明是发明和使用者之间相互作用的结果，也是发明接受检验的结果。发明—创新—检验发现缺陷—再发明——再创新……如此反复循环，形成技术不断前进的过程。在这个过程中，发明人、创新者、使用者共同为技术的发展做出贡献。

发明哲学

第四节　变化的环境因素

发明除了来自发明人的创造力及其内部动机之外，其余大多数动力都来自发明者之外的社会因素。这些外界因素时刻在不停地改变着，并且通过发明者作用到发明成果上。在发明者巧妙地组合一些元素来完成发明之前，需要他等待一个幸运的时机或者酝酿一个思想，或者完成一系列试验，甚至是再出现一位天才。但是偶然的发明和唯一的天才是很少见的。所以，对发明产生重要影响的是很多不断改变的环境因素。

为什么改变在发明活动中有如此重要的地位？发明者和他们的资助者所面对的所有因素都在产生影响。近期的快速改变产生了特殊的意义：一方面，尽管改变是微弱的，但是它们或许充当了扳机或者促发要素，不管它们的发展是否达到一定程度，多重因素所带来的随机的影响要比单个因素产生的影响大得多；另一方面，这些因素引起关注，并激发出人们努力去满足新的状况，这种影响要比同等分量的因素市场的缓慢影响要强得多。[①]

发明所处的社会环境涉及多种因素，比如人口数量的变化，社会文化的改变，自然环境的骤变等。

一　人口的增加刺激发明

许多发明对人口的数量和分布具有重要的影响。火的使用减少了人口死亡率，因为火可以驱逐猛兽并且在寒冷的地区帮助人类取暖。许多后来的发明同样增强了人类的健康和提高了生活水平，降低死亡率并且影响人口的集中或分散，人类从开始使用火时代的很少人增长到今天的60亿人。尤其近几个世纪以来，如果没有成功的技术变迁，

[①] S. C. Gilfillan, "The Sociology of Invention: An Essay in the Social Causes of Technic Invention and Some of its Social Results: Especially as Demonstrated in the History of the Ship", Chicago: Follett Publishing Company, 1935, p. 47.

人口的翻倍增长几乎是不可能的。通常我们都认可成功的技术变迁对人口数量有重要的影响，在不同的时期和不同的地区其影响会有所差别；但是发明和人口的相互关系的另一个方面即人口数量的增长对发明的影响引起的关注较少。

人口增长引起以下几个方面的需要：

第一，提供基本生活物质的技术，包括能源的开采、建筑、交通运输等生产技术等。

尽管不可能在每一个发明案例中详细地指出发明环境如何导致了重要发明的产生，但毫无疑问的是发明是劳动力需要的一种结果，这是我们存在的和人口增长本质的规律。地球上天然的生产被消耗殆尽，饥饿刺激人们的天赋，让他们变成猎人或者渔夫，在漫无边际的平原上进行投掷捕猎，在水边进行打鱼。当人口不断倍增的时候，有限的资源不能满足人们的生存，同样的需要导致更进一步的改进。首先是对原始物种进行种植，之后对这些物质进行人为加工，最后进行精炼培植，同时出现的还有那个时代精彩的发明。这个过程在当前的作用和原始时期大致相同，我们种族的自然进步也是沿着大致相同的方向。因此早期人口的增加促进的了农业的发展，当前人口的增长则刺激了每一位发明人的头脑，这可以说是发明的直接原因，是人类为了活着、更好的生活状况而产生的自然的也是贪得无厌的需要。[1]

人类发展历史中绝大部分的技术发展都是为了满足人们生存的需要，只有极少的一部分和近一个世纪以来的部分发达地区的某些技术发明的出现是为了满足人们奢侈的需要。人们的生存和生活需要解决温饱的食物和衣物，需要挡风遮雨的房屋，需要输送人和物品的交通，需要为了得到这些物质和技术所必需的生产技术。这些技术发展的同时还相应衍生很多附加的技术，比如盛食物的器具，保存食物的冰箱等。所有的发展都需要能源，于是相对应于能源的开采和转化应

---

[1] Thomas Hodgskin, Popular Political Economy: Four Lectures Delivered at the London Mechanics' Institution, S. and R. Bentley, 1827, p. 85.

用的技术就成为必需的。英国在维多利亚时代需要更多的能源，煤炭成为主要的能源，但是煤矿开采遇到地下水层，如果没有抽水设备就无法进行更进一步的煤炭开采，在这种情况下，蒸汽机的发明就成为不可避免的了。

还有一个必然的情况，就是人口的增加对资本的需要也会同比例地增加，发明的进步可能依赖于生活水平的提高。但是发明对生产的周期性影响则依赖于具有时代特性的发明的类型。19世纪在交通、住房和公共服务的标准等方面的改进是人们倾向于增加消费的方面。众所周知，高度耐用的物品是维多利亚时代文化的特点，但是在今天这未必是真的。许多当前的发明是针对在既定结果的情况下，寻求减少资本投资的方法，还有部分原因是人们面临着喜好和技术都快速变化的时代，人们的选择是直接针对那些资本货物的类型而不是因为它耐用。① 这就是为什么今天很多与基本的生存无关的发明却备受青睐的原因。

第二，随着人口增加，人群聚集居住的地区扩大，需要相应的远距离的通信技术。

人口增加扩大了居住的范围，城市不断向外扩展。同时随着交通技术的发展，人们不再依靠两条腿来解决交通问题，所以人们的活动范围日益扩大，这种扩大随之带来了远距离通信技术的需要。虽然人类面对面的交流主要靠语言，但是远距离的通信暴露出语言交流的不足。人类一开始的时候并没有语言，人们依靠逐渐发明的符号来进行思想和情感的表达，远距离通信技术就是探索如何将能够代表人们思想的符号传递出去。随着快节奏的生活和生产模式的出现，人们要求精准的即时通信，所以通信技术的发明一直是技术发展史上一个重要的主题。

较早进行远距离信息传输的是中国古代的烽火台的发明，它实现了战争防御系统中重要的信号传递的功能，这种功能和当前的用于传

---

① J. M. Keynes, "Some Economic Consequences of a Declining Population", *Eugen Rev.*, Vol. 29, No. 1, Apr., 1937, pp. 13–17.

递战斗状态信息的信号弹具有异曲同工之处。当然,大众最广泛需要的是常规的远距离通信,于是信件、驿站、邮票、邮局等传统的通信手段成为主要方式。19世纪以来,人们需要更远更快的信息的传输,所以电报电话技术成为许多大公司企业研发中心竞相追逐的发明,这种局面一直持续到当前。

第三,人口平均寿命的提高需要先进的增进健康的技术。

增进健康是社会发展到一定程度后人类产生的更高一级的需要。当前,改善世界各地的健康是一个重要的社会目标,数以百万计的人明显地得益于当前的健康条件的改进。[1] 他们在更好的生活条件下生活并拥有更长的寿命。增进公共健康始于19世纪中期的欧洲、美国和其他一些地区。最初的进步是通过经验观察什么方式有效,到1900年,热带医学开始产生重要影响。但是直到20世纪40年代,几乎所有的改进只在几个有限的富裕的地区,比如南欧和东欧国家。重大的改进公众健康的进步出现在20世纪40年代以后,这主要有以下四个方面的原因:第一,全球范围内医药发明的浪潮,主要以青霉素这一抗生素的发明为开端。第二,DDT(Dichloro-diphenyl-trichloroethylene,二氯二苯三氯乙烷)的发明,有效抵抗疟疾的侵害。第三,世界卫生组织(World Health Organization,WHO)的建立,极大地促进了医疗和公共卫生技术扩展到较为贫穷的国家。第四,国际价值的改变。[2] 在阿西莫格鲁(Daron Acemoglu)和约翰逊(Simon Johnson)总结的这四个要素中,前两个方面都涉及新医药的发明。

发明还具有"链式反应"的效应。一个革命性的发明的出现会引起其他发明人转向这个新的领域,引起本领域更多的发明。弗莱明(Fleming)在20世纪30年代分离出青霉素,但是还不能大量生产。

---

[1] Gary S. Becker, Tomas J. Philipson, and Rodrigo R. Soares, "The Quantity and Quality of Life and the Evolution of World Inequality", *The American Economic Review*, 2005, Vol. 95, No. 1, pp. 277-291.

[2] Daron Acemoglu, Simon Johnson, "Disease and Development: The Effect of Life Expectancy on Economic Growth. Bureau for Research and Economic Analysis of Development", *BREAD Working Paper*, 2006, No. 120.

弗洛里（Howard Florey）和钱恩（Ernst Chain）在青霉素用于医药上面做出重大突破，他们三人共同分享了1945年的诺贝尔生理医学奖。北非的盟军第一次大规模使用青霉素。青霉素的发明引发了一波发现其他抗生素的浪潮，包括链霉素、氯霉素、金霉素和土霉素。药品的发明和应用必然刺激相应的药品生产、保存、使用等衍生的发明。

人口的增加对于发明的刺激除了以上几个方面以外，还涉及人们的娱乐、消费、休闲等提高生活质量的需要，这些需要刺激发明人无限的探索欲望，由此引起了过度地技术依赖和资源消耗。这种依赖进一步激发了发明和创新，这种不断的循环究竟是好事还是坏事，其结果很难预知。

二 社会环境的改变

在发明的早期阶段即设想和概念的产生阶段，需要一些用户输入信息以确定市场的需要在哪里，抽取出需要的本质并建立起满足需要的概念。但是，企业或者投资者对用户的需要的感知是比较微弱的，因为通常来说，很多潜在的用户对一个产品在发明阶段的影响轻若发丝，对激进发明则更甚于此。[①] 莱特兄弟飞机试飞行的成功，没有刺激人们的需要，就连最有远见的用户也没有看到他们有可能需要这样一种空中交通服务来进行邮政或者载客业务。但是飞机在两次世界大战期间出现了两次重大飞跃，这是社会环境的变化对飞机的新发明的激励。

吉尔菲兰（S. C. Gifiilan）一直关注发明的原因，他发现当发明者面对的环境改变时，发明通常也会适应外界做出改变。外界因素包括技术的和非技术因素，发明者及其伙伴会不断累积新技术、新发明，这些技术和发明会成为未来发明的"已有技术"。还有更多的非技术因素也在产生重要的影响，其中包括：为了物理目的的设计、工作的过程、必要的科学元素、材料的组成、建造的思路等；还有工作中已经

---

① R. Rothwell, P. Gardiner, "Invention, Innovation, Re-innovation and the Role of the User: A Case Study of British Hovercraft Development", *Technovation*, Vol. 3, No. 3, 1985, pp. 176–186.

使用着的原材料，比如燃料；累积的资本，比如必须要用到的工厂和码头；有一定技术、想法和缺点的工人；金融支持和管理情况；发明的目的和被别的文化背景的人的使用以及公众评价等。所有这些部分都分别还有各自变化的要素，其中每一个要素发生改变都会激发整个系统的改变。① 尽管这些改变有时很微弱，但对于发明而言，这些改变就像机枪的扳机，扣动扳机即可触发发明的产生。有时候，环境的改变还可以引起更多人的关注，从而激发人们对于发明的调适。②

（一）新的材料的出现

任何有形发明都基于一定的原材料。当人们发现和发明新的原材料之后，和原材料相关的新技术就会被激发，从而引发行业性的发明集中出现。原材料分为原料和材料，原料主要是指取自自然界的产品，比如木材、煤炭、石油等，对于原料的开采所需的技术是人类发展史上不间断的探索内容。材料则是人们加工过后的产品，材料的替换会引发产品的新特性。当材料发生变化时，新的发明随之出现，而且越是靠近当前，材料的发明和替换旧材料而产生发明的两个活动之间的时间间隔就呈现越来越短的态势。

新材料的出现首先引起人们对其新的性能的关注，这些性能不仅可以弥补天然原料带来的不足，而且可以给人们带来新的感受，以此促进具有新特性的发明的出现。比杰克（Wiebe E. Bijker）回溯了酚醛塑料的发明带来的后续发明。③ 人类长期从自然界获取树脂、琥珀、虫胶等天然塑料，但是这些物品一直因为稀少而被看成奢侈的东西。19世纪中期，硫化橡胶的发明创造了新的市场。硫化橡胶的柔软和绝缘性能满足了很多场合的需要，因此包裹橡胶的电缆线出现了，涂

---

① S. C. Gilfillan, *The Sociology of Invention: An Essay in the Social Causes of Technic Invention and Some of its Social Results: Especially as Demonstrated in the History of the Ship*, Chicago: Follett Publishing Company, 1935, p. 6.

② Ibid., p. 7.

③ Wiebe E. Bijker, "The Social Construction of Bakelite: Toward a Theory of Invention", in *the Social Construction of Technological Systems: New Directions in the Sociology and History of Technology*, Wiebe E. Bijker et al. edited, MIT Press, 2012 (1987 first), pp. 155–182.

有硬质橡胶涂层的手术器械和人造牙齿等都改进了原有产品的性能。但是橡胶原料的短缺迫使人们寻找新的人造替代品。在社会多种力量的影响下,酚醛塑料被发明出来,汽车和无线电行业技术首先从酚醛塑料中获益。比如对于无线电工业而言,酚醛塑料是一种良好的绝缘浇注材料,尤其对于无线电的业余爱好者来说,酚醛塑料是一种可锯、可钻、可锉的材料,适合为电气零件提供安装架。之后,酚醛塑料产品的发明成为潮流,它低成本、轻便、便于携带、隔离空气、优雅的产品外形等诸多优点吸引着广大发明人和消费者,这种吸引力一直到今天都依然存在。

(二) 新的功能部件的发明

一般来讲,发明的最初结构都是比较粗糙的,在发明刚被构建起来的时候,其结构可能只是由几个简单的零部件拼凑而成,但是它尚且能够发挥基本的效应。而后,发明人和使用者都会不断地雕琢这个新结构,通过更换材料,更换部件,让这项发明日趋完善。

每一项发明都是由不同的功能部件组合而成的,随着功能部件适用范围的扩大和使用频率的提高,这些功能部件逐渐被固化、集成化、模块化和独立化,它们独立生产加工,然后被组装到一个技术系统中。每一个部件都是通过工艺优化分别加工。但是一旦技术系统中某些部件遇到了限制,那么这个系统就很难继续向前发展。就像笔记本电脑想要减轻重量,缩小体积,还要功能发展更优,比如电池维持工作的时间更长,内存依然够大,电脑运行不发热,就要从各个部件下手。笔记本电脑相比较台式电脑的优点就是便于携带,不连接电源线也可以便利地工作一段时间,于是笔记本所携带的电池成为笔记本中的一个重要部件。早期的笔记本采用的是镍电池,但是镍电池的缺点是占用空间大,质量大。所以,当人们研究出体积更小,质量更轻的锂电池的时候,笔记本的电池部件进行了替换。更进一步,锂电池又分为锂离子电芯和锂离子聚合物电池,锂离子电芯电池是由数个圆柱体的锂离子电芯排放组合而成,其电解液为液态;锂离子聚合物电池采用固态电解液,在与锂离子电芯相同的电容量的情况下,锂离子聚合物电池的体积更小,质量更轻。当发明人采用锂离子聚合物电池的时候,笔记本电脑则可以做得更薄,更轻了。同样的情况是,类似的电池同样影响了移动电话和电动自行车等技术的发明。

如上所述,发明人通过更换技术落后的功能部件来促进技术的发展,这在阿瑟(W. Brian Arthur)那里被称为"内部替换",发明人采取两种方式实现发明的内部替换:一种方法是采取更好的设计或更深思熟虑的解决方案,或者天才地盗用竞争对手的思路等;另一种方法是用不同的材料,比如强度更大或熔点更高的材料进行替代。① 当然,对某项技术的改进不会因此而停滞,当其中的某个功能部件被性能更优的部件替代的时候,整个发明系统中可能会出现技术的"反向凸角"刺激发明者改进整个技术系统中的其他一个部分或一些部分,最终导致整个技术系统向前发展。

(三)技术扩散到新的文化背景中

发明只是技术发展的第一个步骤,发明完成之后,开始进入创新和扩散阶段。技术扩散的范围通常是由近及远。技术扩散主要有三种途径:第一种是进行货物贸易;第二种是外商直接投资,在另外一个国家生产;第三种是技术扩散最为直接的方法,就是技术授权,授权给另外一个地区或国家的某个企业进行生产。② 文化具有多样性的特征,技术在扩散的过程中有时候会遭遇文化差异的问题。技术扩散和文化多样性之间的作用是双向的:一方面,技术扩散会影响当地的文化。技术在传播过程中,将一个地区的文化带到另外一个地区,当前世界范围内文化的多样性和文化的传播,在一定程度上都有技术传播的作用。另一方面,也是学者较少关注的,是新的文化促进传播过去

---

① [美]布莱恩·阿瑟:《技术的本质:技术是什么,它是如何进化的》,曹东溟、王健译,浙江人民出版社2014年版,第149页。

② Antoine Dechezlepretre, Matthieu Glachanty, Ivan Hasčič, Nick Johnstonez, and Yann Me'nie'rey. Invention and Transfer of Climate Change-Mitigation Technologies: A Global Analysis. *Review of Environmental Economics and Policy*, volume 5, Issue 1, Winter 2011, pp. 109–130.

的技术进行改进，以适应新文化背景中人们的喜好。

文化多样性对外来技术的影响多是缓慢的，因为技术在被人们接纳的过程中不断地反馈信息，这些信息激发了发明人对产品的重新思考，而后才能进入发明的过程。文化多样性大多情况下会促进改进型发明的产生，发明人结合新的文化需要改进已有的产品，或者将新的文化元素融入产品中去。

三　自然灾难对发明的刺激

（一）发明是对人与自然关系的调适

在第一章，我们已经给发明下了这样的定义：发明是为了调适人与自然之间的矛盾，人们经过创造性劳动而非常规技术性活动，从而产生出新思路、新方法、新技术和新设备的活动过程。很多学者界定技术和发明的时候都会强调发明和技术主要解决人类在自然界面前的问题，例如，社会学家伯纳德（L. L. Benard）把发明分为三类：一是物质发明（physical invention），它是人与自然环境的直接调适媒介，有时也间接地调整有机体和社会与精神环境之间的关系；二是社会发明（social invention），包括一些社会组织形式，用来调解人与人之间和人类与自然之间的关系，它也是间接地调整任何自然与精神环境；三是方法发明（method invention），也称为精神发明（mental invention），这是一种神经心理技巧形式，囊括了从简单的习惯到复杂的科学原理和公式，它帮助人类解释和控制人类和物质环境、社会环境之间的关系。[1] 技术发展的历史也证实了这一点，就是发明与自然之间一直保持紧密的关系。

（二）自然灾难和减少风险的发明

自然环境变化有时缓慢，有时剧烈，自然灾难就是自然环境急剧变化的表现。自然灾难是自然环境对社会经济系统产生的快速、瞬间

---

[1] L. L. Bernard, "Invention and Social Progress", *The American Journal of Sociology*, Vol. 29, No. 1, 1923, pp. 1–33.

或者具有深刻影响的事件。① 随着全球气候的变化，地球遭受的威胁日益明显。许多气候学家警告，全球变暖可能会增加极端天气的频率和强度，自然灾难的发生会持续增强，如干旱、热浪、洪水和热带气旋等。为了应对自然灾难，人们努力进行降低自然灾难影响的技术发明，以此来调整自然和人类系统对实际的或预期的气候刺激及其影响，从而减轻危害并开发利用有益的机会。对应于"减少风险的创新"② 一词，这样的发明我们可以称为"减少风险的发明"，也就是指发明一种新的、更有效的技术以帮助人们更好地应对自然灾难和建设抵御未来冲击的能力。减少风险的发明可以是基础型的发明，给人们提供前所未有的新的预防和应对自然灾难的能力。减少风险的发明也可以是改进型的，采用新的材料或者新的设计改进已有技术，以便帮助人们更有效地与多种自然灾难做斗争。

（三）案例分析：中国近20年大地震对减少地震风险的发明的刺激

1. 数据选择

地震是自然灾难中的一种，根据其破坏程度和震级分为不同的类型，本书地震样本选取7级及以上到8级的大地震和8级及以上的巨大地震。大地震和巨大地震破坏力较大，给人们生活和生产能够造成重要影响，能够引起明显的发明动力。因为此处要考察的是地震的发生对发明的激发，发明人进行发明活动的时间过程我们无法统计，但是发明完成之后最快速的公开时间是专利申请的时间，这也是自然灾难和发明之间最短的时间段，因此发明样本选取与地震相关的提出专利申请的发明和实用新型专利。由于2015年没有结束，全年的所申请的专利数据不完备，所以数据采集时间跨度选择从1995年到2014年这20年间，以此来选取数据，考察中国地区大地震、巨大地震和所申请的减少地震风险的发明之间的关系。

---

① David C. Alexander, Natural Disasters, Routledge Taylor & Francis Group, 2001, p. 3.

② Qing Miao, David Popp. Necessity as the Mother of Invention: Innovative Responses to Natural Disasters, *National Bureau of Economic Research*, Working Paper 19223, 2013.

2. 数据分析

第一，关于专利申请数量。如图 2-2 所示，在 1995 年到 2007 年间，中国减少地震风险的专利申请数量总体来说较小，除了 1996 年出现一次 246% 的增幅，其余总体呈现缓慢增长的趋势，直到 2007 年，当年专利申请量只有 293 件。2008 年出现了第一次较大的飞跃，当年专利申请量攀升到 936 件，年度增幅 269%。在经过 2009 年的小幅度的下降之后，出现了 2010 年到 2013 年的连续增长，这四年专利申请量分别是：1042 件、1336 件、1441 件和 1884 件，虽然 2014 年出现略微的下降，但是依然达到了 1853 件。

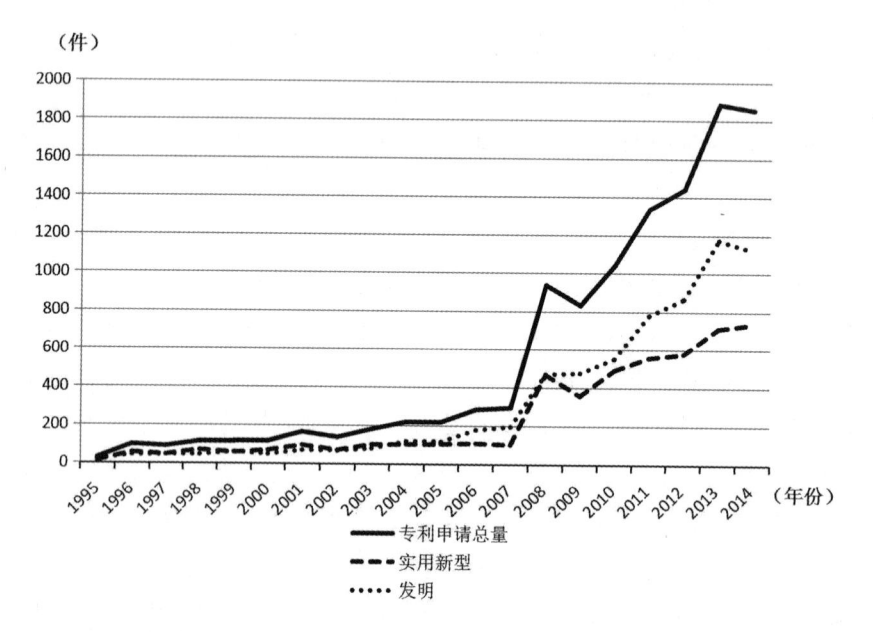

图 2-2 所申请的减少地震风险的发明与实用新型专利（1995—2014 年）

资料来源：根据中国国家知识产权局专利数据库整理。

根据中国地震信息网官方的数据库，[①] 从 1995 年到 2014 年这 20 年中间，中国共发生 7 及以上大地震 20 次，除去部分分布于台湾及

---

① http://www.csi.ac.cn/publish/main/813/4/index.html, 2015/09/22.

近海、高海拔的无人区、西藏、新疆、中国与别国的交界等偏远位置，损失较小，还有几次造成重大人员伤亡和直接经济损失的地震分别为：1996年2月3日发生于云南丽江的7.0级地震，2008年5月12日汶川发生的8.0级巨大地震，2010年4月14日青海玉树发生的7.1级地震，2013年4月20日四川庐山发生的7.0级地震，2014年2月12日新疆于田发生的7.3级地震等。

我们可以用所得到的减少地震风险的专利申请的数量来对照近20年我国发生破坏力巨大的7级以上大地震进行分析。这里显示出一系列明显的对应关系：第一，1996年2月云南丽江发生大地震，当年出现了一次较大的专利增幅，虽然专利申请的数量不大，但是相比较没有大地震的前一年，大地震的当年关于减少地震风险的发明出现了急剧增加的状态。第二，2008年汶川8.0级巨大地震，是近20年来破坏力最大、死亡人数最多、直接经济损失最大的一次，很显然，2008年发明人受到强烈的发明的刺激，所以这一年专利申请量骤然增加，不管是专利增加的总量还是当年的增幅都是最高的。之后2010年、2013年连续两次大地震，促使减少地震风险的发明持续攀升。第三，虽然2014年在新疆于田发生了大地震，但是震中位于高海拔地区，人口稀少，没有发生人员伤亡，所以对发明的激励作用没有之前几次大地震那么直接。这或许可以解释为什么2014年专利申请量略有下降。

第二，关于专利所属类型。在2004年之前，实用新型专利多于发明专利，2004年以后发明专利始终多于当年的实用新型专利，并且随着时间的推移，发明专利与实用新型专利数量之间的差距越来越大，到2013年，发明专利比实用新型专利多出462件，是实用新型专利的1.65倍。由此可见，发明人迫切希望通过基础型发明来达到更好地减少地震风险的效果。

第三，关于发明的所属技术领域。根据发明的技术领域分布，按照专利大组统计，减少风险的发明主要集中在以下几个领域：用于地震或声学、生命信息的探测技术和设备占26.61%，发生地震时可以有效抗震或者躲避的建筑物和室内设施占 28.92%，地震发生时的震动感应与报警装置占 5.92%，地震发生之后对于遭受到伤害的人员的救生、救助和临时安置的设施占 12.13%，地震灾难相关躲避救生等技术的教育演示装置和设备占 1.15%，其他与地震相关的发明占 25.27%（见图 2-3）。

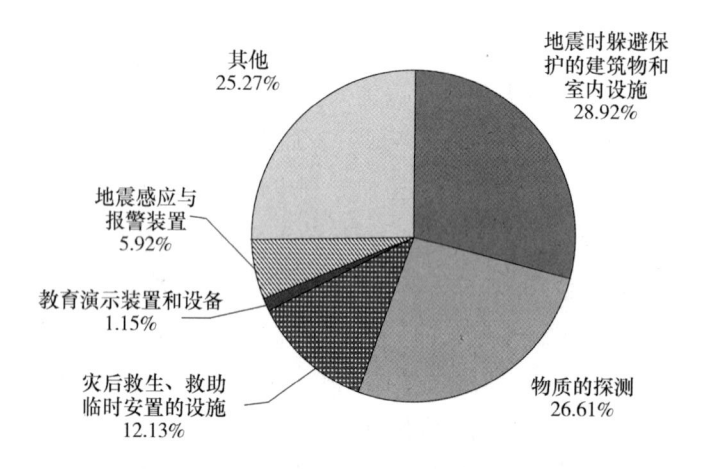

图 2-3　申请减少地震风险的专利按照专利小类统计（1995—2014 年）

资料来源：根据中国国家知识产权局专利数据库整理。

3. 结论

通过对我国大地震的发生年代和当年人们申请的减少地震风险的发明数量分析，可以看到灾难冲击对本领域发明的影响。具体体现在以下几个方面。

第一，地震因其风险强度不同而对减少风险的发明的影响强度有不同，其风险强度主要根据死亡人数和经济损失来核定。发生在偏远地区和海上的地震就算震级很高，但由于发生在无人居住的地区，导致的人员损伤也不会很大。这可能不会显著地影响人们的风险意识，激发起对减少风险的发明的欲望。那些造成严重破坏后果的，比如人员伤亡数量大，造成的经济损失巨大的地震，会对减少风险的发明产生明显的需要。2008 年汶川大地震，造成直接经济损失 8452.1 亿元，据民政部报告，截至 2008 年 9 月 25 日 12 时，汶川地震造成 69227 人遇难，374643 人受伤，17923 人失踪。这是近 20 年中死亡人数最多，造成的直接经济损失数额最大的一次地震，同时也看到 2008 年减少地震风险专利申请量增加的幅度和专利数量都是最大的。

第二，从以上发明的功能可以看出，减少风险的发明根据灾难的特征而具有针对性。大地震的发生不像干旱灾难有一个渐进的过程，灾难发生通常在极短的时间内，所以发明主要集中于两大领域：地震发生时的躲避和保护技术、震后的救援和生命探测，这两大领域的发明高达 67.66% 的份额。对于地震感应与报警装置的发明则只有 5.92%，这也体现了地震这一类灾难的特性，相比较感应与报警，可能人们面临的震后的搜救局面更严重，技术需要也更为迫切。还有一点，就是人们开始逐渐重视对于地震发生时逃生、自救等知识的学习和传播，所以有 1.15% 的发明用于教学演示。相比较地震多发地区的日本，中国在地震知识教育方面还有很大欠缺，这是亟待发展的一个方面。

第三，人们越来越期望通过激进发明减轻地震风险。从技术含量、技术难度和专利权获得的难度，发明都远远高于实用新型。从我国减少风险的发明的专利所属类型可以看出来，越靠近当前，发明专利越多于实用新型专利。可见，人们更期望通过一些激进发明来减少地震灾难给人们带来的损害。

第五节　科学进步与技术发明

对于科学进步与技术发明的区分与关系的讨论由来已久。有学者认为技术主要是关于解决社会问题的设计，通过人工物、系统、过程、技巧和知识的方式，而科学是对自然规律和运行状况的描述。这是两种截然不同的领域的知识。[1] 在 1850 年之前，似乎最重要的发

---

[1] Marc J. de Vries, *Teaching about Technology: An Introduction to the Philosophy of Technology for non-philosophers*, Dordrecht: Springer, 2005, pp. 31–48.

明，从擒纵机构到轧棉机，都是经验所致，元技术知识（metatechnological knowledge）的作用微不足道，但是这些表象可能会误导一些事实：伽利略的机械理论对于所有后来的机械设计都具有重要作用。①佩西（Arnold Pacey）曾经讨论过17世纪的科学革命教会了工程师"细节的分析方法"，即通过将问题分解成组成部分来进行思考，这要比把问题当作一个整体来分析更加容易。②

技术在20世纪发展得如此迅速并且变得如此复杂，侥幸的发明很难产生，因此技术发展以更加"科学的"方式前行。在近代以来，如果没有数学、物理、化学和生物学的出现，很多技术发展几乎不可能发生。在培根之后的三百年，他的通过不断地提高科学基础来推动技术进步和物质福利的梦想已经成为现实。虽然，在发明活动中，运气、灵感等非科学的因素依然没有消失，而且可能永远也不会消失，③就像独立发明人依然没有完全被公司的研究团队所取代一样；但是，不可否认的事实是，当前技术进步在一定程度上是更加高效的，因为发生的错误更少，一些死胡同也更容易被避免。不管到发明史中去寻找还是对当前发明的事实进行分析，发明在很大程度上依靠科学的支撑，科学发现成为发明的来源之一。

一 社会发展对科学理论研究的拉动

一直以来，许多研究者认为科学活动是在科学家好奇心的驱使下进行的，而技术则是在解决问题的动机下实现的。但是，似乎在近代以来的每一个阶段，都能看到科学研究和技术发明紧密结合的身影。苏联学者赫森（Boris Hessen）分析牛顿《原理》的社会经济根源的时候指出：处于上升阶段的资产阶级利用自然科学为发展生产力服务。当

---

① Joel Mokyr, *The Lever of Riches: Technological Creativity and Economic Progress*, New York: Oxford University Press, 1990, p.167.
② Arnold Pacey, *The Maze of Ingenuity: Ideas and Idealism in the Development of Technology*, New York: Holmes and Meier, 1975, p.137.
③ Joel Mokyr, *The Lever of Riches: Technological Creativity and Economic Progress*, New York: Oxford University Press, 1990, p.146.

时，最进步的阶级需要最进步的科学。英国革命极大地刺激了生产力的发展。不是实证地解决孤立的问题，而是有必要进行综合调查，并打下一个坚实的理论基础，从而为所有物理学问题的解决提供普遍的方法，为新技术的发展提供快速的解决方案。① 所以，牛顿的力学的研究完全出自他所处的英国的社会经济发展的需要。虽然在各种形式的牛顿传记文献中可以看到对牛顿探索自然界的迷恋的描述，但是他为什么选择了力学而不是电磁学有其重要的社会原因：英国采矿、交通运输、航海贸易等发展，迫切需要解决技术上的问题，这些问题没有科学理论的支撑而仅靠工匠的经验将难以实现。所以有人认为在18世纪中叶以前的技术多是靠经验来完成的论断是有偏颇的。

在18世纪后半叶，蒸汽机技术的合理化成为人们关注的中心议题，但是在实践中，实现这一任务要求详细研究蒸汽机的物理学运转过程。不同于纽可门，瓦特在格拉斯哥大学的实验室中详细研究了蒸汽的热动力学特征。② 20世纪以来，社会进步对科学发现的引导作用越来越明显。科学家的好奇心在科学研究中的影响无法与社会需要相抗衡。曼哈顿工程中科学家不是自由地按照他们科学探索可能导向的任何线路进行，也不是在科学好奇心的驱使下不受控制地进行研究，③他们科学研究的驱动力主要是当时处于战争中的国家的需要。

一直以来人们对于社会的进步有一个固定的认识模式：科学发现→技术发明→社会进步。但是，现实的社会运行中，科学、技术与社会之间还同时存在另外一个相互作用的路线：社会发展呼唤技术发明，技术问题的解决对科学理论的依赖。由此看来，科学发展似乎也不能完全脱离社会发展的需要，因为科学本身不能直接产生推动力，技术是直接的生产力，所以科学要通过发明和社会连接，促进社会的进步。

---

① ［苏］B. 赫森：《牛顿〈原理〉的社会经济根源》（一），池田译，《山东科技大学学报》（社会科学版）2008年第10卷第1期，第6—17页。

② ［苏］B. 赫森：《牛顿〈原理〉的社会经济根源》（三），王彦雨译，《山东科技大学学报》（社会科学版）2008年第10卷第3期，第1—10页。

③ S. J. John, M. Staudenmaier, *Technology's Storytellers: Reweaving the Human Fabric*, Cambridge, Massachusetts: The MIT Press, 1985, p.86.

二 科学发现激发发明性顿悟

几个发明案例研究指出，某个科学理论是对一个特定的发明性顿悟是一个必要的前提。负载线圈电话线路看似简单，但它是19世纪最先进的电器发明之一。负载线圈的发明能够使电话传输实际距离加倍，也大幅减少在城市铺设地下电缆的施工成本，在20世纪第一个25年中，负载线圈的开发为美国电话电报公司节省了大约100亿美元。值得注意的是，负载线圈的每一个发明人都精通数理物理学。不像早期的通信发展，甚至不像电话本身，长距离电话系统中负载线圈的发明依赖对于麦克斯韦－海维塞德（Maxwell-Heaviside）电磁理论的理解，还需要具有强大的应用和延伸这个理论的能力的发明人。① 这就不奇怪为什么很多工程师和专利专家在把握一些分析的精密之处和解释负载时会遇到很多困难。在这里，科学知识形成了一个供发明性洞察进行参考的智力框架和环境。技术人员时常紧跟在科学家之后，洞悉科学家的每一步最新的发现。在社会进程中，科学家和工程技术人员各有其重要的职责，但是科学家的研究环境不利于产生具有实用价值的硬件。在从科学过渡到技术的过程中，技术人员有自己特殊的视角和方法。由于现存的发现和技术经常成为新发明的催化剂，所以发明人时常从现存的知识中提取有意义的内容来形成创造性。无论如何，现存的知识必须不断补充进来新的思想和创造力以产生新的发现并且在一个很长的时期中保持发明的节奏。持续增长的新发现已经成为发明的动力，很多发现也有助于专利发明的不断增加，尤其是在20世纪的最后十年。发明的累积建立在新发现的基础之上，这些新发现是发明人与社会相互作用的产物。② 良好的社会和经济条件也帮助了发明的数量的增长，因为新发现会吸引天才和其他无形资产投

---

① James E. Brittain, "The Introduction of the Loading Coil: George A. Campbell and Michael I. Pupin", *Technology and Culture*, Vol. 11, No. 1, 1970, pp. 36–57.

② Luis Suarez-Villa, *Invention and the Rise of Technocapitalism*, Maryland: Rowman & Littlefield, 2000, p. 162.

入发明活动中。

X射线在医学诊断中的应用，即CT扫描仪的发明，如果没有基础理论作为先导，发明人很难根据经验有目的地发明出这样的技术和设备。1963年，科马克首先用计算机断层扫描技术对X射线取得的图像进行重建，并给出了精确的数学计算公式，这为后来CT技术的诞生奠定了理论基础。1969年，英国科学家豪斯菲尔德借鉴了科马克发现，将这一原理和他所熟悉的计算机技术结合起来，设计了一种可以用于临床的断层摄影装置，即CT扫描仪。CT扫描仪的发明是科学发现为发明人提供发明性启发的典型案例。当前知识密集型产品的发明更大程度上依靠科学知识的支撑。

通常认为在恰当的艺术和科学领域中技术熟练的人数和知识的状态是决定特殊领域中发明的供给曲线中最重要的两个因素。有些学者借用19世纪的发明案例想去说明正式的科学知识对发明而言并不重要，重要的是"知道如何"的技术知识。但是20世纪的化学和电学技术等学科的发展却证明，在当前的技术发展中，正式科学担当重要角色。[①] 科学是一个非常活跃的角色，先进的科学知识触发了发明活动，新知识被应用于解决人们面对的问题。

三 新的科学知识是发明实现的保障

在发明活动中，发明人大多数活动具有一定的目的性，发明人往往具有多种可以选择的方案。如果发明人选择一个具有较少知识基础的发明领域，那么他必须不断地摸索和试错，如同在大海中捞针一样，一步一步地慢慢向前探索。许多重大的进步就是在这样的情况下产生的。有人认为，在18世纪和19世纪的西方社会，科学知识的探索主要是由上层社会完成的，而技术知识则主要掌握在较低阶层的工匠手里，

---

① S. C. Gilfillan, *The Sociology of Invention: An Essay in the Social Causes of Technic Invention and Some of its Social Results: Especially as Demonstrated in the History of the Ship*, Chicago: Follett Publishing Company, 1935.

因而科学对技术发明的刺激很小。① 但是这不能囊括大多数甚至所有的发明，有些发明可能依靠经验技术就可以解决，而有些发明则需要严格的科学知识的引导。有新的证据显示，即使是在18世纪和19世纪早期，发明人经常阅读科学文献，他们的新发明通常直接来自科学的新发现。② 瓦特具有良好的科学知识素养，他采用一个单独的冷凝室来改进蒸汽机，这个发明直接源于他的一位名叫布莱克的朋友在潜伏热方面的研究。有些伟大的发明人本身还是知名的职业科学家。奥格本学派成员认为，发明很多情况下是来自社会需要，但是知识和技术遗产则是发明的真正之母，③ 他们认为，发明不仅受到当前社会需要的刺激，更多地来自当前科学知识上的突破，之前看起来比较困难的问题因为知识的突破而变得简单易行。就算需要存在，但是如果没有发明所需要的知识和技术基础，这些发明依然无法完成。

四　科学进步促成科学家—发明家群体的产生

科学家—发明家既是科学家又是发明家，是科学家式的发明家。他们通常接受过严谨的科学教育，采用系统的科学探究方法，从事前沿性、基础性的科学研究；他们的发明往往基于新发现的科学效应或定理，是能带来一系列新的发明集群的原始性技术发明。④ 科学家—发明家的工作时常产生激进发明，甚至带来技术革命。现代技术过于复杂，科学家和数学家也不能袖手旁观，现代科学和技术相互关联，不仅是因为一方跟随另一方的发展，而且两者在技术创新过程中相互依赖。⑤

---

① Yale Brozen, *Research Technolog, and Productivity*, in L. R. Tripp (ed.) , *Industrial Productivity*, Wis Madison, Industrial Relations Research Association, 1951.
② J. Jewkes, D. Sawers, and R. Stillerman, *The Sources of Invention*, London: Macmillan & Co., 1958.
③ 吴红：《发明社会学——奥格本学派思想研究》，上海交通大学出版社2014年版。
④ 夏保华：《发明哲学思想史论》，人民出版社2014年版，第86页。
⑤ Richard G. Hewlett, "Beginnings of Development in Nuclear Technology", *Technology and Culture*, Vol. 17, No. 3, 1976, pp. 465–478.

科学家—发明家群体主要活跃在近一个世纪以来,早期虽然部分发明人并不是同时具有科学家的身份,但是他们和科学家之间有着密切的知识交流。近代科学发展初期,以技术应用为目的的实验科学的发展使科学家和仪器制造商进行了最富有成效的交流。在 16 世纪欧洲的仪器制造事业异常繁荣并且被归类为精细工艺,装饰星盘、日晷和指南针的制作成为时尚。时钟和手表制造者的工作和精细工艺紧密度稍逊于科学仪器制造商。科学家也偶尔投身于仪器制造,但是更多的时候是依靠仪器制造商根据科学家的想法提供仪器,科学家和制造商之间的密切关系一直持续到今天。① 在 17 世纪,农业、航海、采矿等领域得到了科学的最伟大的帮助,而且这种帮助延伸到工匠和发明人那里,不仅是艺术从业者频繁赞美科学,而且仪器制造商也或多或少地进入科学界。到 17 世纪末,我们清楚地认识了一些技术发明家,比如默兰德(Samuel Morland)、迪考斯(Salomon de Caus)和普尔海姆(Christopher Polhem),我们知道他们主要是因为他们的企业与科学社团相联系,同时具有科学家、发明家和企业家三重身份。

科学家—发明家群体比较容易从大工业实验室产生。经济学家奈尔森(Richard Nelson)早期认为大工业实验室绝不侵占发明领地,独立发明人仍然发挥重要的作用,而且很多重要的发明依然独立于科学并且在科学进步之前出现。② 但是他很快意识到工业实验室尤其是大工业实验室在发明中的地位变得越来越重要,他们在基础科学中取得的最新进展推动了他们进入发明领域,并且其所占的发明份额有可能会不断增长。③ 很多时候,科学研究项目本身并不是仅仅围绕某一个单独目标,但是有些研究则是有目的有计划进行的,参与项目研究

---

① Robert P. Multhauf, "The Scientist and the 'Improver' of Technology", *Technology and Culture*, Vol. 1, No. 1, 1959, pp. 38 – 47.

② Richard Nelson, "The Economics of Invention: A Survey of the Literature", *The Journal of Business*, Vol. 32, No. 2, 1957, pp. 101 – 127.

③ Richard Nelson, "The Link Between Science and Invention: The Case of the Transistor", in Universities-National Bureau edited, *The Rate and Direction of Inventive Activity: Economic and Social Factors*, Princeton University Press, 1962, pp. 549 – 584.

的科学家由于他们的研究成果产生了具有实际成果的想法。科学家和技术专家共同致力于某个特定目标的研究项目，比如自动采棉机、喷气发动机和柯达彩色胶片的发明等就属于这种情况。在20世纪中期，贝尔电话实验室的很多基础研究项目并没有朝向特定的实际应用的目标，但有时候他们的科学研究导致研究人员感知到了某种具有实际应用的可能，在这种情况下，发明有可能产生，晶体管就是在这样的研究环境中被发明出来的。

20世纪，天才被专家所取代。[①] 20世纪30年代以后的集体发明的快速发展表明，先进的基础物理学、生物学、化学等知识和用于实践的发明密切结合，相互促进。参与科学研究的科学家对他们的科学发现结果进行粗略预测，如何用于实践以产生技术进步，有时候他们甚至预测得很精准。虽然并非所有的科学家都对这个事情感兴趣，但是大工业实验室的研究目的也不可避免地面向社会需要和市场。工业试验室的研究首先要为它们的企业服务，所以在这种情况下科学家受到科学发展和实际应用两个方面的推动就是顺理成章的了。

科学研究也具有兴趣和结果双重性。奈尔森在思考究竟有多少科学家在从事基础研究的时候不考虑他们的研究在实际中的应用，有多少科学家在选择他们的研究的时候不思考其研究结果多大程度上有可能造福人类？他的答案是：可能只有一小部分。[②] 长期以来科学界早已习惯将基础研究从应用研究分离出来，分离的标准是基于研究动机的纯度。假如研究唯一的促进知识发展，那就是基础的；假如研究有助于获得一个实践上的目标，那就是应用的，应用科学在某种程度上得到更少理性的尊重。美国物理学家肖克力（William Shockley）在1956年诺贝尔奖颁奖典礼上发言时指出："有很多词语用来区分物理

---

① Robert John Weber edited, *Inventive Minds: Creativity in Technology*, New York: Oxford University Press, 1992, p. 22.

② Richard Nelson, "The Link Between Science and Invention: The Case of the Transistor", in Universities-National Bureau edited, *The Rate and Direction of Inventive Activity: Economic and Social Factors*, Princeton University Press, 1962, pp. 549–584.

学研究的类型，比如纯理论的、应用的、自由不受限制的、基本原理的、基础性的、学术的、工业的、实用的等等。在我看来，这些词过于频繁地被使用并带有贬义，一方面贬低了产生有用事物的实用性的目标，另一方面抹杀了对新领域的探索可能产生的长期价值，而这些新领域中可能产生的有用结果尚且无法预见。我时常被别人追问我的试验是纯理论的还是应用科学，对我而言试验是否能够产生新的关于自然的持久的知识则是更为重要的。假如试验能够产生那样的知识，它就是好的基础研究，这要比动机是不是纯粹的审美上的满足重要得多。"[1]

从社会建构论的角度来说，科学是一项社会活动，作为科学活动中的行动者的科学家的工作也与社会诸多要素有着密切的关系。科学家不仅关注科学创造的新知识，也会关注他的工作为社会、为他人还有为自己能够带来什么利益。在这个层面上，科学家同时身兼发明家和企业家多重身份就不难理解了。就像我国国家技术发明奖的获得者，他们中的很多人都具有类似的多重身份。科学家和发明家这两个看似不同的群体却相互依存，甚至时而身份转型。

20世纪以来科学家和发明家的关系更为和谐，主要是因为技术对科学的依赖逐步增强。当前科学和技术前所未有的伙伴关系引起了人们对这两者关系的关注，我们有理由要问在这两个真实的存在之间究竟有什么本质的区别。对知识和应用之间传统的区分当经历严格审查时就显得站不住脚了，用于发现的科学和用于发明的技术的区分更不可靠。对于技术而言，科学就像大力神一样，是一个恒久的劳动力。[2]

在过去一个世纪科学和技术的关系就变得更加亲密了，历史学家、社会学家和技术哲学家市场使用一个新的词语"技科学"（technoscience），然而他们的影响是相互的，技术也影响科学，这一点经

---

[1] William Shockley, "Transistor Technology Evokes New Physics", *Nobel Lecture*, December 11, 1956.

[2] Robert P. Multhauf, "The Scientist and the 'Improver' of Technology", *Technology and Culture*, Vol. 1, No. 1, 1959, pp. 38–47.

常被忽略。伽利略的现代望远镜对我们宇宙学的知识具有重要意义，哈里森（John Harrison）的用于航海的高精密的计时钟表以及很多现代发明都具有同样的意义。所以，技术发明对科学进步的影响也应该是极有价值的讨论主题。

通过以上分析可以看出，发明的来源具有多个途径，每一项发明由于其所处环境的不同，其发明的动力各有差异。一方面，我们不能选取个别发明案例作为所有发明产生的代表，因为几乎没有哪两个发明的产生过程完全相同，所以不能用发明个案来为发明的来源下结论。另一方面，发明的多种来源有时候会同时起作用，形成发明的强大动力。发明人要能够在社会大环境中寻求有利契机，推动有益于人类和社会的发明的产生。

第三章 发明的组合模式

技术的快速发展,引起了人们对发明过程的高度关注,发明的产生模式成为一个重要的研究主题。很长时间以来,众多学者都认识到发明的组合模式,技术进步则是不断的组合累积的结果①。这些研究在经历了早期的发明的英雄理论②之后,研究者更加理性地分析技术变化的过程,而非聚焦于发明人的天赋。目前,研究者普遍接受了发明的组合累积模式:很少有发明是无中生有,所有的发明都是由先前存在的设备组合而成的。直升机是风筝和内燃机的组合,汽车是双轮马车和内燃机的组合,内燃机本身是蒸汽机和气体燃料的组合,气体燃料通过更进一步的电火花的组合结构被分解而取代蒸汽。在实际应用中,这些组合都包含着非常精细的部分。呈现在公众面前的新发明通常是一长串发明组合后的最终产物。所以,研究者认为人类从来都没有产生彻底全新的产品,发明人总是产生大量的概念,事实/结构等为发明过程添加燃料。发明与其说是无中生有的创造行为,不如看作组合的活动。③

---

① Simon Kuznets, Inventive Activity: Problems of Definition and Measurement, in The Rate and Direction of Inventive Activity: Economic and Social Factors, Universities-National Bureau, Princeton University Press, 1962. George Basala, The Evolution of Technology, New York: the Cambridge University Press, 1988. W. Brian Arthur, The Nature of Technology: What It Is and How It Evolves, New York: Free Press, 2009.

② 夏保华:《发明哲学思想史》,人民出版社2014年版,第86—135页。

③ D. N. Perkins, "The Possibility of Invention", In Robert J. Sternberg, *The Nature of Creativity: Contemporary Psychological Perspectives*, New York: the Cambridge University Press, 1988, pp. 362 – 385.

甚至有学者将发明的组合模式普遍化到更为宽广的领域。艾尔丝（Clarence E. Ayres）认为，机械发明和科学发现过程的本质没有什么不同，科学发现也来自先前已有设备、物质、实验室仪器和技巧的组合。例如，汤姆逊（J. J. Thomson）在电子管中发现电子流就是一个电磁铁和克鲁克丝管的组合结果，天文学家通过组合棱镜和望远镜而确定太阳中的基本要素。甚至顶级的艺术创造也产生于同样的方法。达·芬奇（Leonardo Da Vinci）最著名的成就"蒙娜丽莎"应用了前人创立的模仿现实人物绘画的技巧，画家塞尚（Paul Cézanne）的成就得益于应用毕加索师法自然的绘画技术。每一个创新分析都能揭示出它们包含的已经存在的东西。[①]

发明包含的技术可能是新的也可能是已经在使用着的，但是发明恰恰是以之前没有出现的方式将技术组合到一起。技术新颖性的产生，要么是产生一种全新的技术，要么是现存的技术性能以之前没有出现过的方式被组合起来。发明是被组合起来并不断累积的观点在学术界长期处于稳定地位，因为它揭示了发明的事实，将任何一项发明拆分到最后，几乎都可以得到相近的一堆零部件，而这些零部件可能都是人们熟知的，但是同样的零部件为何能够组合成种类繁多，功能迥异的设备？组合和重组在发明的来源中占据何等重要地位？新的技术功能如何通过组合过程得到发展？组合过程的本质是什么？

第一节 对发明组合模式的探索

发明的组合结构是技术人工物最明显和直接的特征，对那些把发明作为研究对象的研究者而言，他们较早地注意到发明的组合结构几乎是顺理成章的事。因此，在早期的发明史和当前的发明理论的研究过程中，不管发明的组合模式是不是他们研究的主要话题，但是许多

---

① Clarence E. Ayres, *The Theory of Economic Progress*, Chapel Hill, N. C.: the University of North Carolina Press, 1944, p. 112.

研究者都涉及了发明的组合结构,以及发明在组合的基础上不断累积,缓慢进化的发展模式。

一 早期探索——对组合现象的揭露

起初,发明的组合模式应该是在不经意间提及的,因为研究者直观地看到了一项发明的内部构建,他们并没有对此现象产生更多的惊讶。研究者的注意力集中于发明的历史研究,在发明史的研究中涉及对发明的不断进步过程的剖析,当研究者分解一项发明比如蒸汽机的内部结构时,他们看到了发明真是一项天才的组合。[1]

对发明组合累积模式较早的描述出现在斯图亚特(Robert Stuart)1829年的《蒸汽机发展史及其奇闻逸事》(Historical and Descriptive Anecdotes of Steam-engines)中。在本著作的一开始,就非常直接地表达:"一台机器,接受长时间和众多人不断进行的新的组合和改进,逐渐演变到最后给人类带来显著的利益。就像一条小溪,经过许多支流的不断汇集而膨胀,滚动前行形成宏伟的大河,在这个进程中,不断变得充盈,跨越部分的地区,直至一个宽广的王国。"[2] 斯图亚特研究了蒸汽机的发展史,在分析了著名的萨弗里(Thomas Savery)的火力引擎(蒸汽机)的各个构件的设置和相互作用之后,高度评价了蒸汽机最初发明人的功劳。斯图亚特认为后来的蒸汽机可以被认为是之前已经存在的思想的组合,后来发明人进行了精妙的改变,在更高的层次上产生了新的思想。[3]

美国工程师、第一位机械工程教授瑟斯顿(Robert Henry Thurston, October 25, 1839-October 25, 1903)的《蒸汽机发明史》(A History of the Growth of the Steam Engine,1878年初版)在对蒸汽机发展

---

[1] Thomas Tredgold, *The Steam Engine: Comprising an Account of Its Invention and Progressive Improvement; with an Investigation of Its Principles, and the Proportions of Its Parts for Efficiency and Strength: Detailing its Application to Navigation, Mining, Impelling Machinery, & c. with 20 Plates and Numerous Wood-cuts*, London: Jos. Taylor, 1827.

[2] Robert Stuart, *Historical and Descriptive Anecdotes of Steam-engines, and of Their Inventors and Improvers*, Volume I. London: Wightman and Cramp, Paternoster. Row. 1829, p. 3.

[3] Ibid., pp. 121 – 122.

历史细致梳理过后,向人们展示了一个清晰的蒸汽机进化的历史。蒸汽机的发展在不断的组合和改进中进行,经历过很多人,很长时间的努力,并且瓦特成为添加了最后一块砖的人,由此一个新型的蒸汽机建立起来,并使之非常好地进入实践中。①

19世纪末20世纪初,法国心理学奠基人里博(Théodule Ribot)在对创造力和想象力的研究中,理所当然地使用"新组合"来指代创造力和想象力的思维结果,从他的论述中可以看出,他认为发明就是"新组合"。比如,他在论述人类为何能够产生创造的时候,分析了两个主要原因:一个原因是天然的需要,包括食物、住所、武器、设备等,但是这些需要只是一个刺激;另一个原因是人的超越普通动物的想象力的复苏能够激发起很多要素形成的新组合。②里博讨论人类记忆对发明的作用的时候,他论述道:"人类有两种记忆,一种是非常系统化的,这种记忆的内容往往是一个完整压缩的整体,一般不能产生新的组合;另外一种是非系统化的,记忆内容由小的,或多或少的结合群(coherent groups)形成,这种类型的技艺是可塑的,它能够在新的方式上产生组合。"③ 此外,里博多次提到新组合,比如:什么样的联想形式能够产生新的组合以及在什么影响下新组合会产生?④想象力中的情感因素也会为新组合提供无限的领域。⑤ 由此可见,研究者把发明的组合结构当作一种普遍而又简单的现象。

较早有意识地把发明的组合模式上升到理论层面的要数英国工程师、发明家、技术历史学家、工程学的技术哲学代表人物亨利·德克斯(Henry Dircks),⑥德克斯是最早对发明进行形而上学思考的早期

---

① Robert Henry Thurston, *A History of the Growth of the Steam Engine*, New York: D. Appleton and Company, 1886.
② Théodule Ribot, *Essay on the Creative Imagination*, Chicago: the Open Court Publishing Company, 1906, pp. 313–316.
③ Ibid., p. 22.
④ Ibid., p. 23.
⑤ Ibid., p. 38.
⑥ 夏保华:《发明哲学思想史》,人民出版社2014年版,第16—32页。

代表人物，在他对发明本质的分析中，不仅看到了发明的组合现象，还有意识地对发明的组合模式进行了分析。他说："有时候，一种新颖的组合想法几乎直觉地浮现在脑海中，它的来源是如此令人怀疑以至于转瞬即逝，并且甚至是发明者自己在看到自己最终工作的成效时也会禁不住地惊讶"①；"每一项发明都是十分新的东西，它必须具有新颖性和实用性。但它可能是由旧的熟知的部件，像螺丝、齿轮、杠杆等组成"②。德克斯还注意到用来组成发明的那些要素或者部件并非一开始就很恰当地组合到一起，而是"所有的发明都是在一个有规则的序列中逐渐发展，或许很长时间中只有很长序列的基本要素在发展，没有产生任何满足人们需要并能实际应用的结果。后来，这些基本要素可能会产生一系列的组合，即首次产生了一个新的设备、新机器或者发动机，当一个新机器产生的时候，我们会发现新机器只是由一些轮子和汽缸组成，这中间没有任何新东西，所有的组成部件都是旧的，可是组合的结果却非常新颖"③。

20世纪之前，许多研究者感受到了组合在机械发明中的重大作用，发明在不断的组合和累积中发展前进。他们揭露了这一真实现象，但是没有进入更深层次的思考：组合是怎样进行的？零散的机械构件，是通过什么力量有机地组合到一起的？

二 发明的组合进化模式的成形——外部解释

经历了19世纪，技术史先驱对发明的组合现象的揭露之后，20世纪20年代初到50年代末期间，美国的奥格本学派对发明的本质、发明的来源以及发明的社会影响等方面进行了系统的探索。他们以美国社会学第二代领军人物奥格本（W. F. Ogburn）和社会学家吉尔菲兰（S. C. Gilfillan）为核心，较早地进行发明和社会之关系的研究，

---

① 夏保华：《发明哲学思想史》，人民出版社2014年版，第305—306页。
② 同上书，第307页。
③ Henry Dircks, Edward Somerset Worcester, *The life, times and scientific labours of the second Marquis of Worcester*, London: Bernard Quaritch, 1663, p. xiii.

形成了早期技术社会学的研究阶段。①

对发明的组合累积模式的研究，吉尔菲兰以及奥格本学派其他成员做出了巨大贡献，他们对这一发明方法给予了充分论证。吉尔菲兰通过船的发明进化史来揭露出任何一项今天看来很重大的发明，都不过是很多微小的部件逐渐组合累积起来的结果。有时候，这个组合累积过程可能是异常漫长的。奥格本学派把发明的组合累积模式从特殊发现推广到一般原理。假如技术发展是现存物质材料的组合结果，假如这种组合遵从现存设备的模式，那么发明就有可能在物质设备被放置到一起的任何时间、任何地点出现。这是已经可见的事实。文化扩散就是文化从一个地区传播到另一个地区，在这个传播过程中通常伴随革新。文化扩散过程中，是工具本身相互混合，而不是人。一旦互为条件的设备被放置到一起，不比需要什么高贵的灵感去认知这种模式，组合在设备自身内部悄无声息地自然地产生，这也是为什么机械发明史很难被追踪的原因之一。后来的历史学家逐渐认识到这种隐匿进行着的技术发展的超常重要性，由于他们习惯思考整个历史，即历史人物活动的总和，而往往忽略了这些技术发展的细节。但是，在文化层面上，由于现存的物质设备的组合，这些创新不仅是可以解释的，也是不可避免的。在文化条件满足的地区，直接导致工具和物质材料方面的技术行为模式的物理实现。

奥格本学派重要成员，美国第一位技术史家、经济史家厄舍尔比学派其他成员做了更多的工作，他细致地描述了发明的累积综合的过程。在1929年初版的《机械发明史》中他就提出："发明就是先前存在的要素建构性的同化成一个新的综合体、新的模式；发明是建立起之前不存在的新的关系"②；并且他多次明确表达类似观点，

---

① 吴红：《奥格本学派的形成及其对技术社会学的贡献》，《自然辩证法研究》2014年第30卷第2期。

② Abbott Payson Usher, *A History of Mechanical Inventions*, New York, London: McGraw-Hill Book Company, Inc., 1929, p. 11.

比如他说"在一些纺织和建筑领域，技术的累积发展是显而易见的"①。他认为重大革新只有通过累积才能变得真正重要。② 尽管高等动物在行为中显示一些顿悟能力，但是他们的行为限制在他们生活的狭窄的时间范围内。一旦组织化的交流被获得，个人和群体的经验累积就变得重要起来了。文化成果是建立在许多微小的个人顿悟活动的基础之上的社会成就。但是，这种社会进步的意义长期被忽略或者误解。

1954 年，厄舍尔在他的《机械发明史》修订版中提出著名的个体发明要经历的四个阶段理论，③ 他把发明分为以下阶段（见图 3－1）：

（1）感知问题——认识到一个不完美的，不令人满意的，不能充分满足需要的模式。

（2）搭台④——通过特殊的搭建和思考将与解决问题所必需的要素都汇集到一块儿，在事件或者思想中偶然产生的结构带来有效的令人满意的结果，这是给个人提供解决方案的所有关键数据。这是一个不断试错的实验过程。

（3）顿悟活动——找到解决问题的主要方案。厄舍尔强调围绕顿悟所需的要素是不确定的，这些不确定也使不可能预测问题解决的时间选择，也不可能预测选择哪种精致的方案。顿悟不是最终结果。

（4）批判式的修正——对解答方案进行批判研究，充分理解，使解答更为完善，这可以让机械变得更为优雅和高效。这一阶段有可能唤起新的顿悟活动。

---

① Abbott Payson Usher. Review：A History of Technology. Volume Ⅱ：The Mediterranean Civilization and the Middle Ages，700 B. C. to A. D. 1500 by Charles Singer；E. J. Holmyard；A. R. Hall；Trevor I，Williams，*The Journal of Economic History*，Vol. 18，No. 1，1958，pp. 67 – 70.

② Abbott Payson Usher，*A History of Mechanical Inventions*，Cambridge：Harvard University Press，1954，p. 67.

③ Ibid.，pp. 65 – 77.

④ Setting the stage 一词解释为"搭台"，借鉴于［美］乔治·巴萨拉《技术发展简史》（复旦大学出版社 2000 年版）中的翻译。

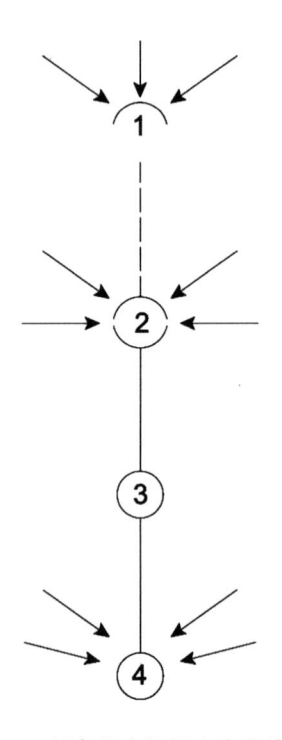

图 3-1 新事物在顿悟中产生的过程

资料来源：Abbott Payson Usher, *A History of Mechanical Inventions*, Cambridge: Harvard University Press, 1954, p.66.

在这四阶段中的每一阶段，都有一些要素不断被综合进来，如图 3-1 中箭头所示。一般而言，个体发明的案例中通常会包含所有的四个分散的步骤，但是也有很多个体发明中没有面向主要发明的搭台阶段。而在让发明变得适于实用时需要实质性的批判修正，这时新的顿悟活动再次成为关键。

厄舍尔认为发明是不断累积综合的过程，在图 3-2 中，从阶段 Ⅰ—Ⅳ，这与个体发明的四个阶段是一样的，只不过在每一个阶段中，都有大量已有的完备的个体发明综合进来，厄舍尔把这些完备的个体发明称为"战略性发明"（strategic invention）。图 3-2 中每个完整的圆圈都代表一个战略性发明。数量众多的战略性发明累积综合到感知到的新问题中去，经过搭台、顿悟和批判式修正之后，再次形成一个全新的战略性发明,这个战略性发明又将综合到下一个不完备的模式中去,并成为更高一层的战略性发明的一部分。如此循环,并且在每一次循环中发明都将上升到一个新台阶,整个技术进步就是在这种螺旋上升的模式中向前发展。

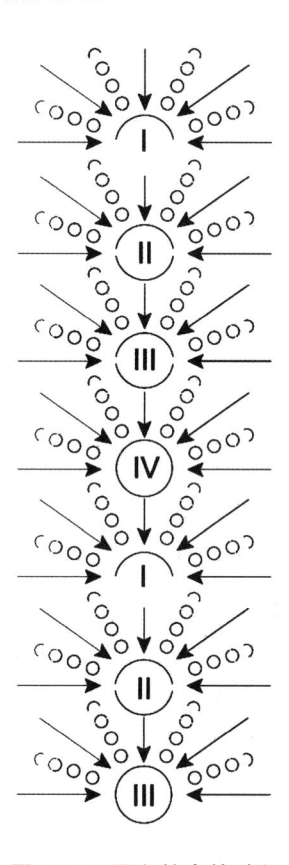

图 3-2　累积综合的过程

资料来源:Abbott Payson Usher, *A History of Mechanical Inventions*, Cambridge: Harvard University Press, 1954, p. 69.

奥格本学派将发明的组合研究上升到系统的发明理论,他们通过剖析某个具体技术的发明进程,总结出发明的组合一般规律。研究者归纳出在发明的哪一些阶段中,新要素会被添加进来,并且添加要素后形成的新发明将成为下一个发明阶段的要素,以此类推,不断综合累积下去。

奥格本学派对发明组合累积模式的研究，依然属于组合模式的外部的、宏观的解释，研究者分析了组合在发明的哪些阶段进行，但是没有解释面对种类繁多的构件，如何决定哪些构件被组合进来，尤其有很多构件功能相近甚至相同，为什么最终只有一个构件被选中成为组合的要素？是偶然还是有目的的选择？奥格本学派没有给出更进一步的解释。半个世纪后，美国经济学家、技术思想家布莱恩·阿瑟对发明的组合模式做出了重要贡献。

三 发明的组合模式的内部剖析

阿瑟对技术本质的研究，是打开"技术黑箱"的一个新的尝试，他揭露了技术的真实面貌，不复杂但是鲜有人对其做如此细致的研究。阿瑟从以下几个方面解释技术的机构以及新技术或称为发明是如何产生的。

（1）分析技术的构成结构。① 一项技术确实是由零部件构成的。但是随着技术的复杂性增加，发明人将数以万计的零部件汇总到一个系统中，确实需要很大的工作量。由此，技术逐渐变成由各种载有不同功能的集成块或者说建构模块构成。集成块是技术，同时集成块包含次一级的集成块，次一级的集成块当然也是技术，次一级的集成块包含再次一级的集成块，以此类推直到最基本的零件。阿瑟称之为技术的递归性，即结构中包含某种程度的自相似组件，也就是说，技术是由不同等级的技术建构而成的。

阿瑟在对技术进化过程进行细致的分析之后，提出"新技术从不会无中生有，它们由先前存在的组件（components）建构起来，反过来这些新技术使其自身成为下一步发展起来的新技术的部件"②。技

---

① ［美］布莱恩·阿瑟：《技术的本质：技术是什么，它是如何进化的》，曹东溟、王建译，浙江人民出版社2014年版，第31—38页。
② W. B. Arthur & W. Polak, "The Evolution of Technology within a Simple Compute Rmodel", *Complexity*, Vol. 11, 2006, pp. 23 – 31.

术的模块化使发明人可以不必弄清楚技术模块的"黑箱"里面究竟是什么结构，只需要知道模块在一个系统中可以提供的功能即可。每一个模块由专业的人员和企业来提供。所以，今天发明的组合体现于已有的技术部件、技术模块、技术功能、技术原理的组合。

（2）技术通过组合达到"自创生"的结果。① 阿瑟坚决地支持新技术是从已有技术中被创造出来的。同任何解决人类需求的方案一样，任何想要达到目的的新技术，都只有通过使用已有的方法和组件才能使其在现实中实现。因此，新技术的形成源于现有的技术，而且总是如此。已有的技术如何可能产生新的技术？组合的力量。阿瑟说："所有的技术产生于已有技术，也就是说，已有技术的组合使新技术成为可能。"② 技术在组合中创造出新技术。既然新技术是被已有技术组合产生，新技术成为下一次组合的要素，再次组合产生更新的技术，那么最早的技术由何而来呢？是人类最早对自然界现象的捕捉，即师法自然。

（3）连接技术模块和组合活动的中介是发明人。技术是没有生命的，面临种类繁多、功能各异的部件和模块，它们是如何被有机地组合到一个系统中去的呢？这需要依赖发明人的精神劳动。精神劳动的部分包括了选择，即选定哪些部分共同组成一个组件。组合不是工程创造过程的目的，而是选择的结果，是为了产生技术的一个新实例而完成要素聚集的结果。③ 发明是一个将需要和能满足需要的某个原理（某个效应的一般性应用）链接起来的过程。④ 所以发明的核心就在于发明人的心理联想。⑤ 为了找到解决问题的答案，需要联想哪些原理组合起来能够产生预期的结果。虽然组合过程在头脑中构思的时候，考虑的是原理的组合，但是在现实发明活动中组合的是技术构

---

① ［美］布莱恩·阿瑟：《技术的本质：技术是什么，它是如何进化的》，曹东溟、王建译，浙江人民出版社2014年版，第188—190页。
② 同上书，第189页。
③ 同上书，第105—106页。
④ ［美］布莱恩·阿瑟：《技术的本质：技术是什么，它是如何进化的》，曹东溟、王建译，浙江人民出版社2014年版，第143页。
⑤ 同上书，第134页。

件，阿瑟解答了这个问题，即把原理转译为物理组件。① 由此，阿瑟给出了发明的组合机制的最简洁的描述：所有发明都是目的与完成目的的原理之间的链接，并且所有发明都必须将原理转译成工作原件。②

新技术的产生有三个可能的途径：作为标准工程的解决（阿姆斯特朗振荡器），自发的发明（货币制度），一般意义上的发明，即在全新的原理之下，全新的根本性解决（喷气式飞机发动机）。无论哪种情况，发明都是产生于那些提供了制造新元素必要功能的已有技术（现存的元素）的组合。③

阿瑟关于新技术是已有技术组合产生的观点，并不新颖，在他之前的一个多世纪中不断有学者表达类似的看法。但是，相比较已有研究，阿瑟更为深入和系统地逐层揭开技术的结构，解释了在发明过程中，组合是怎样进行的。当然，阿瑟的概念框架还包括创造力、持久性和顿悟的那一刻。阿瑟强调富有想象力的火花和"深奥的手艺"（deep craft：不仅是知识，它是一套认知体系，知道什么可能发挥作用，什么不可能；知道用什么方法、什么原理更容易成功；知道在给定的技术中用什么参数值；知道和谁对话可以使事情进行到底；知道如何挽救发生的问题；知道该忽略什么、留意什么④）。在实现新发现的现象如何可以通过新的技术被利用时是需要的；面对数以万亿的潜在的组合中，在了解什么技术的组合具有实际意义时，创造力和持久性具有重要的作用。

四 遗留的问题：如何进行组合，组合的灵魂是什么？

发明的组合模式符合大量发明的实际过程，基本上所有的机器都是由相同的部件组合起来的：杠杆、曲轴、卡爪、联结固件、齿轮、凸轮、金属面板等。按照排列组合的算法，数量不多的部件即

---

① 同上书，第144页。
② 同上。
③ 同上。
④ 同上书，第179页。

可以产生数目巨大的组合结果；同时，当前很多发明的组合目的是为了产生多样化功能的产品，而已有的产生数量已经不计其数，发明人穷其一生的时间和精力也无法一一尝试这些组合。但是，发明的事实显示，发明人似乎都具有一种能力：较准确地舍弃绝大多数无意义的组合。那么他们如何在不计其数的可能组合中选择出有意义的组合呢？

奥格本学派之前的研究者仅仅揭示了组合的事实，没有给出组合依据的解释，并且他们关于发明的组合累积的观点具有一定的缺陷。首先，发明的组合累积观点带有决定论色彩。绝大多数研究者在论证发明是先前事物的组合时，都隐含了这样的观点：他们从已经产生的发明中解剖出先前的发明，并自然而然地认为，先前的发明很容易组合在一起而成为有用的产品，这不符合发明过程的反复性以及发明者不断试错的过程。其次，发明的组合模式对发明的形成的解释过于绝对化。在奥格本时代，持组合累积观点的众多学者几乎都是用一些典型案例来说明某项新发明是如何被组合而成的。但是，依然有一些学者在文章中提出了组合模式的反例。因此，通过已有事物的有机整合形成新发明的可能性的确较大，但这并不意味着发明就是组合。最后，发明是组合的观点忽略了人的创造性作用，带有机械论的色彩。研究者仅从发明活动的外部因素中探索发明的形成，不能充分理解发明者如何感知世界，如何从已有技术和文化中产生思想和灵感。厄舍尔尝试使用格式塔理论中的"顿悟"来弥补先验论者和发明的累积观点的不足，但他也承认顿悟并不都能直接产生解决问题的思路。因此，在奥格本时代，这种探索并未产生实质性影响。[1]

阿瑟也指出了社会学家和技术史家对发明的组合模式研究的局限性。他认为社会学家知道技术是由内部组件构成的。在许多情况下，

---

[1] 吴红：《发明社会学——奥格本学派思想研究》，上海交通大学出版社2014年版，第167页。

他们也知道内部组件是如何组合在一起使技术得以产生的。而且部分历史学家曾经"打开"过许多技术,详细探究了这些技术的起源及其随时间变迁的历程。但是这些"内部思考"大多只是关注某项具体的技术,如半导体、雷达、互联网(引者添加:船、蒸汽机、水磨),而不是一般意义上的技术。① 厄舍尔把发明的关键行为依赖于"思想或行为中的偶然的配置",这是相当含糊不清的。②

阿瑟在回答"新技术是如何产生的"这个问题时,给出了关键答案,他认为技术中的新物种产生于一个过程,一个人类的漫长过程;一个将需要和能满足需要的某个原理(某个效应的一般性应用)连接起来的过程。这个连接从需求自身出发,延伸到能够被驾驭的某个基本现象,再通过配套解决方案以及次级解决方案最终使需求得以满足,并且使其界定出了一个递归性的过程。这个过程不断进行类似的重复,直到每个次级问题消解到可以进行物理性解决的程度。最后,问题一定会被那些已经存在的片段、成分,或者那些由现存部分创造出来的片段所解决。③ 阿瑟解释了在新技术产生过程中,已有的物理部件是被列入组合构件选择的范围的,主要根据部件自身的功能以及它在整个技术系统中所起的作用。但是,具有相同功能的部件在物理形态上并非唯一,多种技术部件可以解决同样的问题,那么在这种情况下,最终哪一个部件被组合到发明中去,如何抉择?

此外,并非所有的组合都有意义,在技术史中,也被记录下许多未成功的组合,有时候这些组合在尝试的过程中还耗费了大量的人力、物力、财力,比如20世纪50年代到60年代期间美国科研人员致力于核动力和飞机、火箭的组合,最终以终止研究为这些组合画上

---

① [美]布莱恩·阿瑟:《技术的本质:技术是什么,它是如何进化的》,曹东溟、王建译,浙江人民出版社2014年版,第9页。
② W. B. Arthur, "The Structure of Invention", *Research Policy*, Vol. 36, 2007, pp. 274 - 287.
③ [美]布莱恩·阿瑟:《技术的本质:技术是什么,它是如何进化的》,曹东溟、王建译,浙江人民出版社2014年版,第143页。

句号。①

综合已有的发明的组合理论,一方面,可以看到研究者从这一个角度对发明产生问题研究的越来越深入,对发明的产生揭露得逐渐清晰;另一方面,在发明的组合过程中,依然存在一些问题没有澄清,这些问题可能是更进一步地揭示发明的组合的本质,揭示发明人在对技术部件进行组合时要考虑的更为细致的问题。

第二节 什么是组合模式

新颖性的设想往往产生于交叉。更进一步是现存事物的重组,而非全新的事物,但是他需要一些限定性的条件。一些事物的任意随机组合很少能产生新设想。一个认知概念只能运载与其相关的内容,偶然产生的组合概念通常意味着知识把一些不相关的内容混合起来,新的含义只能是在不同的内容经过有意识的调整组合后才能被诱发出来。即使一些相似的内容上下文协调好重组在一起,组合的结果也未必一定具有实际意义。下面,我们通过电话的发明案例来解释什么是组合,以及天才的组合如何体现。

一 案例——电话的发明

人们一提到电话的发明,首先想到爱迪生和贝尔,但是电话的发明是一个完全依靠多位发明人的工作累积的结果。在贝尔和爱迪生发明电话之前,已经有几位发明人做出了开拓性的贡献。1840年,美国人查尔斯·格拉夫顿·帕吉(Charles Grafton Page)发现电流通过放置在马蹄形磁铁两极之间的线圈时,连接和断开电流引起振铃声,帕吉称这种效应为"电音乐"。1843年,意大利发明家曼泽蒂(Innocenzo Manzetti)提出电话的概念,据说他在1864年做出了该发明,虽

---

① [美]乔治·巴萨拉:《技术发展简史》,复旦大学出版社2000年版,第18—201页。

然没有获得专利，但是1865年《巴黎人》（*Parisian Newspaper*）报纸进行了相关报道。① 1854年，法国电报工程师查尔斯·布尔塞（Charles Bourseul）首次提出了电路通断（make-and—break）式电话的构想。1860年，里斯（Johann Philipp Reis）第一次发明了具有实质性功能的电话，他提出了电话发展进程中具有里程碑意义的设想：用不连续的电脉冲来传递信息。他发明的设备通过电信号可以传递音符、时而清晰时而模糊的语音。意大利发明人安东尼奥·穆奇（Antonio Meucci）在1834年到1870年间，对语音传输设备的研究孜孜不倦。和贝尔同一时期的电话发明人格雷（Elisha Gray），做出了和贝尔近乎相同的液体变阻器电话。由于格雷和贝尔同一时期在美国专利局申请专利，多种原因使格雷最终未能获得电话专利权。后来随着贝尔电话的影响越来越深远，格雷的名字则鲜有人提及了。

格雷、贝尔和爱迪生，他们发明电话几乎处于同一时间段，在前人研究的基础上，他们三人在都在头脑中建构了电话的思维模型，并且都选择可变电阻发射器的原理来实现声音的传输。但是在可变电阻概念的物理表达过程中，他们的选择和设计出现了不同，或者可以说他们在选择可变电阻装置和声音发射接收器的组合过程中，选择被组合进来的要素出现了差异，这些要素的不同造成了他们发明的截然不同的后果。

1876年格雷完成了他的电话发明。他认为假如电流能够更准确地反映声波带动的膜片的运动，而不是简单地打开和关闭电路，更高的声音保真度就可能实现。因此，格雷在声音传输功能上，他选择了液体传声器装置。该装置中使用的金属针或杆，把它放置在液体导体——诸如水或者酸的混合物——的表面，稍微触碰到的状态下，对应膜片的振动，针头浸入或多或少的液体，产生不同的电阻，由此不断变化的电流流过该装置到达接收器。

---

① Émile Quétànd（translator）. Curiosity of Science, *Le Petit Journal*, November 22, 1865, No. 1026, p. 3（bottom）. Extracted from: of the Transmission of Sound and Speech by Telegraph, Il Corriere di Sardegna（The Sardinia Courier）.

1876年,贝尔与其助手沃森(Thomas Watson)成功演示利用可变电阻现象进行语音的传输。借助一个电火花熄灭器在他的多路电报中,贝尔用两个针头浸入水中形成可变电阻。贝尔让声波震动一个隔膜,隔膜与一个悬浮在充满高电阻液体的杯子中的针相连,当针振动时,针和液体接触的面积就会变化,由此改变电阻以及电路中电流的强度。但是尽管这个电话可以工作,但是贝尔的可变电阻电话在他的设计中还没有革命性的进步。爱迪生认为贝尔只是修改了里斯的电话,不过是把里斯电话的闭合——断开的水银杯转换成一个液体变阻器。这一种类型的液体变阻器并不新颖,爱迪生1873年的双工电报机专利中就用到了这个装置。尽管贝尔证明了液体发送器可以传输声音,但是他很快回头采用电磁离合器。很显然,他清楚大多数液体电阻太高,并且在获得足够强烈的电信号时会伴随很多并发症。[1] 电磁感应电话很好地展示了声波如何被转换为波动电流。尽管贝尔的电磁感应设计比液体传送器简单,但是通过向电话里大声喊而产生的电流如此微弱以至于接收人几乎不可能听到信号。

1878年,爱迪生在电话发明上做出了重大改进,他选择了碳粒传声器,这使在传输电路上长距离传输清晰的语音信号成为现实。爱迪生发现在两块金属板之间挤压碳粒,挤压力度不同可以产生不同的电阻。金属板回应声波的变化产生移动并挤压碳粒,电磁发射器对声音的再现具有良好的保真度,没有其他不相关的微弱信号产生。爱迪生推断出里斯的高电阻液体不适用于实际使用,但是爱迪生的电话构思受到里斯的可变电阻传送语音的模式的影响,因此爱迪生没有选择电磁感应模式,他的成功的电话是建立在可变电阻的模式基础上的。

通过格雷、贝尔和爱迪生选择电话发明中相同原理的不同物理表达方式,可以看出巧妙选择的重要性。首先,格雷选择的液体变阻器,在声音的高度保真性能方面不是最优的方案,而且液体变阻器在构造上相

---

[1] Bernard S. Finn, "Alexander Graham Bell's Experiments with the Variable-resistance Transmitter", *Smithsonian Journal of History*, Vol. 1, 1966, pp. 1–16.

对复杂，就连贝尔都意识到液体接触式传送器不适合商业化推广。① 其次，贝尔看到了电话作为一个设备可以将复杂的声波转换为电流，贝尔也知道他需要在物理属性上表达他的基本原则，最后他找到了能将声音转化成电的物理现象。为了实现他的设计，他选择了两种方式，第一，可变电阻。通过液体电阻，将声音的变化用电流的变化表达出来。虽然贝尔获得了液体可变电阻的电话专利，但是在其后来的公众演示、实验中，贝尔都再也没有使用这项技术。此外，似乎贝尔也没有寻找到可变电阻电话的其他的完美模式，他缺少完善可变电阻电话的技巧，这也使他把经历转向电磁感应电话。② 第二，电磁感应，通过在磁场中移动导体使声波直接产生电流。由于贝尔看到了电磁感应是最简单和最优雅的方式，因此他在电磁感应方式上倾注了大量精力。最后，爱迪生在贝尔电话的经验上，机灵地选择了碳粒变阻器。他具有让可变电阻电话进入现实使用领域的技巧，因此他创造了一个可以实施的电话，并且使这一电话在此后的许多年中广泛被采用。

二 发明的组合模式

发明是一个将抽象概念和可见的对象进行组合的动态过程，或者称为思维模型和机械表达的组合过程。思维模型不是空洞的纯粹的概念，而是发明人根据社会和经济压力形成的发明构思。机械表达是发明人选取机械部件把他的发明构思在物理上实现的过程。

由于发明是产生新技术的过程，所以在分析发明的组合过程之前，有必要首先厘清技术的结构。当前，很少有技术是单一的结构，一项技术通常包含多个部件或者部件的集合，每一个部件的集合内部又包含次一级的部件或部件的集合，每一个部件或者部件的集合都有

---

① Lewis Coe, *The Telephone and Its Several Inventors: A History*, McFarland & Company, Inc., 1995, p. 2.

② Michael E. Gorman, W. Bernard Carlson, "Interpreting Invention as a Cognitive Process: The Case of Alexander Graham Bell, Thomas Edison, and the Telephone", *Science, Technology & Human Values*, Vol. 15, No. 2, 1990, pp. 131–164.

特定的功能，它们共同组成一个有机的技术系统，因此技术内部具有特定的等级结构。

人类学家克虏伯（Alfred Louis Kroeber）曾经对有机物和人造物的发展模式提供了两个形象图形描述，如图3-3所示。

图3-3 克虏伯谱系树形图①

左边的图展示的是有机物树形图，右边的是人造物树形图。有机物的树形图的树杈彼此独立，每根树杈和枝丫代表出现的新物种，各物种之间没有关联。而人造物树形图分出的树杈在某些节点上相互连接，以此为出发点延伸出新的树杈和枝丫，而新的树杈和枝丫在另外的位置又可能产生新的连接，再延伸生长出更新的树杈和枝丫，不断发展，形成怪异而茂密的大树。

那么，如果把一项技术看作一棵大树，技术的核心原理就是树的主干，核心原理原本只是一个概念，技术形成的过程也恰恰是通过物质性部件将核心原理实现的过程。技术的次一级原理和部件是树的分

---

① Alfred Louis Kroeber, *Anthropology: Race, Language, Culture, Psychology, Prehistory*, New York: Harcourt Brace Jovanovich, Inc., 1948, p. 260.

叉树枝，再次一级地以此类推，直到最为基础的部件即树叶。一棵树上树枝、树叶形状大小各异，共同构成了一棵大树。如果把这一棵大树放在整个人类创造的技术系统中，这棵大树可能只是技术系统中的一条树枝或一片树叶，只是技术系统中的一个技术部件或技术模块。

更进一步，我们可以借用克虏伯的人造物树形图来阐释发明的组合—累积—进化的模式。技术在发展过程中，已有的旧技术之间，新技术之间或者新旧技术之间都有可能产生联结，即组合，形成新发明。技术在这样的组合过程中，不断产生新的技术，并累积起来，为进一步的组合提供要素。累积的技术越多，组合的可能结果也就越多，技术在这样的组合—累积—再组合—再累积的不断循环的过程中实现缓慢的进化。当然，并不排除这个进化过程中偶尔也会有革命性的发明或者激进发明出现。不过，就算是革命性的发明，也需要已有的原理、最基础的物质要素作为支撑，就像很少有机械不需要最根本的螺丝或者连杆一样，在这个意义上，可以说一切发明都离不开组合。

澄清了发明组合模式过后，我们需要进一步分析这些零散的机械构件是怎样被发明人巧妙地安排到一个技术系统中去的，因为发明人不可能在一堆零部件中随机拿起两个凑在一起尝试一下，看看这个组合能否产生有实际意义的结果。在发明过程中，发明人的活动一般分为两个主要步骤：概念组合和物理部件组合。概念组合是在思维中进行发明模型的建构，将可以满足解决问题需求的功能或者原理组合到发明中来；物理部件组合即将思维模型中构建好的功能或者原理在现实中通过机械部件表达出来。

三　概念的组合——思维模型

当发明人思考和绘制草图的时候，他并不是简单修改一下从别的设备移植过来的机械表达或者以随机的方式来获得启发，相反，这个修改的过程是一个努力尝试捕获、具体化的一个思维模型（mental model）。这个思维模型是一个目标。在另外一个层面上，一个思维模型也是一个未完成的图像或者发明人关于如何使新发明能够产生实际功能的一个想象。思维模型是一个粗糙的设想，发明人要采用不同的方式不断地对他粗糙的设想进行描绘再描绘，才能最终使之转化成为切实可行的发明。①

发明的过程就是发明人借用物理对象（physical objects）把他们的思维模型（Mental models）组合起来。② 发明活动中一个必备的要素就是发明人的心智模式（Mental models）。心智模式在认知科学里被描述成："人们拥有的自己、他人、环境之间相互作用的模式。"③ 一个人，通过与周围群体和环境相互作用，会不断地修正他的心智模式以达到切实可行的结果。心智模式受制于各种因素，比如使用者的技术背景，相类似系统的已有经验，人类信息处理系统的结构等。④ 作为发明人，在想象一个新的技术的时候，也会使用心智模式来构思工艺原型和操作原型。他们会首先在思维中假设什么功能是需要被组合进来，什么样的装置可能最终具有实用性。他们的心智模型是不稳定的，处于不断调整中，思维模型又是不完备的，发明人要频繁更换组合，以期完善思维模型。有时候发明人在思维想象中"驱动"自己的发明运行，构建发明的框架，有时候需要在实验室建立起模型，试验然后修改，在这样的不断调整中逐步完成他们的设想。思维模型在发明的社会学文献中，对应于韦伯·比杰克提出的技术框架（technology frame）。

乌力齐·威特（Ulrich Witt）认为发明人获得发明的思维模型一

---

① W. Bernard Carlson, "Invention and Rvolution: the Case of Edison's Sket Alhes of the Telephone. in John Ziman", *Technological Innovation as an Evolutionary Process*, Cambridge University Press, 2000, pp. 137–158.

② Michael E. Gorman, W. Bernard Carlson, "Interpreting Invention as a Cognitive Process: The Case of Alexander Graham Bell, Thomas Edison, and the Telephone", *Science, Technology, & Human Values*, Vol. 15, No. 2, 1990, pp. 131–164.

③ Donald A. Norman, *The Psychology of Everyday Things*, New York: Basic Books, 1988: 17.

④ Donald A Norman, *Some Observations on Mental Models*, In Mental Models, ed. D. Gentner and R. Stevens, 7–15, Hillsdale, New Jersey: Lawrence Erlbaum, 1983.

般涉及两个方面的操作：一个是生产性操作，产生一个将要素组合起来的新产品；另一个是解释性操作，把新组合整合到一个新的技术或者已经存在的概念中去。① 生产性操作可以是机械地、自动进行的过程，甚至可以在发明人思维之外借助计算机来辅助完成这个过程。但是，解释性操作则不能在人的思维之外完成，它是发明人将组合合理化配置的过程。威特所说的解释性操作，实际上是发明人思维模式构建的过程，为了满足需要解决的问题，具有满足功能条件的要素被选中并且整合到已有的技术中去。

四　物理部件组合——机械表达

发明的思维模型建构只是在头脑中形成发明的概念，下一步发明人要在现实中把发明的实物模型制造出来，然后再进行反复的试验。按照阿瑟的说法，所有发明都是目的与完成目的的原理之间的链接，并且所有的发明都必须将原理转译成工作元件。② 发明人要把思维模型中组合的功能或者原理的要素在现实中通过机械部件呈现出来。这个过程是真实的物理部件的组合配置过程，即机械表达的过程。思维模型中的功能或原理和现实中的机械部件不是一对一的关系，而是一对多的关系。因为一个功能或者原理可以通过不同的机械结构表达出来，最终采用哪一种部件，需要依赖发明人的技巧。

爱迪生转向电话发明的时候，他已经熟悉里斯的电话结构和物理学家赫尔姆霍茨（Hermann Von Helmholtz）的能够产生人工元音声（vowel sound）的设备。在里斯和赫尔姆霍茨研究成果的基础上，爱迪生最初希望采用可变电阻的形式来完善里斯电话的结构。那么爱迪生要将他的电话的思维模型在现实中再现出来，关键的一点就是用什么机械结构表达出他的可变电阻的功能。爱迪生起码设计了四个方

---

① Ulrich Witt, "Propositions About Novelty", *Journal of Economic Behavior and Organization* (2008), Vol. 70, No. 1 - 2, 2009, pp. 311 - 320.
② ［美］布莱恩·阿瑟：《技术的本质：技术是什么，它是如何进化的》，曹东溟、王建译，浙江人民出版社2014年版，第144页。

案：第一个方案是将一个音叉和水银杯组合起来；第二个方案是他在1873年用于双工电报机中的液体变阻器，即金属触杆和水或者甘油液体形成的可变电阻；第三个方案采用刀刃状的锐利物和高电阻液体滴剂的组合；第四个方案是碳粒变阻器，爱迪生发现液体会蒸发，并且液体变阻器也不适于实际使用。[1] 1877年1月，爱迪生最终抛弃了液体变阻器，选择碳粒变阻器来表达他的思维模型。此外，在爱迪生的电话核心框架中，他还把赫尔姆霍茨设备中的接收器替换成里斯电话中的接收器。[2] 爱迪生在其电话发明的过程中的机械表达是发明人都会经历的过程，发明人不断从已有的技术中选择部件，组合起来形成具有特定功能的技术模块，然后将技术模块整合到新的或者已有的技术系统中去。

经过发明人机械表达后的发明成为最初的试验模型，下一步，需要发明人反复试验本发明能否达到预期的效果。如果运行效果达到预期，发明人的发明工作基本完成。如果不能达到预期的目标，发明人则会更换机械表达的部件，反复修正发明，有些情况下甚至重新回到思维模型的构思阶段。

伴随思维模式构件和物理部件组合的过程，还有一个评估的思维活动同时在进行。发明人要随时评估组合后的技术的有用性、优点、可能带来的利益以及使用者是否乐意采用等。这个评估过程往往伴随思维模型的建构和物理部件组合两个步骤进行，评估的时间可能延时很久，也可能在一瞬间。思维模型的修正和物理部件的选择时常取决于评估。发明人对组合结果的评估，很大程度上依赖发明人个体的喜好，阅历和对已有技术的把握；对社会需求，经济环境的感悟。

---

[1] W. Bernard Carlson, Michael E. Gorman, "A Cognitive Framework to Understand Technological Creativity: Bell, Edison, and The Telephone", in *Inventive Minds: Creativity in Technology*, Robert John Weber, David N. Perkins edit, Oxford University Press, 1992, pp. 40 – 79.

[2] Michael E. Gorman, W. Bernard Carlson, "Interpreting Invention as a Cognitive Process: The Case of Alexander Graham Bell, Thomas Edison, and the Telephone", *Science, Technology, & Human Values*, Vol. 15, No. 2, 1990, pp. 131 – 164.

技术活动中的发明活动就是将新技术部件和旧技术部件或者部件的集合组合到一个系统中去，使其具有特定的功能以帮助人们解决问题，满足人们的需求。从这个层面上来说，发明是技术中任何方面的重要的改变。[①] 已有的要素组合起来形成新的思维模型和发明产品，这些概念和产品反过来作为组合要素被整合进新的发明中去。这个迭代的发明过程，使技术不断累积。就是在这个层面上，大多数研究者都认可技术的组合累积的发展模式。

美国专利商标局对每一项授权的发明都附有技术分类代码，其分类代码主要包含两个部分：技术种类和技术亚种类。种类是技术的主要类别的归属划分，亚种类则是对技术种类的过程、结构特征、功能参数的描述，所以每一项专利都至少包含一个技术代码，对一项专利分配的多个代码的数量则没有上限要求。所以，当一项发明包含两个及以上的技术代码的时候，意味着其特征和技术功能涉及多个方面。基于此，对1790年到2010年之间的美国专利商标局授权的专利进行统计分析，发现77%的专利的代码至少是两个技术代码的组合。19世纪，大约有一半的专利仅有一个技术代码，这个比例在整个20世纪一直稳定下降，目前比例是12%。[②] 这些数据一方面显示了技术的复杂性在不断增加，另一方面意味着组合发明在当前技术发展中的重要地位。也基于此，一个多世纪以来，工程技术人员、技术史家、社会学家、经济学家等不同领域的学者都对发明的组合模式给予高度关注。人们对技术的组合进化机制的描述可以追溯到早期的经济史研究，以及近一个多世纪以来也时而出现在技术史、哲学理论、社会学理论研究领域中。

---

① W. Brian Arthur, "The Structure of Invention", *Research Policy*, Vol. 36, 2007, pp. 274–287.

② Hyejin Youn, et al., Invention as a Combinatorial Process: Evidence from U. S. Patents, J. R. Soc., Interface 12: 20150272, Published 22 April 2015.

第三节　组合的依据

我们沿着阿瑟讨论的话题继续深入。发明人在构思一项发明的时候，首先考虑功能或原理上的组合，再将选择范围缩小至承载某项功能或原理的物理性工作原件。在面对具有相同功能的多个工作原件的时候，发明人如何取舍呢？

既然发明是已有知识和技术的组合，那么由此可以产生一个"加速法则"，被发明出来的东西越多，组合就越容易，进一步被发明出来的东西就更多，那么发明就应该呈几何级数增长。但是，在现实的技术世界中，发明虽然呈加速增长趋势，但是并没有出现几何级数增长的爆炸局面。这其中的原因在于大多数组合都是没有价值的，而且发明人在进行组合可能性的尝试过程中，也并非随意进行，在发明人思维中，组合具有特定的依据。

卡尔逊（W. Bernard Carlson）研究了大量的发明案例之后发现，发明人经常把在另外一个已有的设备中使用的部件借用到新的设计中来，而且很多用于被替代的组件（部件）结构相对稳定，发明人几乎对此部件不做什么重大改变就直接把它们从一个设备移动借用到另一个设备中去。更进一步地，通过调查一个发明人的系列发明草图，有一个值得关注的地方就是一个发明人总是偏爱某些部件，发明人会重复地使用这些部件。这些稳定的部件（components）或积木（building blocks）似乎在发明过程中具有突出地位。

发明人会对某些部件情有独钟，而且个别部件会被反复使用，在发明的组合过程中，这是较为普遍的现象，因为这些部件具有的特质符合了发明人的选择，也符合了一项发明在产生的过程中应该遵循的一般原则。再次强调一点，此处我们分析的发明的选择并非功能上的选择考虑，而是在功能确定后，在众多的具体的物理部件中的取舍。对于技术人工物的双重属性理论方面，胡克斯（W. Houkes）和梅耶斯（A. Meijers）提出人工物本体论的两个标准：不充分决定论和现实性制约。不充分决定是指，一个人工物可以有不同的功能，一个功能任务也可以由不同的人工物来完成；现实性制约表示一项功能任务可以通过任何人工物来实现，但是一个人工物不能拥有任何功能。[①]

那么，发明的组合过程中，在选择一个部件被添加进来的时候，要考虑以下几个方面。

第一，便利性。

罗纳德·尼克（Ronald A. Nykiel）分析容易被市场和消费者选择的商品必须具备五个方面的特质：新技术，提供生活方式上的便利性，解决劳动力短缺问题，增加收入，降低成本。[②] 由此可见，便利性是发明过程中需要考虑的关键要素之一。如果一项发明可以解决人们面临的问题，但是在使用上不具有便利性，使用者可能也会在产品的选择过程中给予过多考虑。在发明的组合过程中，选择哪一个部件组合到技术主干（被修正的技术主体）中去，要考虑选择的部件和待组合的技术组织两者搭配过后是否产生便利的结果。这些便利的结果具体包含以下两个方面：第一，操作上的便利。被组合进来的部件不会让新发明在操作上产生不便，不会让使用者在操作上增加烦琐的程序，也就是说它在弥补原有技术不足的同时，可以让使用者使用起来非常顺手。第二，携带或移动上的便利。被组合的部件应该尽量轻便小巧，组合到技术主体上之后不会使整个发明变得更为笨重，不利于使用者携带或者移动。因而小巧、轻便的部件相比较庞大、笨重的部件更易于成为首选的对象。比如，相比较一个拳头大小的照相机，微型摄像头更容易被组合到手机、电脑上去。

第二，低成本。

由于发明的价值要通过市场化再到使用者手中才得以体现，所以，发明过程中必定要考虑市场化的问题，那么发明物的成本是一个

[①] A. Meijers, W. Houkes, "The Ontology of Artifacts: The Hard Problem", *Studies in History and Philosophy of Science*, Vol. 37, 2006, pp. 118 – 131.

[②] Ronald A. Nykiel, "Technology, Convenience and Consumption", *Journal of Hospitality & Leisure Marketing*, Vol. 7, No. 4, 2001, pp. 79 – 84.

不得不兼顾的要素。相比较市场容量而言，当发明的成本较大时，发明的利润就会降低，因此发明的速度就会成为经济增长的阻碍因素。[①]当发明者面对相同功能的不同部件时，他们一般首先考虑成本较低的部件，这样不仅新发明的成本较低，而且如果被组合的部件损坏的情况下，更换起来较为容易。如果被组合进来的部件成本过高，一旦这个部件出现故障，维修更换成本过高，这很可能成为阻碍使用者接纳这个产品的重要原因。

第三，结构简单。

技术是务实的，与理论的无限演绎以达到体系化的追求不同，技术的目的是在实践中解决人们需要解决的问题。在使用中具有同样功能的产品，一定是越简单越受人欢迎。简单性在机械技术中是非常重要的，[②] 机械设置上的简单性总是机械工程师的完美的追求，[③] 产品结构和使用中的简单性也是使用者所青睐的。因此，发明人在选择组合部件的时候，往往会遵循简单性的原则首选结构简单的部件。在同等材料的条件下，相比较结构复杂的部件，结构简单的部件由于制造工艺简单往往伴随着低成本的特点。同时，部件结构的简单性决定了其更换和修复上的简单性。

由于并非只有一位发明者看到某项发明的社会需求，所以在发明史上存在大量多重发明的现象。这也说明同一时间很多人在寻找解决相同问题的方法，但是有的发明顺利实施，被载入史册，承载了较多荣誉，有的发明也最终被完成，但却悄无声息。这两种结果的差异并非偶然，有的发明人在发明过程中，选择了天才的组合，而有的发明人则采用了效率低并且更为困难的路径。

---

① Alwyn Young, "Invention and Bounded Learning by Doing", *Journal of Political Economy*, Vol. 101, No. 3, 1993, pp. 443–472.

② Frank Lloyd Wright, "The Art and Craft of the Machine", in *Rethinking Architectural Technology: A Reader in Architectural Theory*, William W. Braham, Jonathan A. Hale. Abingdon: Routledge, 2007, pp. 1–14.

③ Samuel Smiles, *Men of Invention and Industry*, Bremen: Eueropaeischer Hochschulverlag GmbH & Co KG, 2010 (Originally been Published in 1884), p. 165.

第四，一加一大于二（1＋1＞2）的组合原则。

发明中的组合不是随便的凑合，而是有机的整合，所谓有机的整合就是要在组合过后达到一加一大于二的效果。一加一大于二，顾名思义，两个事物组合到一起要优于两个事物单独分别使用。首先，组合之后的首要优点就是产生新的功能，解决人们迫切需要解决的问题。比如当豪斯菲尔德将已有的计算机和X射线扫描装置组合到一块儿以后，可以便利地诊断人类体内尤其是大脑内部病变。其次，组合后的发明有可能比组合前的所有部件总体的体积更为小巧。比如瑞士军刀，被组合的各部件集于一体，组合后的产品结构紧凑，也便于携带。再次，组合后的发明普遍具有节省材料的优点。因为组合后的部件往往能够共用某些基本要素。比如连杆、支撑部件等。最后，有时候，组合后的发明相比较组合部件单独工作，还能节省空间。这一优点是顺理成章的，因为组合之后，由于共用某些部件，或者在设计中使被组合的部件以恰当的方式和谐地、紧凑地匹配到一起，组合后大多不会比组合之前体积大或者更加臃肿。

第五，没有并发症出现。

如前所述，组合是有机的整合，虽然说几乎所有的发明都是组合而成的，但是并非所有的组合都能产生有意义的结果。有时候，两个组件单独工作尚且相安无事，但是组合之后不仅没有产生一加一大于二的效果，反而会带来新的麻烦，可以称为一加一小于二的结果。

二战之后到20世纪60年代，美国联邦政府耗费巨资支持了一批美国核动力交通工具的研发，发明人在思维模型中将交通工具和核能源组合起来。就功能组合来讲是非常合理的，尤其是远距离飞行的飞机和火箭迫切需要解决负荷足够动力能源的问题，核能无疑是非常优秀的能源。但是，在美国核动力飞机的研制过程中暴露出来许多问题无法解决。比如如何解决核动力飞行器在太空造成的核污染，如何为处于交通工具中的人员提供有效的绝缘保护，在反应堆中需要的能够承受热和辐射的冲击合力的新的金属合金材料如何获得等。核动力交通工具这种新组合带来一系列的问题无法解决，这个看似美好的思维模型至今尚未实施。

因此，巧妙的组合应该避免组合过后出现并发症，当克服并发症的成本大于组合带来的益处的时候，这项组合的意义就大大降低了。所以发明人需要在构思待组合的功能和机械部件实现的过程中，综合评价组合的价值。

小　　结

厄舍尔和巴萨拉都同意突破和技术发明，他们的新颖性来自已经存在的知识和技术构件的组合，因此技术进步是一个进化的过程而不是一个革命性的过程，技术的进化过程是可以被追溯的。弗莱明讨论了突破性发明的新颖性最可能来自最常见的技术构件的组合，那些构件就广泛地应用在不同的设备中。一项发明具有新颖性，要么是特殊构件进行首次的组合，要么就是已经组合在一块儿的构件在一种新的架构上建立起联结，可以称为重组，组合的构件不变，构件在本发明中的位置改变了。[1]

组合，非常容易理解字面意义，打开一个机器的内部也可以很直观地看到组合的结构，但是组合却在复杂的发明活动中处于核心地位，吸引不同领域的研究者进行长期的思索，这也由此决定了组合过程中包含的深邃的内涵和迷人的魅力，从斯图亚特到阿瑟，将近200年的时间里，研究者对发明的组合模式越来越深入，不断层层揭开组合的奥秘，这些奥秘将引领睿智的发明人在发明活动中，充分利用组合的技巧，高效地做出有意义的发明。当然，其中还有许多问题很难在哲学范畴内研究明朗，比如待组合的部件之间所属领域的远近和组合后的价值之间的关系，待组合的部件之间有无特定的引力等，这些留给后来的经济学研究者去做了。

---

[1] Lee Fleming, "Recombinant Uncertainty in Technological Search", *Management Science*, Vol. 47, No. 1, Design and Development (Jan., 2001), pp. 117–132.

第四章 发明人

发明人,是那些产生新思想、新过程或新产品的人,他们的活动目的是解决一个问题、适应一种环境或者完成一个目标。他们发明活动的方式往往是创造性的、可以实施的、有用的、成本效益好并且能改变技术的一些方面。发明,直接面向发现产品和过程中的新事物和有用的知识的活动,发明是文明进程中最为重要的阶段之一。但是,发明人为什么发明,他们在什么时间发明以及他们如何进行发明?发明人在一项发明的产生过程中究竟处于何等重要的地位?不同时代中发明人群体所受到的教育、性别分布、发明动力等情况有何改变?

在过去的一个世纪里,很多研究集中于发明的组合,累积,逐渐发展进化的模式,以此说明发明不是哪一个人的事情,而是众多发明人不断努力的结果。[①] 发明社会学和技术的社会建构论强调发明是特定社会环境中多种要素相互作用的结果。但是,这并不代表发明人很容易做出一项发明,他们在发明产生过程中是无足轻重的。显而易见,每一项发明在其以物理形态展示给民众之前,它总是以概念形式从发明人头脑中产生,发明人是发明活动的直接执行者。在绝大多数情况下,发明人实际上是绞尽脑汁来构思他的发明和改进的人。[②] 他

---

① S. C. Gilfillan, "The Sociology of Invention: An Essay in the Social Causes of Technic Invention and Some of its Social Results: Especially as Demonstrated in the History of the Ship", Chicago: Follett Publishing Company, 1935.

② A Daniell, "Inventions and Invention", *The Juridical Review*, Vol. 11, 1899, pp. 151 – 172.

们是发明中不可或缺的群体。

发明具有新颖性、有用性、合伦理性，这三个方面的标准对于发明人而言难度是逐级增高的。新颖性是发明的必要条件，但不是充分条件。设计出一个新的东西是很简单的，随机的组合就很可能产生之前不存在的结构，但是要想让发明是有意义、有人乐意采用的，那就需要发明人对需要具有敏锐的感知能力，他们必须拥有巧妙解决问题并构思新事物结构的能力。发明的合伦理性要求发明人具有较高的境界，具有对他人、对社会的责任感，需要发明人具有内在的自我约束。从这个角度来说，发明活动对发明人的外在能力和内在品质都提出了很高的要求。

在不同的时期，发明人所拥有的发明环境条件不同，造就了发明人不同的身份和历史地位。不管哪一个历史时期和身处何种环境的发明人，他们对问题的感知能力，搜集一项发明所必需的技术信息的能力，完善一项发明过程中所需要的创造性思维能力等依然有别于其他人。这些能力不是每个人都具有的，从这个角度来说，发明人是一个特殊的群体。本章将对发明人的历史地位，发明人的特质和发明人与发明的关系等话题展开分析，以期还原发明人的真实面貌。

第一节 发明人的群体分化

一 引言

早期技术研究创新和技术变迁的经济学家认为发明的产生有三种制度：第一是非营利组织，比如大学和政府机构；第二是以追求利益为目的的企业，这些企业自己出资进行技术研发；第三是独立发明。在研究19世纪英国高炉炼钢工业的案例之后，罗伯特·艾伦（Robert C. Allen）提出发明还会产生于第四种方式，即公司之间的相互交流产生集体发明。[①] 由此，根据发明人的活动自由情况可以把发明人群

[①] Robert C. Allen, "Collective Invention", *Journal of Economic Behavior and Organization*, Vol. 4, 1983, pp. 1 – 24.

体分为两大类：雇佣发明人和独立发明人。

雇佣发明人是指受雇于企业、工业实验室、大学和研究院等科研机构的发明人。雇佣发明人在受雇单位中有两种定位：职业发明人（employed inventor）和做出发明的员工（Employee who invents）。职业发明人，是那些专门受雇于企业组织，他们享有雇主单位赋予的特权和赞誉，但是他们的工作任务就是发明，而且职业发明人清楚地知道他们的报酬依赖他们所做出的发明。做出发明的员工，他们被雇用的主要目的不是专门从事发明活动，可能主要从事大量的从设计到销售等工作，他的工作能力和绩效的评价不依赖他的发明能力，发明只是他主要工作任务的附属成果。[1]

独立发明人实质上是私人从业者，他们独立地解决问题，创造出发明并且独立于职业竞技场之外，他们努力将自己的专利推向市场，独立发明人的创造成果即独立发明。独立发明产生过程中所需的资金支持主要依靠发明人自己提供，并且在发明活动中，发明人要么单独工作，要么只有少数的几位助手或者工匠，由于助手或者工匠在发明过程中也会提出创造性的建议，所以他们有时会不自觉地成为发明人的合伙人，他们的试制品多是在自己私人建立的实验室和工厂完成。相比较受雇于企业、公司或科研机构的发明人，独立发明人具有很大的自主性。他们基本上能够不受牵制地投入发明工作，他们依靠自己的敏锐的感知来把握当前的社会需求，并自由地进行发明活动。

漫长的人类发明进程中，独立发明人一直是发明的主要承担者，这种情况一直持续到19世纪末期，美国著名科普作家肯普佛特曾经感慨：最后一位所谓的英雄发明家就是爱迪生！[2] 时间进入20世纪，19世纪的特征迅速消失，企业研究和实验室研究迅速崛起标志着独

---

[1] Florence Essers, Jacob Rabinow, The Public Need and the Role of the Inventor: Proceedings of a Conference held in Monterey, Calting Office, 1974, p. 188.

[2] Waldemar Kaempffert, *Invention and Society*, American Library Association, Chicago, 1930, p. 30.

立发明人的黄金时代的终结。① 独立发明人的比例持续降低，雇用发明人比例走高，许多学者从定性和定量的角度对这一现象做过分析②。发明成为一种过程，大多情况下个人的努力都起不了决定性的作用，占据多数的拥有创造能力的人都被吸收到配备有高端研究设备的研究机构中去了。经济效益好的发明正越来越多地从大企业研究机构中产生。科学和技术领域的研究人员相互协作越来越密切，以前被分成两个领域的功能分界限正在消失，其结果是发明成为机械化的过程，而直观的结果、天才的灵感一类的发明逐渐减少，需要谨慎计划的问题日益增多。就像詹姆斯·B. 科南特（James B. Conant）所说："随着理论在物理学和化学中的发展和实际应用，随着经济主义影响的日趋衰落，发明家将不得不走向消亡。现在几乎不再存在像生活在十八、十九世纪那样孤独的具有代表性的发明家。二十世纪中期，已出现了取代个人发明家的工业研究室和技术发展部。"③ 团体发明人在工业发明中的影响逐渐扩大。

虽然发明出自大多数企业发明组织，多数具有影响力的发明专利权掌握在拥有高水平研发能力的企业组织中，那么，独立发明人真的完全让位于企业中的雇佣发明人了吗？如果没有，独立发明人在当前存在的条件是什么？企业发明人占据主导地位的原因是什么？

二 发明人职业群体类型变化总体趋势

对发明人的情况统计，历来争议颇多，比如选取什么级别发明的发明人才具有意义，哪些发明人便于问卷调查等。从调查的可行性的角度来说，大多数研究者选取已经获得专利权的发明的发明人

---

① Mowery, D. and N. Rosenberg, *Paths of Innovation: Technological Change in 20th Century America*, Cambridge University Press: Cambridge. MA. 1998, p. 13.

② Jacob Schmookler, Invention and Economic Growth, Cambridge, Mass.: Harvard University Press, 1966; Waldemar Kaempffert, Systematic Invention, The Forum, 1923, 70, pp. 2010–2018.

③ ［美］朱克思等：《发明的源泉》，陶建明译，科学技术文献出版社1981年版，第18页。

作为调查样本。经济学家施穆克勒认为对于发明甚至专利发明的统计存在严重的和不可避免的缺陷，就是对发明的价值无法评估。[①] 但是各个国家的情况不同，选取已经产生重要影响或已经商业化的专利发明的发明人作为研究样本的难易程度也各有差异，从调查的可行性的角度来说，大多数研究者依然选取授权专利的发明人作为研究样本。由此，本章借鉴国外不同研究者的研究成果的同时，为了便于进行中外发明情况的比较分析，对于中国独立发明和雇佣发明的统计的时候，依然采用已经授权的发明专利，以进一步来分析发明人的情况。

欧美发达国家专利法实施时间多在200年以上，日本专利法实施也有140年。这些国家在长期的专利制度的影响下，发明人具有较强的知识产权保护的意识，同时，这些国家的专利数据便于反映较长时期的发明人情况。所以，通过专利数据搜集发明人的情况能够较为准确地反映这些国家和地区发明人的职业群体变化态势。

哈佛大学商学院副教授尼古拉斯（Tom Nicholas）通过样本分析和美国专利商标局公报上的数据整理出从1880—2000年美国独立发明和企业发明的比例变化情况。[②] 从尼古拉斯的调查分析（见图4-1）可以看出，独立发明整体呈下降趋势，但是直到1930年，依然有53%的发明专利权被授予独立发明人。在20世纪30年代以后，企业发明所占比重超过独立发明，之后随着独立发明比例的降低，企业发明比例持续上升，到20世纪90年代，独立发明和企业发明比例数据平稳。由于技术发明的机制在发达国家处于相对成熟的阶段，发展中国家也会模仿发达国家的发明机制，所以当前以及未来一段时间内，独立发明和企业发明比例相对稳定的局面应该会持续。

[①] Jacob Schmookler, "Inventors Past and Present", *The Review of Economics and Statistics*, Vol. 39, No. 3, 1957, pp. 321–333.

[②] Tom Nicholas, "The Role of Independent Invention in U. S. Technological Development, 1880–1930", *The Journal of Economic History*, Vol. 70, No. 1, March, 2010.

第四章　发明人

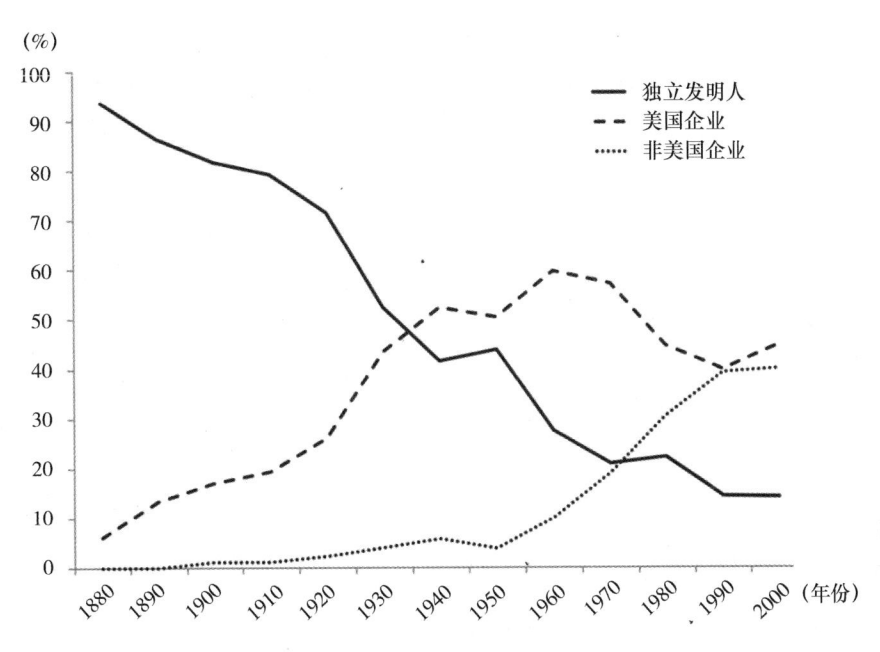

```
(%)
100
 90
 80
 70
 60
 50
 40
 30
 20
 10
  0
     1880 1890 1900 1910 1920 1930 1940 1950 1960 1970 1980 1990 2000 (年份)
```
—— 独立发明人
-- 美国企业
⋯ 非美国企业

图4-1　获得专利权的独立发明和出自企业的发明的比例分布

2001年欧盟委员会设立DG科学技术欧洲委员会（DG Science & Technology of the European Commission）以执行"PatVal-EU"研究计划（PatVal-EU project，项目编号：N. HPV2 – CT – 2001 – 00013）。本研究计划从2001年一直持续到2003年，针对欧洲六国（英国、法国、荷兰、德国、意大利和西班牙）在1993—1997年申请专利优先权的部分发明人作为研究对象，问卷调查样本涉及获得欧洲专利局专利授权的27531项专利的发明人。[①] 研究结果表明，在20世纪90年代，以欧洲六国为代表的发明人中，受雇于企业组织的发明人占到89.23%，和美国同一时期发明人职业情况几乎相同。

中国属于发展中国家，却是具有优秀的发明传统的国家。中国当代技术快速发展更多地集中在改革开放之后，中国以法律的形式来鼓

---

① A. Gambardella, P. Giuri, M. Mariani, The Value of European Patents Evidence from a Survey of European Inventors, Final Report of the Patval Eu Project, Contract HPV2 – CT – 2001 – 00013, 2005, p. 23.

励人们从事发明创造要数 1985 年中国专利法的实施。在过去的 30 年，中国专利申请中实用新型和外观设计专利占据较大比例。发明专利因为包含新技术、新方法和新思路而更能够反映出我国技术发明的实力，也是衡量一个国家技术实力的有效指标。中国专利法中规定受雇于其他单位组织的发明人因为借助于受雇单位的资源所做出的发明，所以专利权属于单位，这种情况称为职务发明。与职务发明相对立的剩余部分就是发明人不受雇于任何组织，独立或者和其他个人合伙所从事发明创造并申请的专利。所以，根据我国国内职务发明和非职务发明的专利情况可以大致分析当前我国独立发明人和雇佣发明人的情况。

图 4-2 是 1997—2010 年我国国内发明专利授权总量和职务发明授权总量统计分析，图 4-3 是 1996—2010 年年度授权职务发明所占总授权发明的份额以及独立发明和职务发明的分布情况。已有数据表明，当前，我国每年授权的发明总量和授权的职务发明总量逐年上升，并且在 21 世纪出现飞速增长的态势。从图 4-2 中可以看出在每年的授权发明数量中，职务发明占据较大比例，职务发明比例较低的是 2000 年，占到 45.2%。21 世纪以来，随着企业、大专院校和科研院所对职务发明的重视，优秀的技术领域的发明人员绝大多数受雇于一些单位。雇佣单位和发明人专利保护的意识也在不断地加强，所以职务发明的数量飞速增长，职务发明所占年度授权发明的比例也逐年上涨，2010 年已经达到 82.5%。代表中国技术发明最高水平的国家技术发明奖获奖人员的情况将单个发明人比例凸显到极致，2000 年到 2015 年 16 年间，中国国家技术发明奖共奖励通用项目 572 项，获奖人次 3329 人，其中只有 6 项发明出自单个发明人之手。

由此可以大致看出，中国和世界其他很多发达国家一样，雇佣发明人占据发明人群体较大比例，独立发明人占据比例目前已经低于 20%，而且未来一段时间，这种态势将依然存在。

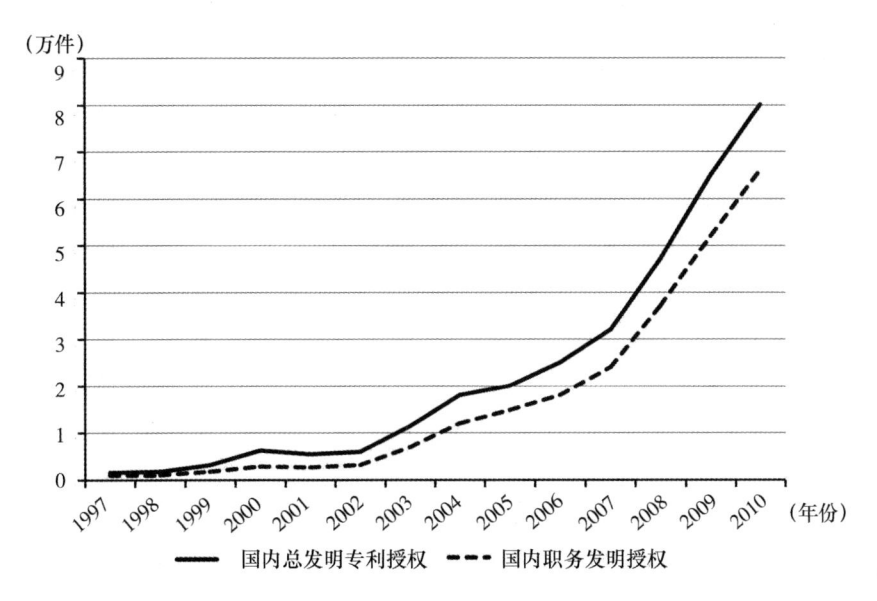

图 4-2 中国 1997—2010 年发明专利和职务发明专利情况

资料来源：根据中国科学技术部发展计划司历年科技年度统计报告中对于我国专利统计分析结果整理制作。

毋庸置疑，19世纪末以前的发明人绝大多数是那些埋头于自家阁楼或地下室进行发明研究的"孤独"的独立发明人。那么在过去的一个世纪里，独立发明人和雇佣发明人的比例出现了颠覆性的变化，在所有的发明和创新过程中，独立发明人只占一小部分，对独立发明人而言，他们的发明被采纳使用愈加不切实际。[①] 出现这种情况的原因有以下几个方面。

首先，19世纪末20世纪初期，随着工业化组织化进程的加快，独立发明人的处境遭遇前所未有的危机。大企业看到了社会的广大需求，感受到新技术的发展带来的收益，它们投入较多资金组织并吸引具有发明特长的发明人到企业研发中去，独立经营的发明人面对企业这样的对手，很多情况下处于下风。

---

① John C. Stedman, "Rights and Responsibilities of the Employed Inventor", *Indiana Law Journal*, Vol. 45, No. 2, 1970, Article 5.

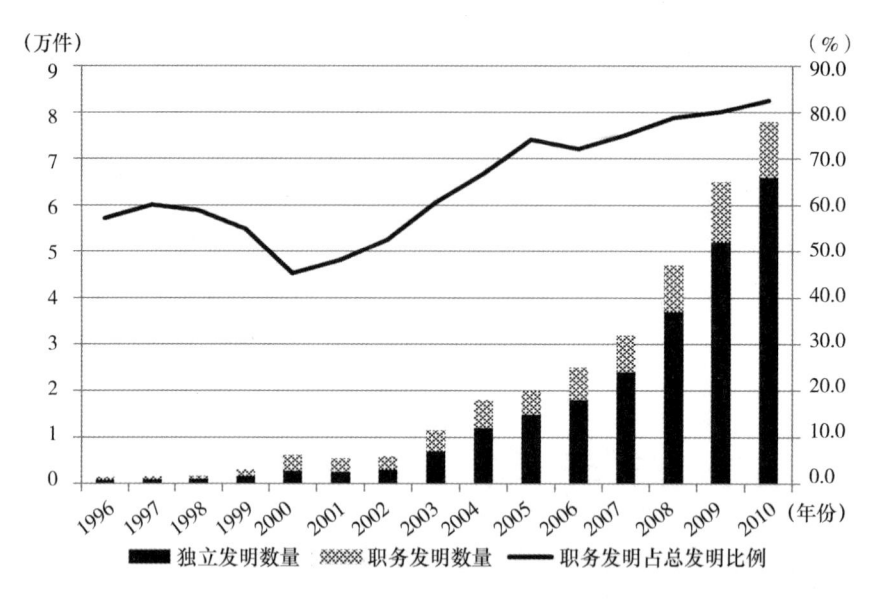

图4-3　1996—2010年年度授权职务发明所占总授权发明的份额

其次，第一次世界大战尤其第二次世界大战期间，用于战争的军事发明成为企业获利的巨大来源，而独立发明人想要做军事发明很难获得政府的先期投入。

最后，第一次世界大战以后，众多工业实验室陆续建立起来，工业实验室具有充足的资金，专门的专利代理人，第一时间抢占技术领地，并且很多发明获得专利权后，其主要目的不是使用，而是用来阻止竞争对手。这种情况下，孤军奋战的独立发明人往往在技术垄断方面吃败仗。只有智慧过人、训练有素的科学家才会有能与这些研究者相抗衡，一般的个体发明者基本没有胜算的机会。[①]

三　雇佣发明人成为主导的原因分析

第一次世界大战前夕，美国的工业实验室至少有100所，但是到

---

① Waldemar Kaempffert, *Invention and Society*, American Library Association, Chicago, 1930, p. 30.

1929年，工业实验室数量已经飞速超过1000所。① 实验室研究的范围包括机器和制鞋、纺织、家具、灯泡、建筑材料、金属、油漆等产品的制造过程。总之一句话，在那个机器时代，人们需要的几乎所有物品都是在或大或小的实验室里被系统地开发出来。② 通过尼古拉斯和PatVal-EU项目的研究结果可以看出，20世纪90年代以来，90%左右的发明人受雇于企业，发明大军已经从原来的单打独斗转向集体作战。受雇于企业尤其是大型企业或工业实验室等组织的发明人成为主导，这是不可否认的事实。那么，经历过漫长发明历史的独立发明人为何在短短的几十年中将大部分空间让位于受雇于企业的发明人呢？

第一，企业公司对发明的重视。大多数公司，不论大的还是小的，只要涉及与技术相关的部分，它们都会致力于发明和创新。总的来说，假如企业的目的不仅仅是生存的话，绝大部分这样的企业未来的发展都会依赖于发明和创新。发明成为这些企业公司结构中的一个重要组成部分，发明影响着企业的发展战略、生产可能性和市场潜力。加州大学欧文分校的路易斯（Luis Suarez-Villa）教授就企业非常注重发明原因方面，揭露出另外一个隐情：多半情况下，企业保持发明并非为了给公司产品提供实质性的技术基础，而是一方面为了给潜在的股东留下好印象，另一方面也为了吸引公众。③ 很多大企业希望在全球范围内具有竞争力，它们不仅需要凭借专利垄断和竞争对手相抗衡，还需要有具有吸引力的新产品占领市场。全球化的技术对市场占有率的竞争推动了企业发明的产生，这也是前所未有的情况。在20世纪后半叶，发明成为企业的商品，发明的增加成为企业降低其

---

① George Wise, *Willis R. Whitney, General Electric, and the Origins of U. S. Industrial Research*, Columbia University Press, 1985, p. 215.
② Waldemar Kaempffert, "Systematic Invention", *The Forum*, Vol. 70, 1923, pp. 2010 - 2018.
③ Luis Suarez-Villa, *Invention and the Rise of Technocapitalism*, Maryland: Rowman & Littlefield Publishers, INC, 2000, p. 65.

成本、提高生产力的重要资本。①

不管怎样，企业对发明的重视，是一个普遍而又现实的情况。为了实现发明的目标，企业必定注重对发明人的吸纳和培养，所以受雇于企业的发明人成为发明的主要群体，是理所当然的。

第二，实验花费的庞大支出限制了个体发明的增长。第二次世界大战战后几十年间，庞大的实验成本限制了个体发明人的活动，个体发明出现停滞，代之以企业发明增长。在很多领域，比如生物技术、微电子技术、医药技术、航空和通信技术领域，发明过程中涉及较多的新发现和成本较高的、精密的实验仪器，这在一定程度上限制了个体发明。

企业研发中心或工业实验室拥有充足的资金，很多优秀的发明人都被吸引到这些机构中去了。不管是企业研发中心，还是工业实验室，雄厚的资金供应是有利于从事发明活动的关键条件，这对有抱负的发明人而言，极具吸引力。比如，在1920年的时候，作为美国领头的专业学术组织的美国物理学会，其中有1/4的会员受雇于工业研究实验室，在两次世界大战之间，通用电气公司和美国电报电话公司分别雇用了该组织的40%的会员。② 企业实验室具有充足的资金并配备价格不菲的实验设备，它们的研发资金来源于企业自己的研究资金、政府投入和其他私人赞助等。受雇于其中的发明人不必花费时间和精力去寻求发明资金。研发单位充足的资金后盾往往是个体发明很难具有的，企业实验室的昂贵且精密的实验仪器也是私人实验室无法相比的。

当发明人面临的发明目标需要庞大的资金作为支撑的时候，独立发明人更是难以承受。1946年5月28日，美国陆军航空队发起了核能飞机推进器（Nuclear Energy for the Propulsion of Aircraft，NEPA）工

---

① Luis Suarez-Villa, *Invention and the Rise of Technocapitalism*, Maryland: Rowman & Littlefield Publishers, INC, 2000, p. 169.

② T. P. Hughes, *American Genesis: A Century of Invention and Technological Enthusiasm, 1870–1970*, Chicago, Chicago University Press, 2004, pp. 180–181.

程,① 但是研究项目一直没有展开,其中除了在技术上充满争议之外,比如辐射对飞行平台性能、航空电子设备、材料等性能以及最重要的飞行员健康的影响,还有一个重要的原因就是没有充足的研究资金,因此这个方案似乎要迷失在无尽的细节争斗和争议中了。但是,1947年,这个方案获得了新生,因为新组建的美国空军决定投入1000万美元的资金用于这个工程的开展。② 1958年初,NEPA工程进入实质性研究,虽然最终项目没有研制出具有可行性的产品,但是美国核动力计划至少花费了4.69亿美元。20世纪60年代末,美国海军决定终止这项计划,同时,美国政府也宣布结束关于使用核动力推进器用于作战飞机的任何重要实验。有很多较为重大的发明工程和NEPA一样,它们很难在独立发明人的实验室中进行。当然,雇佣发明人除了在组织机构中不受发明资金的困扰之外,他们还能够便利地获取知识资源。

第三,发明机构拥有便利的资源共享和研究成果传播渠道。

发明的科技知识的含量在急剧增加,相比较个体发明,工业实验室中的发明出现的周期大大缩短,这是当前发明的总体趋势。一项发明往往涉及多方面的知识,发明能力再强的独立发明人,其知识结构也是有限的,身处发明组织中的发明人则可以在知识上互通有无,快速弥补某些方面知识的不足。一项发明,尤其是结构复杂、知识含量高的发明,在发明过程中往往会分配给不同的发明小组,发明人各取所长。在发明过程中,发明人员的分工明确,沟通便利,资源有效配置。先进的发明组织通过长期探索,建立了良好的知识共享机制。发明人之间建立正式或非正式的合作网络,不仅可以在网络中以及当面进行知识交流,而且可以借助发达的物流条件进行试验样本、发明模

---

① Eugene M. Emme, "Aeronautics and Astronautics: An American Chronology of Science and Technology in the Exploration of Space, 1915 – 1960, United States", *National Aeronautics and Space Administration*, Washington, DC, 1961, p. 45.

② Raul Colon, Flying on Nuclear, The American Effort to Build a Nuclear Powered Bomber, The Aviation History On-Line Museum, 2007.

型等方面的互相交换。

企业或工业研究实验室等发明组织本身具有广泛的信息传播路径,所以它们产生的发明成果更易于在更广泛的范围内传播。反过来,相比较独立发明人,这些发明组织也比较容易获知其他发明组织的信息。

第四,雇佣发明人产生的发明易于被采用或者商业化。从发明社会学的角度来说,相比较独立发明人,出自企业的发明更容易获得社会中多方力量的支持,发明获得商业化的可能性较高。技术的社会建构(SCOT)理论努力打开技术发明的黑箱,它向人们展示了一项发明产生过程中涉及的各种社会力量的博弈过程,这些力量涉及社会需求、经济支持、政府力量、民众支持等。独立发明人力量毕竟有限,而企业组织在复杂的社会网络中具有较强的运作能力。发明通过企业的推动更易于快速商业化,就连爱迪生,也是因为在很大程度上依靠企业组织的支持和群体发明的力量,他才拥有一千多项专利。19世纪70年代,爱迪生是美国西部联合公司的首席发明家,1876年,西部联合公司董事长奥尔顿(William Orton)邀请爱迪生发明电话。在此之前的五年里,爱迪生已经为西部联合公司设计了多种形式的双工电报和四路电报系统,所以奥尔顿为爱迪生的研究安排了经费以支撑其长期的发明研究。[①] 在西部联合公司的资金支持下,爱迪生从他在纽瓦克市(Newark)的电报制造公司抽身出来,在门罗公园建立了他的实验室。

综上所述,企业发明和工业研究小组在发明中的影响日趋增强,雇佣发明人成为当前发明队伍的主导力量。由于组织化的发明和发现能够获得很大的动量,作为单个的革新者在探索领域将很难有机会,他们不得不和越来越多的部署在实验室里的专业研究人员竞争。因此,只有智慧过人、训练有素的科学家才有可能与这些研究者相抗衡,所

---

① Michael E. Gorman, W. Bernard Carlson, "Interpreting Invention as a Cognitive Process: The Case of Alexander Graham Bell, Thomas Edison, and the Telephone", *Science, Technology, & Human Values*, Vol. 15, No. 2, 1990, pp. 131 – 164.

以,新闻记者兼技术史学家肯普佛特(Waldemar B. Kaempffert)曾经断言,在这种发明环境下,一般的个体发明者基本没有胜算的机会。[①] 那么,在雇佣发明人成为主要发明人群体的今天,独立发明人是否真的没有一席之地?

四 独立发明人没有完全退出历史舞台

在技术发明历史上,独立发明人为漫长的技术文明的进步做出巨大贡献,然而在过去的一个世纪,独立发明人在发明人群体中所占比例迅速缩小,这是不可否认的事实,但是,这并不意味着独立发明人群体彻底退出历史舞台。独立发明人包含两个群体:职业的和非职业的,比如爱迪生就是职业的独立发明人,而莱特兄弟则是非职业的独立发明人。职业发明人会花费生活中的大多数时间进行多种类设备的发明,其收入主要来自发明的回报;非职业发明人的典型特征是他们只聚焦于一项发明,发明人的生活依靠来源于他们的其他工作收入。很多情况下,职业和非职业发明人很难区分,有些非职业的发明人由于在某个发明取得成功并得到回报之后转向职业发明人,贝尔就属于这样的情况。但是,不管职业的还是非职业的独立发明人,根据当前主要发达国家有价值的专利的发明人的情况统计,独立发明人依然是发明群体中的一支活跃的队伍,虽然比例相对较小,但是他们与雇佣发明人一同为技术发展、社会进步做出贡献。相比较雇佣发明人所具有的优势,独立发明人往往付出更多的努力,才能取得同样的成就。

半个多世纪前,经济学家施穆克勒就否定独立发明人最终会消失的论断。施穆克勒提出四个主要理由分析独立发明人一直会存在。[②] (1)很多雇佣发明人依然被期待他们能够做自己的发明。这些发明或许不是雇佣单位给定的任务,但是人们期待雇佣发明人在工作之外

[①] Waldemar Kaempffert, "Invention and Society", *Reading with a Purpose Series*, No. 56, American library association, Chicago, 1930, p. 30.

[②] Jacob Schmookler, "Inventors Past and Present", *The Review of Economics and Statistics*, Vol. 39, No. 3, 1957, pp. 321 – 333.

发挥自身的特长，做出有意义的发明。（2）还有一小部分重要的发明来自大专院校的职工，他们在自己的科研岗位上，凭借自己的知识和专长做出的发明也是人们所期待的。（3）不管何种情况下，广大公众的发明力量都不可小觑，就算在当前，也依然能够看到普通公众的发明在不断地进步，不断地被使用，人们没有理由希望这样的发明终止。（4）外行发明人从没有消失，而且随着教育水平的提高和人们闲暇时间的增多，以及自己动手（do-it-yourself）运动的影响，人们有理由相信外行发明人做出好的发明的概率将不断提高。这四个方面，到今天依然可以作为独立发明人不会缺失的理由。

当前以及未来很长一段时间里，在多种力量的驱使下，独立发明人依然承担重要角色。

首先，独立发明人的发明成果对社会进步产生着影响。

独立发明人的专利授权占据一定比例。研究者在对欧洲有价值的专利统计后发现，大约有三分之一是一位发明人独立完成的，[①]可能这些发明人受雇于某些组织，但是他们对这项发明具有独立的贡献。此外，虽然这个专利数据反映出团队在当前发明活动中占据大部分发明人群体，可是同时也显示出一定比例的发明依然来自发明人的独立活动。很多商业化的新技术都来自独立发明人。[②]从已有的统计数据来看，独立发明人的成果较大比例上被采用。

在 PatVal-EU 项目研究中，研究人员对欧洲部分地区获得专利的发明的情况进行统计汇总，比较大企业（员工超过 250 人）、中小企业（员工少于 250 人）和私人研究机构的发明使用情况。[③]通过对规模不同的企业专利的使用情况进行横向比较后发现，大企业的发明专利中有一半用于本企业内部使用，授权给别的生产商使用或者同时授权给

[①] Paola Giuri, Myriam Mariani, et al., "Inventors and Invention Processes in Europe: Results from the PatVal-EU Survey", *Research Policy*, Vol. 36, 2007, pp. 1107 – 1127.

[②] R. Stephen Parker, Gerald G. Udell, "The New Independent Inventor: Implications for Corporate Policy", *Review of Business*, Vol. 17, No. 3, Spring 1996, pp. 7 – 11, 34.

[③] Paola Giuri, Myriam Mariani, et al., "Inventors and Invention Processes in Europe: Results from the PatVal-EU survey", *Research Policy*, Vol. 36, 2007, pp. 1107 – 1127.

别的生产商以及自己内部使用的专利占据9.2%,用于阻止竞争对手的专利占到21.7%,未实际使用的专利占19.1%,也可以理解大企业59.2%的专利进入实际使用阶段,40.8%的专利没有使用。对于中等企业来说,已经实施的专利占到75.8%,小企业则有81.6%的专利被采用。私人研究机构中,58.3%的专利进入使用阶段,这个比例和大企业的专利使用情况很接近。所以,很多研究者都认可这一小部分的独立发明人的研究成果对社会进步做着重大的贡献。[①]

朱克斯(J. Jewkes)等研究了20世纪前半叶的50项重大发明,发现其中一半以上都是由独立发明人创造出来的,在这个意义上,发明人所做的事情并非总是公司导向的研究。[②] 相当一部分发明依然来自没有工业实验室研究经验的个人。并且,许多来自公司实验室的发明也并不是用发明来系统地解决问题的结果,而是其他方向工作的结果。

其次,发明的不确定性给予了独立发明人和雇佣发明人同样的机遇。

企业组织和研发实验室没有完全主宰发明领地,其中有一个重要原因就是发明是一件最不确定的活动。发明的不确定性体现在许多方面。发明过程中,无法预测会出现什么问题或意外情况,也无法预测面对出现的新问题是否可以解决。有时候在头脑中构思好的发明,在实践中未必能够达到预期的效果,很多发明从概念出现到最后完善成型,都要经历反复的漫长过程,这个过程中随时都会产生不可预料的事情。当然,相比较探索一项新的发明而言,改进型发明的不确定性要相对小一些。

虽然社会学家奥格本分析当社会文化和技术遗产达到一定程度,

[①] Christopher A. Cotropia, "The Individual Inventor Motif in the Age of the Patent Troll", *Yale Journal of Law and Technology*, Vol. 12, No. 1, 2010, Artical 2, p. 33.

[②] J. Jewkes, D. Sawers and R. Stillerman, *The Sources of Invention*, London: Macmillan & Co., 1958.

某项发明必定会产生,① 但是发明产生于哪一位发明人的头脑依然是无法准确预测的。机遇对发明人而言,依然在一定程度上起着作用,聪明又幸运的独立发明人获得发明机遇的概率或许不亚于身处良好配备的研究机构的发明人。

再次,独立发明人的发明成果是企业发明的重要补充。

自古以来,独立发明人的研究成果在社会上产生巨大影响的例子就不少见,市场也有机会利用众多有创造能力的发明人来创造出新思想和新发明。鉴于一个新产品的研发过程经常要涉及较高的成本,而外部的新产品思想和发明对企业有限的资源或者即可产生新产品的需求是一个重要的补充。虽然企业外部的资源不能够替代内部的研发,但是独立发明人的发明成果可以帮助降低创新成本和寻找开发新产品的时间。

最后,独立发明人受到逆境的刺激以及荣誉感的激发而热心发明。

有时候这些创意天才受到逆境的刺激会产生强烈的发明欲望,他们以很大的决心和适应力来回应刺激,发明者坚持一种理念:他们相信自己可以改变现实,并使其他人能够有效地工作和提高生活质量。对很多独立发明人而言,获得承认远比取得利润更加重要。独立发明人虽然在资金、实验设备、从发明到创新等方面都存在许多困难,但是独立发明人仍然会继续为创新做贡献,他们通常通过完善技术改进与制造业、商品、服务以及与他们日常工作行为密切相关的产品。②

结 语

独立发明人从未谢幕,他们的发明活动是社会进步的有力支撑。

---

① William F. Ogburn and Dorothy Thomas, "Are Inventions Inevitable? A Note on Social Evolution Source", *Political Science Quarterly*, Vol. 37, No. 1, 1922, pp. 83 – 98.

② Luiz Stephany Filhoa, Elda Fontinele Tahima, etc. , "From Invention to Innovation—Challenges and Opportunities: A Multiple Casestudy of Independent Inventors in Brazil and Peru", *AI Revista de Administração e Inovação*, Vol. 14, 2017, pp. 180 – 187.

尤其是在技术发展指数较低、在研发和创新领域投入不足的发展中国家，独立发明依然发挥着非常重要的作用。① 独立发明人对发明的热烈追求，使他们将有可能一直活跃在发明的舞台上。中国在建设创新型国家的道路上，也不能忽略独立发明人的力量。因此，在政策的制定上，应该对独立发明人有所兼顾，比如设立用于扶持独立发明人的专项资金，因为资金问题常常是独立发明人面临的最现实也是最严峻的问题，在发明没有市场化之前的很长一段时间里，独立发明人都无法从他的发明中得到回报。鼓励独立发明人的发明成果参加评奖，在雇佣发明人和独立发明人的成果水平相当的情况下，允许优先奖励独立发明人，因为独立发明人通常会面临更多的困难，付出更加艰辛的努力。

在不同的时期，发明人所拥有的发明环境条件不同，造就了发明人不同的身份和历史地位。不管哪一个历史时期和身处何种环境的发明人，他们对问题的感知能力，搜集一项发明所必需的技术信息的能力，完善一项发明过程中所需要的创造性思维能力等依然有别于其他人。从这个角度来说，发明人是一个特殊的群体。

在技术发明的历史进程中，发明的驱动力在不同的发明人那里各有不同，其中，像大多数科学家着迷于自然界的奥秘一样，一些发明人对新技术亦充满执着。很多独立发明人在没有其他资金、可遇见的回馈的驱动下，他们依然对发明孜孜不倦，人类对未知事物的好奇心和热情是独立发明人存在的根本原因。人的想象力很大程度上和已有的知识、经验、阅历相联系，在知识、文化可以全球化交流的今天，人们的视野不断扩大，想象力会不断增强。有理由相信"一切皆有可能"的理念会推动具有发明热情的普通人进入发明行列，独立发明人的比例在未来是否呈现上升的趋势，这是个未知数！

---

① Luiz Stephany Filhoa, Elda Fontinele Tahima, etc., "From Invention to Innovation—Challenges and Opportunities: A Multiple Casestudy of Independent Inventors in Brazil and Peru", *AI Revista de Administração e Inovação*, Vol. 14, 2017, pp. 180–187.

发明哲学

第二节　发明人在发明活动中的地位

发明人不同于数学家、工程师和制造者，发明人集脑力劳动和体力劳动于一身，他们本身所必备的许多有助于发明的气质是独特的。对发明人的认识经历了早期的发明神启、发明英雄理论和反对发明的伟人理论之后，当前对发明人的认识基本统一于这样的观点：发明人不需要特殊的天赋，发明也不是瞬间闪现的火花，发明是众多发明人长期共同努力的结果。1867年德克斯的《发明哲学》可以看作开创了对发明进行哲学思考的先河，在之后的一个多世纪里，许多研究者在发明人是否具有特殊的天赋能力这一观点上摇摆不定。[1] 那么，发明人在发明活动中的地位该如何给予恰当的界定，他们是否不可或缺？

虽然每个人的创造力强弱有所差异，但是就目前庞大的人口数量来讲，创造力强的人依然是一个不小的群体。所以，从创造力角度来说，能够从事发明活动的人不在少数。但是，这并不等于说发明人可以是任意的普通人。发明只能出自某些发明人之手。发明的方向、频率和效能取决于这些发明人的精心组织的活动，和发明人的绝对数量、智力、道德品质、发明动机的强度、分配给发明的自由时间、思维和所配备的机械设备等因素成一定的比例。[2] 为什么每一项发明都出自某位或几位发明人之手，而不是众多人。创造力只是发明的必要条件，而非充分条件。某项发明恰好选择了它的发明人很多情况下都并非出于偶然。发明人是不可或缺的，因为发明人具有独特的气质，这些独特的气质，可以很好地解释为什么发明选择了它的发明人，而非别人。

---

[1] 吴红：《发明社会学——奥格本学派思想研究》，上海交通大学出版社2014年版，第168页。

[2] S. C. Gilfillan, *The Sociology of Invention*, *Supplement*, Cambridge, Massachusetts, the M. I. T Press, 1970, p. 10.

第四章 发明人

一 发明人是必需的，源于发明人的独特气质

发明的英雄理论会使人们产生一个误解，似乎某项发明和它的发明人存在绝对的因果必然性。而且关于发明人是有功劳的人因此应该被积极鼓励的观点会有一个附带的影响，就是会局限我们对发明人地位和功能的认识。在绝大多数情况下，发明人实际上是一个绞尽脑汁来构思他的发明和改进的人。[①] 发明不断地被创造出来，每一个发明都必须拥有它的发明人，尽管一个设备可能展示出多元化的发明，也或许不同的发明人独立发明出相同的设备。但是，发明的产生总是要经过发明人的大脑，然后经过发明人或者专业设计者之手将其展现出来，所以发明人是不可或缺的。

发明人的气质是发明人体现出来的有利于发明的特质，而非天赋的能力或者特殊的智力。发明人的气质不存在神秘的成分，它只是每个人不同的特征，而这些特征中恰好是发明活动所需要的条件。在恰当的社会环境的诱导下，发明人的气质和某项发明出现的契机不谋而合，发明出现的概率大大提高。发明人独特的气质主要包括发明人对问题敏锐的感知能力、高效的解决问题的技巧，再加上有利于保持持续钻研活动必要的人格因素。

第一，发明人对问题敏锐的感知能力。

发明是为了调试人与自然环境之间的矛盾而产生的新技术，所以发明的产生很大程度上源于问题。社会发展进程中，每天都有问题产生，遗憾的是只有少数的问题被人们及时地感知到。发明人往往具有对问题敏锐的感知能力，也正因如此，发明也只在那些特定的发明人手中产生。对问题的感知能力，一方面是具有问题意识，时刻保持对周围事物的兴趣和敏感度；另一方面某位发明人首先感知到哪一个领域的问题或者需要，很大程度上取决于发明人的知识背景和经验阅

---

① Alfred Daniell, "Inventions and Invention", *The Juridical review*, Vol. 11, 1899, pp. 151-172.

历。很难想象，一位从来没有见过汽车的人，在看到汽车的第一眼就能准确地说出汽车的缺陷和驾驶员的需要。优秀的发明人善于寻找发明机会，而对问题感知不敏感的人往往对社会需要视而不见，这就是为什么唯独那些卓越的发明人在社会强烈的需要中迅速地发现问题并抓住发明的机会。

相比较职业发明人爱迪生，电话发明人贝尔可以列为外行的群体。贝尔主要的工作是聋哑学生的教师，同时，贝尔还是波士顿大学演讲学的教授。他的父亲亚历山大·梅尔维尔·贝尔（Alexander Melville Bell）因1868年发明用于教聋哑人说话的方法的可视语音系统而享有盛誉。贝尔看到他父亲的发明广泛投入使用并且奠定了一定的科学基础，1871年贝尔寻求用电的和机械的方式产生元音。他很快投入多路电报问题的研究中，[1] 因为在19世纪中期，所有商人都异常青睐可以快速传递信息的电报机。到19世纪70年代中期，电报技术很大部分被美国西部联合公司（Western Union）垄断。西部联合公司当时建设国际电报网络，但是它们面临严重的技术和经济的困境：当需要传递的信息量增加的时候，网络增长带来的成本和复杂性增加得更快。为了应对这个问题，电报巨头鼓励发明人开发各种新设备，包括几个信息可以同时通过一个线路传输的问题。1872年，西部联合公司采用了约瑟夫·斯登（Joseph Stearns）双工电报系统，这个情况很快表明名利正等待发明四路或者八路信息传输电报机的发明人。[2]

1872年10月，贝尔阅读了廷德尔（John Tyndall）的一本关于声学的著作，此外，他还研读了波士顿公共图书馆藏的廷德尔的一本电学著作。同一月份，在波士顿举行的盛大的科学普及讲座中，廷德尔进行最后一场关于光传播的波动理论的讲座，贝尔有幸听到廷德尔的讲座。由此，声波和电流的波动理论最终成为贝尔获得巨大成功的核

---

[1] David A. Hounshell, "Bell and Gray. Contrasts in Style, Politics and Etiquette", *Proceedings of the IEEE*, Vol. 64, No. 9, 1976, pp. 1305–1314.

[2] Robert Luther Thompson, *Wiring a Continent: A History of the Telegraph Industry in the United States, 1832–1866*, Princeton, NJ: Princeton University Press, 1947, pp. 421–426.

心理论。① 所以当贝尔在报纸上看到斯登的双工电报的报道之后,他立即意识到他应该利用自己的声学知识设计多路电报。1874年,贝尔设计出他的"竖琴设备",竖琴设备中的金属片的振动可以在磁线圈中产生波动电流。贝尔在他的多路电报和电话的许多试验中插入这个设备作为一个关键部件。竖琴设备的设计来自贝尔语音学的知识,作为聋哑学生的老师,对发声、声波的传播和接收等问题理所当然成为他日常工作思考的话题。

由此可见,具有问题意识的发明人,善于捕捉身边的信息,发现人们的需要,找到需要解决的问题。在他们已有的知识条件具备的情况下,被感知的需要很快转化为清晰的问题,在想要解决问题的欲望的驱动下,具有抱负和雄心的发明人则很可能会快速进入发明过程。

第二,发明人拥有的创造性解决问题的能力。

发明就是一个解决新问题的过程,大量成功的发明案例都得益于发明人创造性解决问题的能力和技巧。创造性解决问题的能力是一个很难界定的概念,因为每个人解决问题都有一套或者数套方法,没有哪两个人经历完全相同的发明过程和思维过程。发明活动过程中,随时出现的意外情况具有不确定性,因此需要发明人拥有较强的随机应变的能力。虽然创造性解决问题的能力是一个笼统的概念,但是我们依然可以从不同角度来理解它。创造性解决问题的能力包含两个方面:创造性解决问题的技巧和较强的创造性思维。

创造性解决问题的技巧有很多,有些技巧已经经历众多发明人的实践检验后被归纳成固定的模式,② 还有一些技巧是发明人自己独特和习惯的方法。比如,美国发明人奥斯本(Alex F. Osborn)在20世纪30年代开创了头脑风暴的发明技巧,被很多大企业研发组织采用;

---

① Robert V. Bruce, *Bell: Alexander Graham Bell and the Conquest of Solitude*, Ithaca: Cornell University Press, 1973, 1990, p. 93.

② Elspeth McFadzean, "The Creativity Continuum: Towards a Classification of Creative Problem Solving Techniques", *Creativity and Innovation Managent*, Vol. 7, No. 3, 1998, pp. 131 – 139.

爱迪生的典型的启发式——材料追踪（draghunt）方法，① 很多发明家也经常使用，比如贝尔。发明人在后天的成长、教育和研究环境中逐渐形成各具特色的解决问题的技巧，是他们的发明利器。当面对需要解决的问题的时候，发明人首先需要选择一个恰当的创造性解决问题的技法，不同的问题需要不同的发明技法。②

发明人的创造性思维是创造性解决问题能力的关键部分。阿瑟在论述发明的组合模式中指出，发明的核心在于发现合适的可行性解决方案，即"看见"合适的工作原理。有时候原理显而易见并容易借鉴，它会自然而然地呈现。但是大多数情况下，它需要进行深思熟虑的心理联想，那好似一个在头脑中进行的链接过程。这种心理链接过程就是心理联想，即发明的核心。③ 创造性思维包含很多种思维方式，联想只是其中的一种，不同的发明人擅长使用不同类型的思维。但是不管怎样，创造性思维是发明人在发明活动中使用最为频繁的工具，有些发明构思产生于长期的苦苦思索，有些发明结果则产生于短暂的思维链接，也就是人们通常所说的灵感的火花。

第三，优良的心理特征。

一个富有创造力的人，具有健康的情感、坚强的意志、积极的个性意识倾向性、刚毅的性格和良好的习惯等特征。④ 优良的心理特征是发明得以完成的有效保障。此处所谓的优良的人格因素指有助于从事发明活动的发明人的性格特征，主要包含良好的动机、对事物的好奇心、坚忍不拔的恒心和毅力、创新的精神等。恩格斯曾指出"就个

---

① Michael E. Gorman, W. Bernard Carlson, "Interpreting Invention as a Cognitive Process: The Case of Alexander Graham Bell, Thomas Edison, and the Telephone", *Science, Technology, & Human Values*, Vol. 15, No. 2, 1990, pp. 131 – 164.

② Elspeth McFadzean, "The Creativity Continuum: Towards a Classification of Creative Problem Solving Techniques", *Creativity and Innovation Managent*, Vol. 7, No. 3, 1998, pp. 131 – 139.

③ ［美］布莱恩·阿瑟：《技术的本质：技术是什么，它是如何进化的》，曹东溟、王健译，浙江人民出版社2014年版，第134—135页。

④ 贾绪计、林崇德：《创造力研究：心理学领域的四种取向》，《北京师范大学学报》（社会科学版）2014年第1期，第61—67页。

别人说，他的行为的一切动力，都一定要通过他的头脑，一定要转变为他的愿望的动机，才能使他行动起来"①。动机是发明人进入发明活动的动力基础，高尚的发明动机是发明人做出合伦理性发明的力量。发明人对事物充满好奇，才会有可能发现问题、追踪问题然后寻找答案。发明往往不是一蹴而就，一项发明很可能要经历漫长的探索过程，在探索过程中许多步骤可能需要反复进行。因此发明活动时常需要发明人恒久的毅力和不轻易放弃的决心，那些能够坚持到最后的发明人才成为真正的发明人被载入史册。创新的精神是发明人应具有的基本性格特征，发明人对问题的敏锐的感知，对答案的苦苦追寻都需要创新的精神作为驱动力，这是不言而喻的。

发明人优良的心理特征从哪儿获得？根据当前的生理学和心理学的研究成果，人的心理特征受到三大要素的影响：遗传素质因素、社会环境因素、后天教育习得因素。其中，遗传素质因素是人格形成的基础和前提，社会环境因素是人格的外界影响因素，后天教育习得因素是心理特征形成发展的主导因素。发明人的心理特征的塑造具有很大的随机性，这和发明人的成长和教育环境相关联，这些必要的心理特征基本上都不是发明人从小被刻意地朝着发明家的目标去培养的，而是他们所具有的这些性格特征满足了发明人的心理特征的条件而已。

发明人的气质不是神秘的天赋能力，也并不稀有，这些气质是发明人所具有的，不是发明人所特有的。这些特质中的某些方面在很多人身上都会不同程度地体现出来，只有当这些特质汇集在某位发明人的身上，他恰好又身处满足发明所出现的必要的环境条件中，这种情况下，发明的出现就是不可避免的了。所以，表面上看，发明人选择了发明一个新东西，实质上则是发明选择了它的催生者。

二 发明人是必需的，但是并非仅仅需要某个特定的发明人

大多数技术发明史都是发明人的历史，当人们列举影响人类重大

---

① 《马克思恩格斯选集》第4卷，人民出版社1972年版，第247页。

的发明的时候，伴随罗列的一定是那些熠熠生辉的天才发明家的名字：爱迪生在他门罗公园的实验室中发明了灯泡。贝尔在他自己家的实验室中发明了电话，莱特兄弟在他们的自行车店里发明了飞机等。于是人们头脑中被刻下了这样的烙印：如果没有爱迪生，我们还会在黑暗中摸索；如果贝尔没有出生，我们的远距离即时通信不知道是什么样子；假如莱特兄弟没有发明飞机，人们长途跋涉依然需要靠火车。事实上，历史并非如此，特定的发明活动不属于某一位发明人专有。发明需要发明人的努力劳动才能被催生出来，所以发明人是不可或缺的，但是，并非某一位特定的发明人是不可或缺的。

首先，拥有发明特质的不是个人，而是一个群体。

如前所述，发明人的特质在很多人身上都会体现出来，拥有发明特质的不是特定的个人，而是一个群体。某一项发明的产生，大多情况下不需要非常特殊的发明人，具有相同条件的发明人往往不止一位，只不过在一些社会偶然因素的促成下，某位发明人做出了他的发明。所以一项发明出自哪位发明人之手是存在一定的偶然性的。

其次，社会文化催生多重发明出现。

在1878年9月爱迪生首次宣布他发明的灯泡的时候，已经有索伊（William E. Sawyer）、布拉什（Charles F. Brush）、马克西姆（Hiram S. Maxim）、威斯顿（Edward Weston），以及别的一些发明人在同时进行灯泡的研究了，仅在1877年，索伊就申请三项关于灯泡的专利。[①] 1876年2月14日，在贝尔的电话专利申请的同一天，职业发明家格雷的专利律师也向美国专利局提交关于他的电话专利的声明（Caveat[②]）。[③] 莱特兄弟的发明也是在前人飞行器的基础上做出的改

[①] Jr George Westinghouse, "A Reply to Mr. Edison", *The North American Review*, Vol. 149, No. 397, 1889, pp. 653 – 664.

[②] 这个声明并非正常提交的专利申请程序的文件，而是发明人以文件的方式正式通知专利局他已经产生这个即将用于实践的设想，并且随后就会申请专利，这种方式有利于别人剽窃发明人的设想。

[③] David A. Hounshell, "Elisha Gray and the Telephone: On the Disadvantages of Being an Expert", *Technology and Culture*, Vol. 16, No. 2, 1975, pp. 133 – 161.

进，并且在莱特兄弟的飞机在北卡罗来纳的基蒂霍克（Kitty Hawk）飞上天之后的很短的时间里，就被别的发明人设计的飞机所超越。类似的例子数不胜数，并且统计数百个重大的发明之后发现，几乎所有的发明在同一时间内都有两组或者几组发明人在同时为之努力钻研。发明显示的重要部分在于它是一种社会现象，而不是个人的现象。①所以，培根说："所有的创新，都是时代的产物。"②

默顿（Robert K. Merton）对多重独立发明的经典研究表明，发明的产生不仅仅是某位发明人做了一项创造性的工作，而是恰当的时代和社会条件。③奥格本和托马斯博士曾经细致整理了148项具有重大影响力的发明，发现绝大多数发明都是两个或两个以上的发明人独立发明出来，极少有哪一个发明是由某位发明人独立构思出来，而同一时期这项发明没有被别的发明人所关注。④还有研究者质疑，还有很多微小的发明没有被研究，是否和那些重大发明一样也存在多重发明的现象呢？专利诉讼案例的经验数据表明，在相同或相似发明设想的专利争论的案例中，只有低于百分之十的相同发明源于抄袭，百分之九十以上的相同发明都是多重独立发明。⑤所以，多重发明是发明活动中的普遍现象，可想而知，造成这一现象的原因则不是偶然出现的意外因素。

对于技术人工物的双重属性理论方面，胡克斯和梅耶斯提出人工物本体论的两个标准：不充分决定论和现实性制约。不充分决定是

---

① Mark A. Lemley, "The Myth of the Sole Inventor", *Michigan Law Review 2011 – 2012*, Vol. 110, pp. 709 – 760.

② Francis Bacon, "Of Innovations, in Essays or Counsels Civil and Moral, (1625), Reprinted in 1851", *with Copious Notes and Notice of Lord Bacon* by A. Spiers, ph. D., London: Whittaker and Co., 1851, pp. 102 – 103.

③ Robert K. Merton, Singletons and Multiples in Scientific Discovery: A Chapter in the Sociology of Science, 105 PRoc, AM. PHIL. Soc'Y 470, 470 (1961), p. 473.

④ Ogburn, W. F. and Thomas, Dorothy, "Are Inventions Inevitable? A Note on Social Evolution Source", *Political Science Quarterly*, Vol. 37, No. 1, 1922, pp. 83 – 98.

⑤ Christopher A. Cotropia and Mark A., Lemley, Copying in Patent Law, 87 N. C. L. Rev., 2009, pp. 1421 – 1466.

指，一个人工物可以有不同的功能，一个功能任务也可以由不同的人工物来完成；现实性制约表示一项功能任务可以通过任何人工物来实现，但是一个人工物不可能拥有任何功能。① 所以，当社会需求出现时，可能不止一位发明人感受到了某一需求，他们在相互不知情的情况下解决问题，根据技术人工物的不充分决定论，多重独立发明的出现就是在所难免的了。

对于多重独立发明的现象最有影响力的解释就是文化的影响。文化可以分为物质文化和非物质文化，社会需要，人们对事物的看法等。社会习俗等属于非物质文化，技术性的事物属于物质文化。奥格本提到过：设想一下假如爱迪生是50万年前的穴居人，四路多工电报机、灯泡和其他900多项发明能和他的名字联系在一起吗？很清楚，是不可能的。另外，假如爱迪生不曾出生，毫无疑问这些设备也很有可能被别人发明出来，因为每一个发明都根植于过去的技术成果之上。② 所以产生一项发明所必需的已有的技术基础是发明产生中不可或缺的物质文化部分。今天，"需求不是发明的唯一之母"的观点已被普遍接受，但是需求依然是发明产生过程中非常重要的因素，需求的出现源自社会非物质文化。处于某一时期和时代条件下的人们同时都会感受到社会需求，因此会有不止一个发明人寻求满足需求的解决方案。由此可见，当社会文化发展到一定阶段，某项发明的出现就具有必然性，因为在每一个时期都不缺少天才。所以，就算瓦特没有出生，在同一时期，也会有别人改进纽可门机，英国工业革命的车轮照旧会前进。

再次，发明通常是一个渐进的过程，而不是一系列离散的创意在孤立的状态下被构思出来。

斯蒂格勒（George Stigler）讨论了经济学中每一个主要思想都是

---

① W. Houkes and A. Meijers, "The Ontology of Artifacts: the Hard Problem", *Studies in History and Philosophy of Science*, Vol. 37, 2006, pp. 118 – 131.

② 吴红：《发明社会学——奥格本学派思想研究》，上海交通大学出版社2014年版，第98页。

先前别人提过的或者至少是别人暗示过的。[1] 创新的渐进性质意味着发明更可能同时发生,因为两个发明人正在前人的工作的基础上逐步建设自己的新思想,这是本领域知识累积到一定程度之后就会在逻辑上进行的下一个步骤。[2] 一个孤立的天才的火花可能会在任何时候闪现,而在一个多阶段的发明性过程中,后面的思想往往是在前面的发明基础上产生的,这也意味着最初闪现的火花不见得是不可或缺的最重要的一个,一个思想的价值往往来自后来的不同发明人的雕琢和提炼,并以不同的方式改进它。许多历史案例表明,很多发明涉及渐进性的过程,知识历史只是选择突出和拔高了发明链条中第一个发明人的关键的一步,而忽略了后来其他人对这项发明的发展贡献。

又次,发明是建立在不可变的物理法则(physical principles)基础上的事实,意味着发明人在某些特定的方向上寻求答案。

发明人的工作不仅受到物理学和化学的制约,也受到他们所知晓的物理法则的制约。[3] 同时性的发明来自共享的知识,当我们的世界知识稀缺或者新知识被严格保密的时候,就只有很少的人能处于发明的位置,发明相对的就很稀少,同时性的发明就更少了。但是,当可以获得和使用的人类的知识不断增长的时候,发明人的数量也相应增多并且同时发明的可能性就会增长。当前,每天都有不计其数的新思想产生,其中有相同或相近的发明出现就是理所当然的了。

最后,理性发明让更多的普通人成为职业发明人。

不管我们如何看待发明人的发明能力的神秘性和独特性,有一点是我们必须承认的,那就是每一天都有大量的发明产品涌现出来,在这些发明的背后是数量可观的正在行动着的发明人。从人们的一般认识来讲,具有发明天才能力的人是稀少的,但是当前的情况显示的发

---

[1] George J. Stigler, "The Nature and Role of Originality in Scientific Progress", *Economica, New Series*, Vol. 22, No. 88, 1955, pp. 293–302.

[2] Amy L. Landers, "Ordinary Creativity in Patent Law: The Artist Within the Scientist", *Missouri Law Review*, Vol. 75, No. 1, 2010, pp. 62–63.

[3] Mark A. Lemley, "The Myth of the Sole Inventor", *Michigan Law Review*, Vol. 110, 2011–2012, pp. 709–760.

明人群体却是庞大的，原因在于普通技术研究人员被训练转化成职业发明人是高度可能的。

在漫长的技术发明史中，由瞬间灵感或者意外事件而产生的发明常被当作典型发明事件，以此来证明发明的神秘性和发明人的特殊性，还有一小部分发明来源于科学实验中的错误，① 虽然这些情况下产生的发明占据较小的比例，但也属于发明的一种情况，我们可以称为自发性发明。自发性发明通常具有突发性、不可预测性和不可重复性。相对于自发性发明，另一部分占据较大比例的发明是发明人为了满足社会需求而有目的寻求新技术的结果，这一类发明可以称为理性发明。理性发明是一个系统思维过程，发明人对问题的发掘、寻求解决问题的途径以及试验都是自觉的。目前，企业研发中心或工业实验室中的系统化、组织化的发明基本上都是理性发明，企业根据市场需求制定产品开发的目标，技术开发人员被组织进入发明团队，按照程序化的模式进行新技术和新产品的开发，技术开发人员在这种工作过程中逐渐被训练成职业发明人。

普通技术研究人员在转化成职业发明人的过程中，发明人的特质和素养被逐渐培养建立起来。他们在工作的压力下会主动塑造发明人的特质，比如经济、职位、声誉等压力。发明人可能会积极主动地去发现问题和感知社会需求，改进现有产品的缺陷，从别的领域借鉴新材料新工艺并应用到已有的产品中去，他们不得不磨炼自己的恒心和毅力，他们甚至不敢半途而废，因为这是他们必须完成的工作。当前真实的情况反映了这种训练的结果，就是确实那些技术人员每天发明出大量的新产品，所以在系统化和组织化发明的今天，没有哪一位特定的发明人是无可替代、不可或缺的。

综上所述，发明人既是伟大的，因为没有他们，就没有那些让我们的生活变得更加美好的新产品，因此发明人是发明活动中必需的行

---

① Steven Johnson, *Where Good Ideas Come from—the Natural history of Innovation*, New York: Riverhead Bokks a member of Penguin Group (USA), Inc., 2010, pp. 129 - 148.

动者；发明人又是平凡的，因为并非每一项发明只能绑定某一位发明人，当社会文化发展到一定程度，就算发明人甲不去思考某项发明，也会有发明人乙去思考，当然假如发明人甲和乙都不曾关注这项发明的话，也会有其他的发明人去探索。因此，几乎在每一个时期，都有两个或两个以上的发明人或发明团队同时独立地专注于一项发明，历史证明了这一点，当前以及未来，这种情况也将会延续且有过之而无不及，因为理性发明越来越成为新技术产生的主导。

第三节 发明人的教育背景

众所周知，发明的产生受到多种因素的影响，想要更深入地了解发明的本质，发明人的背景情况是不能忽略的内容，发明过程受到很多因素的影响，而发明人的教育情况、性别分布、年龄和发明动机等和发明的效率具有一定的相关性。[1] 本节首先对发明人的教育背景展开分析。

任何一项发明都包含着或多或少、或成熟或新产生的知识，就算是天才发明人也不会在出生时就满腹学识，因此，任何发明人都需要接受具有重大意义的教育。在众多富有传奇色彩的发明家传记中，时常给读者造成一种假象，就是发明家的教育并不是那么重要，因为爱迪生小学就辍学了，美国航空先驱奥维尔·莱特（Orville Wright）和威尔伯·莱特（Wilbur Wright）都只读到高中，蒸汽机发明人瓦特也仅仅在读完相当于中学教育的语法学校（Grammar school）就开始了自己手工劳动的生涯。但是，伴随着技术进步产生的知识累积，每一项发明几乎都不可避免地建立在已有的技术知识基础上，就像牛顿在1676年写给胡克（Robert Hooke）的信中所说的："如果我看得更远一点的话，是因为我站在巨人的肩膀上的缘故"，所以发明人需要掌

---

[1] K. B. Whittington, L. Smith-Doerr, " Women Inventors in Context ", *Gend. Soc.* 22, 2008, pp. 194 – 218.

握越来越多的知识才能完成社会迫切需要的发明。

一 发明人教育背景的统计情况

目前，已有很多研究集中于发明人的受教育情况，其中多以对发明人的教育背景进行统计分析。由于发明人群体庞大，人员构成和分布复杂，所以哪些发明人最能代表发明人群体，一直以来很难清楚划定。目前，已有的研究在对发明人的群体选取上，基本上可以分为两大类型：普通专利发明人[1]和产生重大影响[2]或取得重大成功的顶级发明人[3]。这两类群体的背景情况的统计相对而言比较容易完成。对于普通专利发明人，通过专利局相关文献即可以联系上对应的发明人，取得重大成功的发明人可以通过技术发明史或者发明人名录一类的文献搜集发明人的背景情况，这也是许多研究者选取诺贝尔奖获得者作为研究对象的原因。这两类发明群体的选择各有其不足：普通专利发明人所做的贡献无法评估，他们的发明对社会的意义也无法判定；取得重大成功的发明人数量很小，他们往往站在学术的最顶层，花费了巨额的科研资金而取得比例不匹配的少量的发明，这些重大的发明对社会进步做出了贡献，但是社会的发展需要更多微小的发明来共同推动。所以，我们需要折中地看待这两类发明人群体背景反映出来的情况。

为了从事具有实际意义的发明，发明者必须拥有一些基础科学知识和特殊领域的知识，发明者所受的教育必然为他们的发明活动提供可以抽取利用的要素。但是，发明人的学历层次决定了他们的发明能力吗？为了解答这些问题，美国专利局审查员罗斯曼针对452位专利权人

---

[1] Joseph Rossman, *Industrial Creativity*: *the Psychology of the Inventor*, New Hyde Park, New York: University Books, 1964.

[2] Stefano Brusoni, Gustavo Crespi, et al., The Value of European Patents Evidence from A Survey of European Inventors, Final Report of HE PATVAL EU PROJECT, Contract HPV2 – CT – 2001 – 00013, January, 2005.

[3] William J. Baumol, et al., "The Superstar Inventors and Entrepreneurs: How Were They Educated?" *Journal of Economics & Management Strategy*, Vol. 18, No. 3, Fall 2009, pp. 711 – 728.

的教育背景进行统计分析,这 452 位发明者分别在 1927 年、1928 年或者 1929 年获得四项以上专利权,统计结果似乎也显示出(见表 4-1),在发明者这个特殊群体中,关于发明的强度方面,相比较高中和中小学毕业生,大学教育只对发明者带来轻微的优势。大学毕业的占据 54.9%,他们只拥有总专利数的 58.7%,然而,占样本 23.0% 的初中小学毕业的发明者却拥有 24.6% 的专利;同时,占据了总人数的 17.5% 高中毕业的发明者获得 11.4% 的专利。罗斯曼用这一统计的结果来证明:学校教育的背景和专利的集中程度之间没有明确的关联。[①]

表 4-1 罗斯曼关于 20 世纪 20 年代专利发明者教育背景的调查结果

(单位:人,%,项)

教育背景	专利权人数量	百分比	获得总的专利项	百分比
大学	248	54.9	12248	58.7
高中	79	17.5	2369	11.4
初中或者小学	104	23.0	5128	24.6
没有接受学校教育	21	4.6	1114	5.3
总计	452	100.0	20859	100.0

资料来源:根据 Rossman, Joseph, "A Study of the Childhood, Education, and Age of 710 Inventors", The Journal of the Patent Office Society, Vol. 17, No. 5, 1935, pp. 411-421 的调查结果整理而来。

对著名发明者进行统计研究的成果也较为丰富,其中具有代表性的是纽约大学斯特恩商学院鲍莫尔(Willam J. Baumol)所做的工作,[②]他根据一些名人传记和百科全书中的史料选取了过去 600 年中的著名发明家、企业家和发明家—企业家(比如爱迪生)共 513 人作为研究

[①] Rossman, Joseph, "A Study of the Childhood, Education, and Age of 710 Inventors", The Journal of the Patent Office Society, Vol. 17, No. 5, 1935, pp. 411-421.

[②] William J. Baumol, et al., "The Superstar Inventors and Entrepreneurs: How Were They Educated?", Journal of Economics & Management Strategy, Vol. 18, No. 3, Fall 2009, pp. 711-728.

对象，其中纯发明家有378位，地域范围涉及英国、美国、英国以外的欧洲国家、中国以及其他国家，对这些发明人的教育背景统计结果如表4-2所示。

表4-2　　1400—1985年出生的著名发明者所受教育背景统计　　（单位：人）

教育背景	1800年以前出生	1800—1899年	1900—1985年
高中	76	76	96
大学	71	61	89
硕士	33	15	54
博士	7	30	50

资料来源：根据鲍莫尔（William J. Baumol et al.，"The Superstar Inventors and Entrepreneurs: How Were They Educated?" Journal of Economics & Management Strategy，Vol. 18，No. 3，Fall 2009，pp. 711-728）的研究结果整理而来。

以上数据显示，20世纪以来，较大比例的发明人受到良好的教育，尤其是高层次的硕士和博士学历的教育比例相比较20世纪以前具有大幅增长。同时，综合鲍莫尔、施穆克勒[①]的研究结果，我们可以大致比较出生在20世纪前20年美国普通成人、专利发明人[②]和著名发明人的受教育情况（见表4-3）。

表4-3　　出生于1900—1920年美国著名发明人、普通专利
　　　　　发明人和美国公民的平均教育水平　　（单位：%）

教育背景	著名发明人	专利发明人	美国公民
高中	93.5	—	42.5
大学	78.5	50	8.0

---

① Jacob Schmookler，"Inventors Past and Present"，The Review of Economics and Statistics，Vol. 39，No. 3，1957，pp. 321-333.

② 施穆克勒统计美国专利1953年10月到11月美国专利商标局专利公报上刊出的没有确定授权的专利发明人的情况。根据已有的研究，发明人平均年龄在30—50岁推测的话，他们出生在1900—1920年，由此便于和其他统计横向对比分析。

由表4-3的数据可以看出,在相同的时间段中,普通专利发明人拥有大学学历的比例要远远高于普通公民,而著名发明人中拥有大学学历的又高于普通专利发明人。

罗斯曼的调查对象的选取没有考虑发明成果是否商业化,伴随产生的是对发明的价值无法评估的缺陷,同时对发明人的贡献也无法测量。但是这个调查研究的对象的特征反映了普通发明人的一般情况,数据显示的是发明人群体特征的一个边界数据。鲍莫尔研究发明人群体取样相近的研究反映出为社会发展做出重要贡献,但是数量极少的另外一个极端发明人群体,他们的特征反映了发明人群体特征的另外一个边界数据,由此,恰好可以借助两个边界数据覆盖的范围来更为客观地分析整个发明人群体的教育情况。

二 教育层次和发明的关系

(一)受教育的层次与发明人的发明能力没有必然的关联

罗斯曼对发明人的教育背景的统计表明,学校教育的背景和专利的集中程度之间没有明确的关联。从申请专利的发明人情况来看,与占据54.9%的大学毕业发明人拥有总体专利数的58.6%相比,占样本23%的中小学毕业的发明者拥有24.6%的专利,中小学学历的发明人的发明能力没有和大学学历的发明人的发明能力之间表现出差异。在发明人所具有的特质中,不论他们所具有对问题的感知能力,还是创造性解决问题的能力,以及发明人的创造力等因素中都没有提及知识的层次即发明人受教育的层次。已有的研究和整个技术发展史已经说明,发明人的知识和他们的发明能力之间没有线性的关系。

(二)受教育的层次影响发明成果的层次

20世纪之前,在独立发明盛行的年代,许多发明人并没有经历过专业的高等教育,但是他们依然做出了重要的发现和发明,这是由历史条件所决定的。个人英雄发明家所处的时代是近现代科学和技术不断被挖掘的年代,已有的科学和技术知识处于"原始积累"阶段,发明人在简单的物理学的基础上或许就可以建立起新的发明,这也可以解释为什么瓦特和莱特兄弟可以完成他们的发明。但是,近代科学和技术经历几百年尤其是近一百年的累积,目前已经形成庞大的知识系统,当前的发明人所拥有的知识层次或者说他们接受教育的层次很大程度上会影响他们的发明成果的层次。

几乎所有的研究都表明随着时间的推移,发明人群体达到大学、硕士甚至博士水平的比例越来越高。这一事实表明,技术的发展已经使技术自身愈加复杂,愈加先进,因此要求发明人想要做出突破性的进步就需要首先经历更加先进的教育。发明的产生模式有两种较为有说服力的观点,一种观点是社会学家和人类学家研究的成果,即发明产生于先前存在的知识基础之上,这些知识不仅包含科学知识、技术知识,还包含其他的各类知识;另一种观点认为发明来自科学上的新发现。这两种理论都有大量的发明案例来支持,它们是技术发展中并存的发明产生的模式。不管哪种模式都说明了一个问题:发明和知识尤其是科学和技术知识是密不可分的。

发明建立在先前的知识基础之上的模式暗示了发明人掌握的已有知识的层次决定了他们的发明层次。琼斯认为,发明是要在已有的知识基础上添加新的要素,[①] 所以发明人不仅需要学习掌握日益累积起来的知识,还要站在更高的角度创造新的知识。同时,日益先进的技术对发明人所拥有的技能提出越来越高的要求。[②] 试想当前一个从来没有读过大学甚至没有接受过电子和通信专业知识的人,很难会做出移动电话的发明。这个难度由两种情况决定:一是他具有较小的机会进入移动通信设备的研究发明机构,因此从事团队合作发明的机会几乎没有;二是如果他个人独立发明,则需要花费较长的时间补充基础知识和当前最新的专业知识,即便这些知识

---

① Benjamin F. Jones, "The Burden of Knowledge and the 'Death of the Renaissance Man': Is Innovation Getting Harder?", *Rev. Econ. Stud*, Vol. 76, 2009, pp. 283 – 317.

② Stephen Machin, "The Changing Nature of Labour Demand in the New Economy and Skill-Biased Technology Change", *Oxford Bulletin of economics and Statistics*, Vol. 63, 2001, pp. 753 – 776.

的补充都完成了，他做出新发明，新发明的测试以及通过和大型信息技术公司的产品竞争之后进入商业化，其难度可想而知。当前，虽然接受过较高等级学历的教育的发明人未必一定做出高技术含量的发明，但是没有接受过高级学历教育的发明人几乎很难做出高技术含量的发明。

发明源自科学上的新发现的发明模式同样要求发明人拥有高等教育的背景。科学上的新发现往往建立在较为前沿的知识和先进的试验设备基础之上，所以新发现意味着新的和前沿的知识。没有接受过高等级教育的发明人对最新科学发现的把握本来就较为困难，要想在新发现的基础上产生新技术发明，可能性则会更低。

综上所述，发明人群体越来越成为掌握知识量较大的群体，虽然他们所接受的教育程度和他们的发明能力之间没有必然的关联，但是发明人所掌握的知识层次会限制他们发明的层次。

第四节　发明人的动机

发明日趋成为一件高度系统化、复杂性的活动，由于发明活动是新技术被创造出来的过程，之前没有准确的经验和原型可以复制，所以发明活动本身带有一定的风险，发明的结果具有很大的不确定性。可是即便如此，每天依然有大量的发明涌现出来，那么发明人为什么参与发明活动，甚至不惜为了发明而心力交瘁？他们发明的驱动力来自哪儿？

一　发明人的内部动机和外部动机

动机涉及精神、方向、持续性和等效性，所有的这些都是激发意图的各个方面。动机一直是心理学领域中核心和长期的问题，因为动机是生物、认知和社会规范的核心，或许更重要的是，在现实世界中，动机被高度重视，因为它的后果是：激发起行为。尽管动机常常被视为一个单一的概念，甚至一些表面的思考暗示人类行为

发明哲学

的改变是受到很多不同类型的因素影响的，其过程和结果都具有高度的可变性；但是，人是能被激励的，因为人们能够被长远的利益或者短期的好处而敦促采取行动，所以，动机是人类行动决策中重要的影响因素。

动机的来源主要分为两大类，内部动机和外部动机。内部动机是行为的目的在于内在满足而不是其他可以分离的结果，当一个人在内部动机激励下去从事某种行动，他的目的是乐趣和自我挑战，而不是因为外部的刺激、压力或者奖励。外部动机是一个动力结构，它适用于任何想要获得一些可以分离的结果的活动，外部动机和内部动机形成鲜明的对比，内部动机仅仅是为了享受活动本身，而不是它的工具性价值。[1] 有些人行为的动机来自自我施加，有些人的动机仅仅来自外部的条件制约。通过对这两类群体比较分析发现，相比较外部制约，内部动机更让行动者感觉到有趣、兴奋和充满信心，而这些反映又反过来增强行动者的执行力、持久力和创造力。[2] 外部动机包含外部规范（external regulation），即对行为的奖惩规范的服从（introjected regulation），自我介入，集中于得到自我或者他人的认可（identification），有意识地对活动进行评估，对目标的支持和追求（integrated regulation），对目标进行分层整合，内化成自身的动力；内部动机分为兴趣、享受和内心的满足。[3] 发明人的内部动机主要产生于自我激励，外部动机集中于发明之外的别的来源，目的或者压力。那么，现实世界的发明人的动机主要来自内部动机还是外部动机呢？根据类似的发明群体在不同的时期中他们的动机情况来分析。此处选取美国普通发明人群体在20世纪20年代和21世纪初两个时期的发明动机的调查结果来做说明。

---

[1] Richard M. Ryan and Edward L. Deci, "Intrinsic and Extrinsic Motivations: Classic Definitions and New Directions", *Contemporary Educational Psychology*, Vol. 25, 2000, pp. 54–67.

[2] K. M. Sheldon, et al., "Trait Self and True Self: Cross-role Variation in the Big Five Traits and Its Relations with Authenticity and Subjective Well-being", *Journal of Personality and Social Psychology*, Vol. 73, 1997, pp. 1380–1393.

[3] Richard M. Ryan and Edward L. Deci, "Intrinsic and Extrinsic Motivations: Classic Definitions and New Directions", *Contemporary Educational Psychology*, Vol. 25, 2000, pp. 54–67.

罗斯曼针对20世纪20年代末的美国专利发明人进行调查统计后发现，他们的发明动机来自多个方面，[①] 如表4-4所示。

表4-4　　20世纪20年代末美国发明人的动机调查结果　　（单位：%）

发明动机列项	有效百分比	动机分类
热爱发明	27.18	内部
渴望改进现有发明	26.62	内部
经济上获益	23.52	外部
需求	16.62	外部
渴望获得成就	10.28	内部
工作的一部分	8.31	外部
威信和声望	3.80	外部
利他的原因	3.10	外部
发明可以让人更省事（懒惰）	0.85	外部

资料来源：根据［美］罗斯曼《工业创造力——发明家心理学》（Joseph Rossman, *Industrial Creativity: the Psychology of the Inventor*, New Hyde Park, New York: University Books, 1964, p.152.）整理而来。

从以上统计可以看出，发明人的动机列项排序中，排在最前两位的对发明的热爱和渴望改进都是内部动机，相比较而言，排在第三位和第四位期望通过发明从经济上获益和满足人们的需求的外部动力稍弱于内部动机，从整体上看，内部动机的有效百分比合计为64.08%，而外部动机的有效百分比总计为56.2%。

80年后，斯坦福大学哲学博士希拉·亨德森（Sheila J Henderson）针对美国著名企业中的发明人进行发明动机的问卷调查，[②] 得出发明人的动机来源（见表4-5）。

[①] Joseph Rossman, *Industrial Creativity: the Psychology of the Inventor*, New Hyde Park, New York: University Books, 1964.

[②] Sheila J. Henderson, Correlates of Inventor Motivation, Creativity, and Achievement, A Dissertation of Stanford University, for the Degree of Doctor of Philosophy, 2002, pp.77-79, http://www.researchgate.net/publication/245536347.

表4–5　　　　　21世纪初美国发明人的动机调查结果

动机的重要程度排序	发明动机列项	动机分类
1	征服问题，个人能力体现	内部
2	有趣	内部
3	好奇心	内部
4	享受发明过程的愉悦	内部
5	为别人带来帮助和支持，让世界更加美好	内部
6	创造精神	内部
7	热爱发明	内部
8	体现成功和个人地位的上升	外部
9	个人独特性的体现	内部
10	物质的获得	外部

资料来源：根据亨德森的调查报告（2002）整理而来。

通过表4–5中的发明人动机的排序可以看出，在21世纪，位列前10位的发明人的动机中只有两种是外部动机，排在第8位的和第10位的，发明人认为自己发明的原因是想要获得个人成功和地位的上升以及通过发明获得物质回馈。除此之外，影响发明人动机的其余8种因素都属于内部动机，这些动机主要集中于发明人个人内部对发明活动的热爱和追求，而非发明以外的其他有形或无形的别人给予的利益。

二　发明人的内部动机成为当前发明活动的主要动力因素

发明涉及一系列认知和情感过程，这些过程遵从发明人多种内部动机的满足，而不仅仅是外部条件的刺激。已有的研究表明，发明人的内部动机往往和他们较高级别的创造力相关联，尤其当发明人怀有利他和有利社会的动机的时候。① 由此可以合理地解释为什么当前在

---

① Grant Adam, James W. Berry, "The Necessity of Others is the Mother of Invention: Intrinsic and Prosocial Motivations, Perspective Taking, and Creativity", *Academy of Management Journal*, Vol. 54, No. 1, 2011, pp. 73–96.

发明人的调查结果中，内部动机占据发明动机的主导。从技术的社会建构理论这个角度上来理解发明的产生应该更多的是由外部制约促成而非发明人一个人的力量，发明则在表面上显示出更多的是功利主义。但是实际上，发明的社会建构理论更大程度上是从发明的外围来解释发明概念需求的提出、发明概念的行程和发明由谁来执行的问题，真正就发明概念和结构的建设即实质性的发明活动来讲，则是发明人的创造力和发明人所拥有的创造性解决问题的能力来决定的。从这个层面上来讲，发明的执行很大程度上得益于发明人的内部动力即对发明的热爱和探索新事物的好奇心的驱使。这和发明的社会建构理论并不矛盾。

发明人群体是一个非常特殊的群体，他们的发明活动的进行和工程师完成一项工程、工人执行完既定的劳动任务还有很大差异。已有的大量研究证明内部动机往往能促进人的创造力，而外部动机则会在一定程度上阻碍人的创造力。[1] 就算是没有强烈的外部制约，仅仅存在一些外部的目的对发明人产生影响的话，发明人的创造力也会受到破坏。当个体受到内部动机的激励时，他的一些创造性、复杂性、挑战性等特质和征服体验的机会就会被找到并得到发挥，这些特点通常出现在一些人享受玩耍、娱乐或闲暇放松的时间阶段中。当个体采用外部动机的时候，由于活动主要集中于和通过任务的完成达到某些期望的目标，因此一些特点如可预测性、简单性就会出现，这种情况通常出现在完成工作、职责或者一些犯罪活动中。[2]

由此可以为发明人、教育者、发明人雇主和管理者提供一些重要的建议：第一，发明人想要进行高效的发明活动，应该加强自我内部动力，激发自己对发明活动的热爱，保持对新事物的好奇心，将自身

---

[1] T. M. Amabile,"Motivation and Creativity: Effects of Motivational Orientation on Creative Writers", *Journal of Personality and Social Psychology*, Vol. 48, 1985, pp. 393 – 399.

[2] T. S. Pittman, J. Emery, A. K. Boggiano, "Intrinsic and Extrinsic Motivational Orientations: Reward-induced Changes in Preference for Complexity", *Journal of Personality and Social Phycology*, Vol. 42, 1982, pp. 789 – 797.

的创造潜能实现出来并让个人价值得到体现。同时，发明人活动是一项普通也很伟大的活动，发明人在为人类创造新技术的过程中，要尽量弱化外部条件的吸引，甚至学会将外部制约转化为内部动力。第二，对于发明人的雇主或者管理人员来说，要清楚发明人高级别的创造力的激发更加依赖于其内部动机。所以作为雇主和管理者来讲，避免一味地或者片面地强调发明活动的后期奖励或者其他回报，而是要从情感上和发明达到一致，激发发明人的内部动机。第三，对于教育者而言，想要培养卓越的发明人，要注意在人们受教育阶段就要培养他们的创造性、好奇心、对发明活动的热情、自我价值的体现和征服难题的决心，以及为他人带来益处的社会责任感。这些内部动机融入个人的内部情感并塑造成发明人特质的一部分。

第五节 发明人的年龄情况

年龄是发明人的一个关键特征，对影响学术业绩的生命周期感兴趣的研究者一直非常关注发明人的年龄特征。针对学术研究者的年龄与其业绩产出之间的关系的研究较为丰富，但是针对发明人的年龄特征考查的文献则较为薄弱。[1] 目前已有针对欧洲发明人[2]、日本发明人[3]、诺贝尔奖获得者[4]和美国以及基于名人百科全书或文库收录的发明人[5]进行发明产出年龄分布的特征研究。这些研究选择的群体大

---

[1] Taehyun Jung, Olof Ejermo, "Demographic Patterns and Trends in Patenting: Gender, Age, and Education of Inventors", *Technological Forecasting & Social Change*, Vol. 86, 2014, pp. 110 – 124.

[2] Paola Giuri, Myriam Mariani, et al., "Inventors and Invention Processes in Europe: Results from the PatVal-EU Survey", *Research Policy*, Vol. 36, 2007, pp. 1107 – 1127.

[3] J. P. Walsh, S. Nagaoka, "Who Invents?: Evidence from the Japan—US Inventor Survey", *RIETI Discussion Papers*, 2009 – E – 034.

[4] 门伟莉、张志强：《科研创造峰值年龄变化规律研究——以自然科学领域诺奖得主为例》，《科学学研究》2013年第31卷第8期，第1152—1159页。

[5] 杨中楷等：《重大技术发明产出年龄分布特征研究——基于美国发明家名人堂数据》，《科学学研究》2015年第33卷第3期，第347—352页。

体上可以分为两大类：一类是各国专利数据库中的大众发明人；另一类是产生重大发明成果的发明家，比如诺贝尔奖获得者或者在世界范围内产生重要影响的发明人。已有的研究对当前人们了解发明人的年龄特征具有重要的参考价值，但是也存在一些问题。一方面，专利数据库中的广大发明人能够代表普通发明人群体，但是由于各国专利的实施率差别较大，即使像美国、日本这样的创新型国家，依然有很大一部分专利没有实施，其中不乏没有实质性价值的专利，对这一部分专利发明人年龄数据的统计，可能无法反映出真正为人类做出贡献的发明人的特征。另一方面，诺贝尔奖获得者以及入选美国发明家名人堂的来自世界各国的几百位发明家则代表了另一个发明人极端群体，他们做出了极其重大的发明，但是群体数量较少，并且来自不同的地区和国度，发明人所处的文化环境具有很大差异，所以把这一群体作为研究对象，未必能够代表广大发明人的群体特征。

在国内，一些研究者也曾关注中国科技人员的年龄状况，尤其是在重大科学技术领域做出杰出成就的科研人员。中国科学技术信息研究所和北京万方数据股份有限公司对1985—2011年度国家科学技术奖励的第一获奖人员进行年龄、性别的统计分析，发现获奖人的平均年龄二十年来并无明显变化，获奖人员以男性为主。[①]危怀安、钟书华对我国"九五"期间获得国家科技奖励的人员的年龄状况进行统计分析，研究结果表明45岁以下的中青年学者成为我国科技研究队伍的主力军。[②]问题在于，这些研究都是统计了科研人员的"获奖年龄"而非"发明年龄"。中国国家科学技术奖励的对象都是已经经过实践检验并获得良好经济效益的成果，所以发明人获奖时候的年龄并非发明完成时的年龄，获奖年龄的变化情况并不能反映出中国发明人的年龄特征。

---

① 《1985—2011年度国家科学技术奖励数据统计及分析白皮书》，人民日报经济社会部科技采访室、人民网科技频道联合发布，2012年。
② 危怀安、钟书华：《国家科技奖励获奖人员的年龄结构分析》，《科技进步与对策》2008年第25卷第1期，第180—182页。

美国西北大学凯洛格商学院（Kellogg School of Management）的琼斯（Benjamin F. Jones）教授根据知识的累积现象提出发明人年龄呈现不断增长趋势的论断。[①] 那么中国重大技术发明人的年龄变化趋势如何？是否符合琼斯论断呢？如果不符合琼斯论断，那么可能的原因是什么？本书将选取中国重大技术发明人作为研究对象，统计分析他们的年龄特征并检验琼斯的论断。

一 发明人群体选择与发明年龄获取方法

著名教育家陶行知在他的《创造宣言》中提出："处处是创造之地，天天是创造之时，人人是创造之人。"从这个概念上来说，发明无所谓大小，人类在任何时间段都具有发明创造能力，所以发明人应该分布在任何年龄阶段和每一个专业领域。但是，为了对应琼斯所选取20世纪拥有重大发明成果的发明人，本书也尽量地选取当前阶段得到公认的中国重大技术发明的创造者作为调查统计的对象。

（一）发明人群体选择

中国拥有漫长的技术发明史和优良的发明传统，中国古代技术发明对世界文明进程做出了巨大贡献。近代以来，由于封建社会思想的困囿和外国列强的入侵，中国的技术发明步伐严重滞缓，为了激发中国技术工作者的发明热情和对他们的发明成果给予肯定，从1963年到1999年，国家根据不同时期社会发展和科学技术研究的特点，先后颁布了《发明奖励条例》（1963）、《中华人民共和国发明奖条例》（1978）和《国家科学技术奖励条例》（1999）三个文件，对我国技术发明人员的奖励制度不断进行完善。1999年颁布的《国家科学技术奖励条例》明确规定：国家技术发明奖授予运用科学技术知识做出产品、工艺、材料及其系统等重大技术发明的中国公民而非组织。重大技术发明应当具备三个条件：（1）前人尚未发

[①] Benjamin F. Jones, "Age and Great Invention", *The Review of Economics and Statistics*, Vol. 92, No. 1, February 2010, pp. 1–14.

明或者尚未公开；（2）具有先进性和创造性；（3）经实施，创造显著经济效益或者社会效益。① 国家技术发明奖体现了当前中国技术发明奖励的最高级别，发明获奖者也代表了我国重大技术发明人群体。因此，本书选取2000年至2015年间获奖发明人作为研究对象，对他们的发明年龄进行统计分析，从中挖掘中国重大技术发明人的年龄特征。

（二）发明人的发明年龄获取方法

20世纪之前，发明大多由独立发明人完成，所以每一项技术完成的时候，发明人的年龄很好确定。近16年以来，国家技术发明奖97%的奖项授予了群体发明人。所以每一项发明无法只对应某一位发明人。但是，由于国家技术发明奖获奖项目往往都是科学技术含量较高的重大技术进步，一项发明中包含多个重要的技术结构，因此说每一位获奖人都完成了一项发明的话也不为过。

自从1999年国务院对发明奖励进行重大修改以来，国家技术发明奖在过去的16年中共授予通用项目一等奖14项，二等奖558项，每一项发明的获奖人不能超过6人，获奖者共3329人次。根据每一项获奖发明的完成时间来获取对应发明人的发明年龄，不考虑重复获奖的情况。我们通过发明人获得奖励的年份只能得到发明人的获奖年龄而非发明年龄，即发明人完成此项发明时的年龄。因此，为了获得精确的发明人的发明年龄需要知道两个信息：发明人出生年和发明完成年。每一项获奖的重大发明往往要经过基础研究、设备研制、技术开发和应用研究的艰苦历程，这些发明的研究时间长、参与人员多，并且涉及多项专利技术，确定发明完成年份并非易事。因此，这两类信息的统计采用以下多种途径相结合的方式进行。

（1）查询发明人所在单位官方网站上公布的发明人信息。国家科技奖励网站上有每年的获奖项目、获奖单位和获奖人员的姓名，结合这些信息，最便捷的途径是到发明人所在单位的官方网站公布的发明

---

① 引自2015年8月22日，中国科学院网站（http://www.cas.cn/ky/kjjl/jxjj/gjjsfmjjj/）。

人个人信息页面查询。近16年间国家技术发明奖的获奖人绝大多数都是中青年科研骨干，他们目前仍然是其所在行业的一流专家，他们的个人简介大都呈现在其所在单位尤其是大学的官方网站上。这种途径最容易准确获得发明人的出生年，但是对于发明的完成年几乎没有帮助。

（2）从对发明人的公开报道中提取信息。每年国家技术发明奖公布之后的一段时间里，各大期刊、报纸、网络等媒体竞相采访报道获奖者或获奖团队的典型事迹，从这些公开报道中能够发现部分获奖项目的完成时间。例如，《中国计量》期刊于2001年第7期刊出题为《攻关莫畏难：记标准电池创新者——胡衍瑞研究员》的报道，报道中明确写道："中国计量科学研究院胡衍瑞研究员积40年的专业知识和科研实践，锲而不舍，于1997年研究成功'可倒置抗震高精密标准电池'，荣获2000年国家技术发明二等奖。"由此可以确定获奖项目"可倒置抗震高精密标准电池"的发明年是1997年。

（3）从发明人发表的学术论文中查询个人信息。根据获奖发明人的姓名、工作单位和专业领域，基本上可以在比如中国知网、万方这样的数据库中搜索到他们若干年以来发表的论文。国内大多学术期刊在刊出论文的时候，都会有"（通讯）作者简介"一栏，由此可以确定发明人的出生年。

（4）中华人民共和国科学技术部以及各省级科技厅官方网站发布的关于项目验收、项目研究和获奖情况的报告。许多获奖发明的前期研究都来自省部级以上科研项目的资助，有的甚至是国家863计划等专项资金资助的研究成果，这些研究成果最终都要接受项目来源单位的验收，因此在众多技术验收通告里面，可以筛选大量发明的完成时间。比如中国农业科学院官网在2014年5月26日发布，获得2011年国家技术发明奖二等奖的"后期功能型超级杂交稻育种技术及应用"技术研究起止时间是"1988年1月—2007年12月"，此处，可以选取2007年12月作为本项发明的完成时间。

在过去16年中，获奖项目中只有6项授予独立发明人，绝大多数都授予了群体发明人。每一个发明人在完成整项技术中的某一部分贡献的准确时间是很难分割界定的，因为一项重大的技术发明在经历理论探索、试验研究和应用研究这个漫长而复杂的过程中，每一位发明人都会涉及其中。从这个角度来说，一项发明的完成时间可以看作这项发明的所有发明人的发明时间。发明人的出生年月和发明完成年确定之后，用发明年减去发明人出生年即可得到发明人的发明年龄。通过以上几个方面的调查统计和计算，最终确认了2013位发明人的信息，占总发明人群体的60.47%，数据基本上能够反映发明人群体的普遍特征。

二　中国重大技术发明人的年龄分布状况

中国国家技术发明奖励条例规定，除了具有重大影响和意义的发明以外，每项申报的技术其发明人最多不超过6位，发明人按照技术贡献的大小排序。下面，我们从发明人的平均年龄分布、最佳年龄分布和按照技术贡献大小排序的年龄分布三个角度来了解中国重大技术发明人的年龄情况。

（一）中国重大技术发明人的平均年龄分布

通过对中国重大技术发明奖获奖人的发明年龄统计分析（见图4-4），我们发现在过去的16年中，中国重大技术发明人的平均年龄值一直比较平稳，没有呈现明显的年龄增长或下降的趋势，并且年度平均年龄没有出现大的波动。最高平均年龄出现在2002年，平均数是44.03岁；最低平均年龄值是40.81岁，出现在2011年。从2000—2015年的16年间，中国重大技术发明人平均年龄是42.43岁。发明人平均发明年龄的线性趋势线公式为：$y = 0.0056x + 42.477$，这意味着即使时间推移100年，发明人的平均发明年龄才会增长0.56岁，这种增长几乎可以忽略。但是统计结果显示出一个有趣的现象，那就是女性发明人的平均发明年龄要低于男性，而且女性发明人在获奖排名中大都比较靠后，其中原因也值得深入研究。

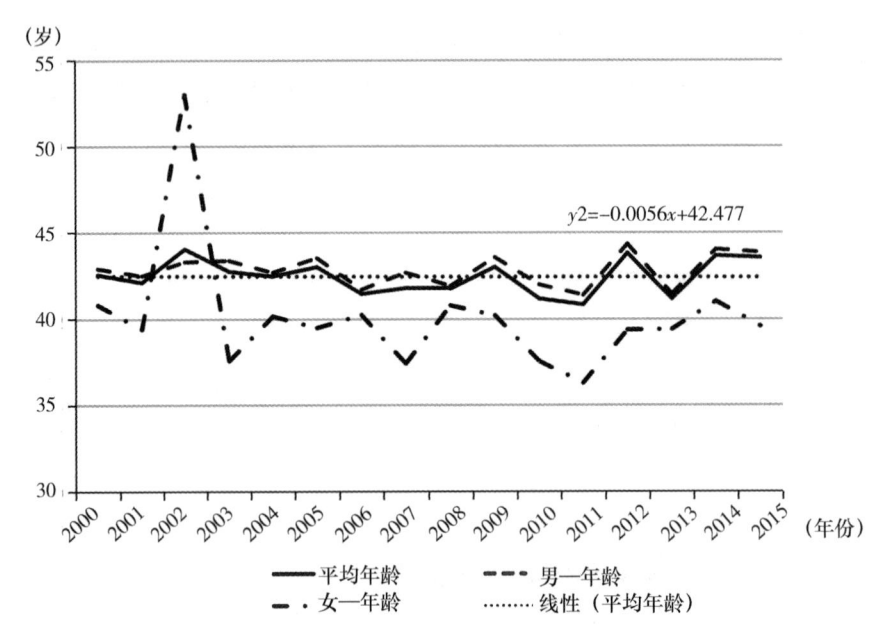

图 4-4 中国重大技术发明人平均年龄分布（2000—2015 年）

（二）发明人的最佳年龄分布

姜振寰先生曾经提出，设定某一年龄区间（10 年）的发明总数占该世纪发明总数百分比最高的为"技术发明的高峰年龄期"。他在对 17—20 世纪技术发明的年龄谱进行分析后发现，20 世纪技术发明的高峰年龄期是 41—50 岁。此外，由于发明家在 21—50 岁从事的发明占总发明数的 85%，这一年龄期间可以称为"技术发明的最佳年龄期"[①]。同样地，我们可以根据某一年龄区间（10 年）发明人数量占统计的获奖人员总数的百分比最高的为"技术发明的高峰年龄期"。

如图 4-5 所示，将 2013 个样本数据按照 10 年区段进行计数，绘制出我国重大发明年龄分布曲线。图中，横坐标是年龄阶段，纵坐标为本年龄阶段的人数。根据统计，31 岁以下的发明人占总发明人

---

① 姜振寰：《技术发明的年龄谱研究》，《自然辩证法通讯》1992 年第 14 卷第 2 期，第 35—40 页。

的 3.8%，31—40 岁区段占 31.7%，41—50 岁区段占 36.3%，51—60 岁区段占 16.3%，61—70 岁区段占 7.2%，71—80 岁区段占 3.5%，80 岁以上占 1.2%。把发明人年龄分成以上 7 个区段的话，所有发明人平均分布比例应该是 100% ÷ 7 = 14.3%，去掉低于 14.3% 的区段。中国"技术发明的高峰年龄期"在 41—50 岁这个年龄区段。其中，中国发明人的最佳年龄期在 31—60 岁三个区段，这个年龄段的发明人共占总发明人的 84.3%，和姜振寰先生统计的早期外国著名发明人的年龄而得出的"发明人的最佳年龄分布"相比，中国重大技术发明的高峰年龄期向后推迟了 10 年。其主要原因可能是对于获得中国技术发明最高奖项的发明人来说，他们不仅需要有深厚的知识储备，还要在资历上有深厚的累积，相比较而言，30 岁以下的年轻发明人在知识储备、科研成果累积和资历上有所欠缺，所以，这个年龄段没有能够成为技术发明的最佳年龄期。

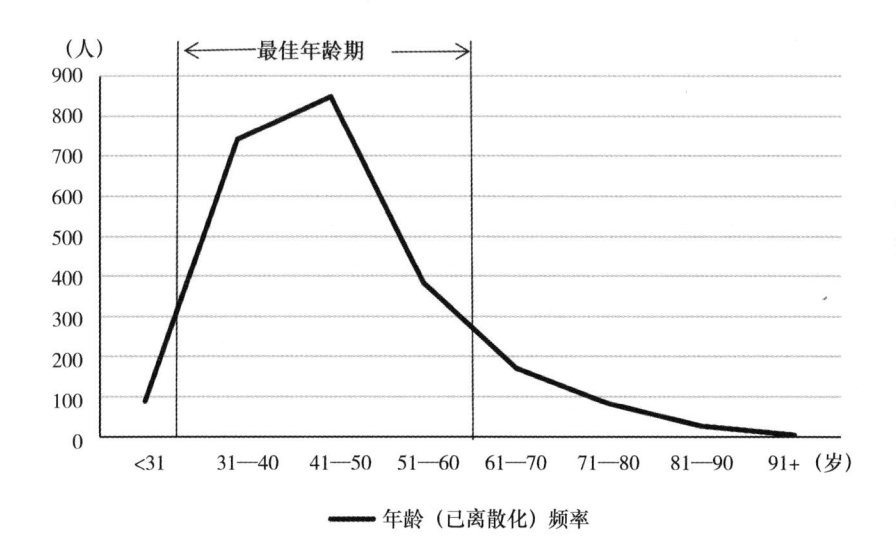

图 4-5 发明人按照 10 年区段的年龄分布

图 4-5 中的年龄曲线还显示出一个值得关注的现象，发明人年龄在达到制高点之后迅速下降，这也恰好和赵红洲统计的重大科学发

现年龄分布图形①基本一致。这或许是由于当前重大技术发明人同时也大多是科学家,科学技术呈现一体化的发展趋势,使技术发明的年龄和科学发现的年龄分布逐渐吻合。

(三) 发明人按照技术贡献大小的年龄分布

我国在过去16年国家技术发明奖97%的获奖项目授予集体发明人,根据这些集体发明人的贡献大小,绘制了发明人的平均发明年龄分布,如图4-6所示。图4-6中,横坐标是发明人获奖中的排序,从第一发明人到第六发明人,排在第一位的是发明的负责人,其贡献最大,随着排序的后移,贡献依次减小。根据图中曲线分布,可以看出发明人的年龄随着贡献的降低呈下降趋势,第一发明人的平均年龄是50.26岁,第六发明人的平均年龄则只有39.42岁。这个年龄分布一方面体现了当前中国集体发明的梯队建设情况,即年长的人员带领年轻的人员,不同年龄阶段的发明人共同协作;另一方面也看出在重大技术发明中,负责人不仅需要具备一定的知识累积,还需要经验和阅历的支撑,以及对问题的洞悉和统领全局的能力等。

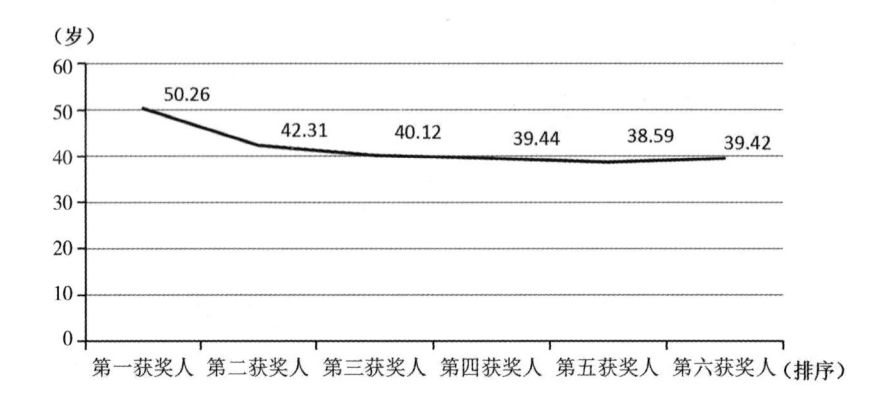

图4-6 按照获奖排序的发明人年龄分布

---

① 赵红州:《科学能力学引论》,科学出版社1984年版,第222页。

三 琼斯的"知识负担"理论和发明人年龄不断增长的论断

美国西北大学凯洛格商学院的琼斯教授知识的累积现象提出,今天的新思想来自比一百年前更年长的发明人的头脑,这种发明人年龄上升的趋势不是因为简单的人口老龄化,而是来自年轻创新者创新产出的大幅下降。由于在发明人最聪明的年轻时期要进行必要的教育投资,所以伟大的创新越来越少地出自年轻人之手。①

所有人在出生的时候都一无所知,并且人们接受信息的速度与效率是有限的,他们想要达到知识的前沿必须花费生命中一定比例的时间来接受教育。而知识又是随着时间的推移而不断变化的,当创新者面对更加深奥的知识的时候,他们不得不延长教育时间和增强专业化程度,琼斯称这种现象为非正式的"知识负担"(burden of knowledge)理论。琼斯的结论是基于以下两个可以观察的事实:(1)与发明相关的知识在不断增长和累积;(2)发明是在已有的知识上添加新颖的要素,发明活动是基于深入了解已有的技术知识之上的。② 在此基础上可以推断,发明在当前需要越来越长的繁殖期,发明人要借鉴和吸收不断累积的知识主体。③ 由于知识的不断累积,发明人需要花费越来越多的时间接受早期的教育和学习,并且早期的职业训练发明人的创新能力也需要一些时间,因此发明人的年龄有随着时间的推移出现增长的趋势。琼斯认为,重大技术发明人的平均年龄在整个20世纪大约增长了6岁,在1900年前后,重大技术发明人获得重大成就的年龄峰值在30岁左右,而在2000年前后,这个年龄则增长到40岁左右。④

---

① Benjamin F. Jones, "Age and Great Invention", *The Review of Economics and Statistics*, Vol. 92, No. 1, February 2010, pp. 1 – 14.

② W. B. Arthur, "The Structure of Invention", *Research Policy*, Vol. 36, 2007, pp. 274 – 287.

③ Benjamin F. Jones, "The Burden of Knowledge and the 'Death of the Renaissance Man': Is Innovation Getting Harder?", *Rev. Econ. Stud*, Vol. 76, 2009, pp. 283 – 317.

④ Benjamin F. Jones, "Age and Great Invention", *The Review of Economics and Statistics*, Vol. 92, No. 1, February, 2010, pp. 1 – 14.

发明哲学

琼斯进一步用相关的文献来解释知识的负担机制，他认为发明人获得最高学位的年龄一直在不断向后推移。琼斯在《年龄与重大发明》（*Age and Great Invention*, 2010）中特别指出：一方面，发明人在年轻时期很难产生重要的发明，因为他们早期需要获得博士学位，进行必要的知识累积；另一方面，已有的研究已经证明普通科学家群体的受教育程度一直在增高，这也意味着他们完成正规教育的时间段在拉长。比如，在1967年到1986年间，所有主要学科领域的博士研究生获得博士学位时的年龄显示出上升的态势。[①] 自从20世纪60年代以来，生命科学领域博士研究生的学习和博士后研究的持续时间都在增长。在整个20世纪，电气工程领域的科学家受教育程度持续上升，早期很多科学家只拥有学士学位，但是后来在科学家群体中，拥有博士学位则是一个很普遍的现象。琼斯借用现有的关于获得博士学位的年龄变化情况进一步证实了发明人年龄不断增长的断言，他认为获得博士学位年龄增长的主要原因是博士课程的时间在延长。

根据中国重大技术发明人的发明年龄分布特征可以看出，琼斯关于重大技术发明人的年龄趋势的论断并不符合中国的情况，中国重大技术发明人年龄没有呈现出琼斯论断中的增长趋势。那么，这种不吻合有可能是什么原因造成的呢？

四　中国重大技术发明人的年龄分布不符合琼斯预言的原因分析

中国重大技术发明人年龄的研究结果削弱了琼斯关于知识负担的理论，至少他关于当前发明人年龄要大于早期发明人的论断不符合中国近16年以来的重大技术发明人的年龄情况。那么发明人如何克服了知识负担造成的教育时间的延长呢？发明人年龄为什么没有像琼斯预测的那样会呈现增长的趋势呢？其中原因可能有以下几

[①] National Research Council, *On Time to the Doctorate: A Study of the Lengthening Time to Completion for Doctorates in Science and Engineering*, Washington, DC: National Academy Press, 1990.

个方面。

(一)新兴技术的出现给年轻发明人提供了技术机会

新兴技术的出现要求当前的发明人重新掌握一套新的技能,但是发明人快速转换他们的知识和技能不是一件容易的事情。新兴技术领域中的发明在一定程度上要求当前的发明人抛弃原有的技能,而不断增加的知识使发明人很难从自己擅长的领域转换到不擅长的领域。① 由于新兴技术相对较少地受到已有知识的制约,新兴技术领域的创新为年轻发明人提供了技术机会。因为年轻的发明人可以作为新发明人进入新兴领域,即便他们花费和在任发明人同样的时间去学习新知识,但相比较转行过来的在任发明人,他们依然是年轻的。

(二)知识半衰期(knowledge half-life)使早期的技术不断被淘汰

根据知识负担理论,不断被创造出来的新知识将使后来的人花费越来越多的时间进行学习,可是现实中学校教育的阶段并没有延长,人们没有被想象中的知识负担所拖累。知识是时刻在变化,就算是见多识广、知识渊博的人也很难赶上知识变化的步伐,但是并非所有的知识都一直起作用。持续累积的知识就像元素的放射性,也存在持续的衰变,有一个半衰期。旧的知识逐渐被抛弃,新的知识不断被创造。② 目前,很多研究认为知识的半衰期是45年,③甚至在不同的评估指标中得到当前物理学的半衰期大约在13.07年,④ 这就意味着每过13年,物理学中基础性知识依然可用,但是

---

① Taehyun Jung, Olof Ejermo, "Demographic Patterns and Trends in Patenting: Gender, Age, and Education of Inventors", *Technological Forecasting & Social Change*, Vol. 86, 2014, pp. 110 – 124.

② Samuel Arbesman, *The Half-Life of Facts: Why Everything We Know Has an Expiration Date*, New York: Penguin Group (USA), Inc., 2012, p. 2.

③ Poynard T., Munteanu M., Ratziu V., et al., "Truth Survival in Clinical Research: An Evidence-based Requiem?", *Ann Intern Med*, Vol. 136, 2002, pp. 888 – 895.

④ Rong Tang, "Citation Characteristics and Intellectual Acceptance of Scholarly Monographs", *College and Research Libraries*, Vol. 69, No. 4, 2008, pp. 356 – 369.

有一半的知识已经落伍。知识的半衰期理论可以从一个角度解释为什么发明人并没有因为需要掌握日益增加的知识而推迟他们发明的时间。

（三）群体发明人之间的知识共享削弱了个体发明人的知识负担

在过去16年中，在中国国家技术发明奖授予的555项通用项目中，仅有6项授予独立发明人，其余均为集体发明人，这反映了当前发明活动的团队化趋势。发明人集体协作从事发明活动，从本质上来讲就是团队成员分担发明所需的知识份额。随着科学尤其是大科学的发展，每一位发明人都不可能知晓所有的知识，就算掌握某一领域的全部知识都很难做到。发明需要团队分工协作，各自发挥自身优势，解决各自领域的问题。同时，发明人之间知识相互补充和共享，一方面可以避免发明人花费时间和精力学习相关知识，另一方面在必要的情况下也可以通过团队成员的交流快速补充临时所需的知识。

（四）不断更新的教育技术使发明人学习知识的效率不断提高

虽然沿着平衡增长的路径，随着在知识负担的驱动下专业化和团队工作的加强，创新者将寻求更多的教育，[①] 但是，不断更新的教育技术在一定程度上提高了人们的学习效率，发明人获取知识的途径多样化。尤其是数字化的知识资源让发明人对已有技术的了解更加快速，对新知识的补充更加便捷。

琼斯认为当前科学家获得博士学位的年龄呈现增长的趋势，中国情况也是如此吗？此处选取以理工科为主的中国矿业大学博士毕业生作为研究群体，对1991年到2014年间获得博士学位的1799名博士毕业生进行年龄统计，按照年代排列的平均年龄分布如图4-7所示。从图中可以看出，获得博士学位的平均年龄是34.64岁，年龄分布不仅没有出现增长的趋势，近10年以来，还有略微

[①] Benjamin F. Jones, "The burden of knowledge and the 'Death of the Renaissance Man': is innovation getting harder?", *Rev. Econ. Stud*, 76, 2009, pp. 283–317.

下降的趋势,这和美国的相同类型的统计有所差异,与琼斯的预测亦有不符。

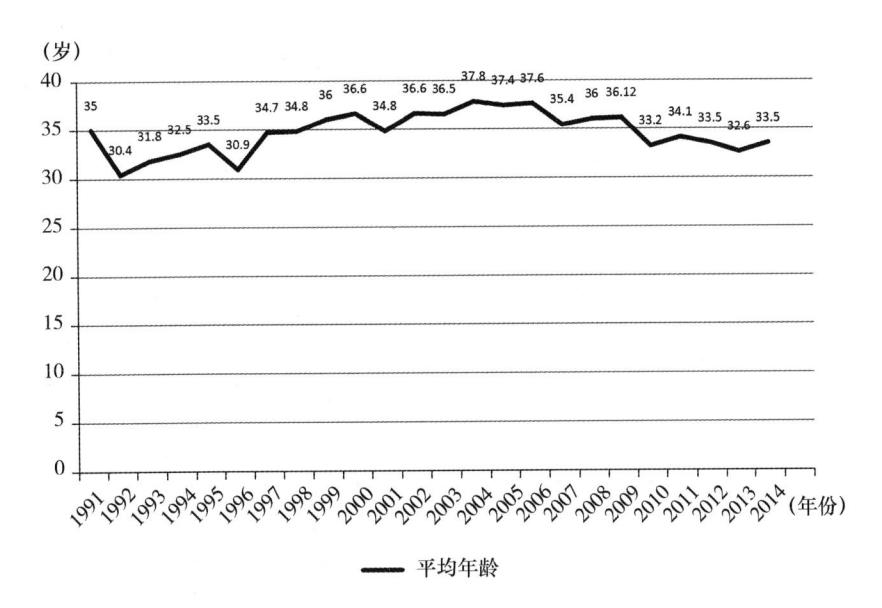

图 4-7 中国矿业大学博士毕业生年龄分布(1991—2014 年)

(五)技术的模块化让发明人不必打开所有的技术黑箱

发明起初是由一个个零部件组合而成,一开始一系列松散地串在一起的零件如果被用得足够多,就会"凝固"成独立的单元,这些独立单元就是技术模块,但是只有当技术模块被反复使用且使用的次数足够多时,才值得付出代价将技术分割成功能单元。随着时间的推移,技术模块逐渐变成标准组件。① 越是复杂的发明,越是需要数量众多的技术模块构筑起来。很多情况下,发明人采用技术模块组合以完成发明的某些方面功能的时候,发明人并不需要知晓技术模块内部的工作原理和结构,而仅仅需要知道模块在整个发明

---

① [美]布莱恩·阿瑟:《技术的本质:技术是什么,它是如何进化的》,曹东溟、王健译,浙江人民出版社 2014 年版,第 35—37 页。

中所起的作用就已足够。这种情况下，也省却了发明人学习模块内部知识的时间和精力。

在以上几个方面原因的综合作用下，当前发明人并不一定非要花费人生早期较长的时间来学习日渐庞杂的知识体系，他们能够在知识有限的情况下进入发明过程。同时，在现有技术条件和人才条件的协助下，发明人处理新技术问题越来越显得游刃有余。

小　结

伟大的思想产生于发明人伟大的洞见，发明需要大量的知识作为基础，发明人需要花费其人生早期的很多年的时间来进行学习前人发现并累积起来的知识。随着年龄的增长，他们的知识和阅历日渐丰厚，他们具有洞见问题的能力和创造性解决问题的能力日益增强。从这个角度而言，做出重要发明的发明人大多不会出现在年轻时期。中国重大技术发明人的平均发明年龄是42.43岁，发明的最佳年龄期在30—59岁两个区段。近16年间，中国重大技术发明人的平均年龄非常稳定，没有出现明显的上升或下降趋势，和琼斯关于知识负担而造成的发明人年龄呈不断增长趋势的论断不相符。这种不符，很大程度上是因为21世纪的技术发明和20世纪尤其是20世纪早期的发明活动有所不同。当前人们获取知识的速度在加快，同时还受到知识半衰期、技术的模块化、发明团队化等要素的影响，发明人抵抗知识负担的途径多样化，所以发明人年龄并没有呈现明显的上升态势。

通过对发明人年龄特征的研究，给予当前人才培养以重要启示：对于发明人的培养、管理和支持，应该尊重他们的年龄规律，有侧重地针对不同年龄阶段的发明人实施有差异的政策支持，让各个年龄阶段的发明人充分发挥他们的优势。当前我国针对青年科研人员推出了一系列的政策支持，比如青年千人计划、国家重点基础研究发展计划（973计划）青年科学家专题、国家杰出青年科学基金等。这些措施不仅在一定程度上促进年轻科研人员尤其是博士生从知识型、技能型人才向创造型、发明型人才转变，还促进了发明人员的创造年龄峰值向年轻化推进，所以未来中国重大技术发明人的平均年龄呈现下降的趋势，也并非是一件不可能的事情。

第六节　发明人的性别

很长时间以来，在科学与工程专业领域中的性别差异一直是政策研究和学术讨论中的重要话题。从经济学和管理的角度来说，发明的性别问题的研究为更高效的人力资源利用提供了研究线索，因为女性是没有得到充分利用的人力资源；从女权主义理论和社会学的角度来看，对女性参与创新的研究为看待两性平等问题提供了新的视角。因此，对发明中的性别问题的研究有助于更加全面和深入地了解女性发明人。女性发明人在发明活动中究竟处于何种地位，什么因素影响了女性的发明活动？想要回答这两个问题，需要客观地了解当前女性发明人在发明群体中所占有的份额。

一　女性发明人群体所占比例情况

人们越来越意识到女性对技术进步的贡献，但是对女性发明人在发明人群体中所占比例的情况、不同国家和地区女性发明人群体比例的差异、女性发明人未来可能的变化趋势等问题的关注却落后于对女性在其他社会活动领域中的研究。不过，想要了解以上状况而对所有的女性发明人进行细致的研究难度太大，一方面很难全面搜罗不计其数的发明成果，另一方面还有很多发明和发明人隐藏在人们的视野之外。因此，比较便利和可行的方法是把专利局数据库中的女性专利发明人或者产生重要影响的专利的女性发明人作为研究对象，虽然这种对象的选取不能代表广大的发明人群体，但是从另一种层面上反映了那些对社会发展产生重要影响的发明的发明人情况。幸运的是，已经有部分研究者进行了在深度和广度上都值得称道的经验研究。

较早对发明人性别进行统计分析的是美国劳工党妇女局对美国女性发明人所做的工作。① 其研究针对美国专利局授权专利中女性发明人拥有的专利数量进行统计,统计时间覆盖美国专利法开始实施的头一百年即1790年至1890年,研究发现在这一百年美国专利中女性发明人的专利平均只占到总专利数量的0.74%。在20世纪早期,至少包含1位女性发明人的专利增加到1.4%,这个比例依然是非常低的。随着社会给予更多的女性进入各个科学技术领域工作的机会的增加,男女的地位差距逐渐缩小,美国专利法颁布后的两百年中,有6.6%的专利中至少含有一位女性发明人,在20世纪的最后十年,这个比例快速增长到10.3%。②

从1993年到2003年期间,对于发明人性别差异的研究相对较为集中。笔者借用其他学者的研究和对我国女性发明人的统计进行比较。首先对几组样本的可比较性做一说明。在发明人的样本选择方面,欧洲六国(法国、德国、英国、意大利、荷兰、西班牙)选取了已经使用过并产生良好经济价值的专利,然后对这些专利的发明人情况进行问卷调查。③ 日本和美国的发明人样本均选择了三方同族专利(Triadic patent families,在美国专利商标局、日本专利局和欧洲专利局均获得专利授权)的发明人,研究者认为三方同族专利具有理论和实践上的优势,且具有较高的商业价值和战略价值。④ 针对瑞典发明人的研究相对范围较宽,但是也选择了在欧洲专利局获得授权的专

---

① Source.-U. S. Department of Labor, "Women's Bureau, Women's Contributions in the Field of Invention: A Study of the Records of the United States Patent Office", *Bulletin*, No. 28, Washington, D. C. , 1923, p. 12.

② U. S. Patent and Trademark Office, "Buttons to Biotech. U. S. Patenting by Women. 1977 to. 1996", *1996 Update Report with Supplemental data Through 1998*, Washington: U. S. Department of Commerce, 1999.

③ Paola Giuri, Myriam Mariani, et al. , "Inventors and Invention Processes in Europe: Results from the PatVal-EU survey", *Research Policy*, Vol. 36, 2007, pp. 1107 – 1127.

④ J. P. Walsh, S. Nagaoka, "Who Invents?: Evidence from the Japan-US Inventor Survey", *RIETI Discussion Papers*, 2009 – E – 034.

利的瑞典发明人，这些专利相对于仅在瑞典或者别的单个国家获得专利权的发明而言，其发明质量普遍要高。① 中国的样本则是选取获得国家技术发明奖的发明人，国家规定申报本奖项的技术要实际使用三年以上，并且产生较好的经济价值和实践价值。直观地看国家技术发明奖每年只奖励几十项通用项目，但是每一个获奖项目技术中均包含多项专利技术，这样算的话每年的获奖项目覆盖的专利也在数百项以上。根据经济合作和发展组织官方网站公布的数据，2000年中国拥有三方同族专利仅有87项，到2015年也不过上升到1686项，② 从数量的稀少程度可以大致判断获得中国国家技术发明奖的技术和三方同族专利水平相当。在时间跨度上，所选择的几组样本集中在1993—2015年，时间段相对比较接近。综上所述，此处选取欧洲六国、日本、美国、瑞典和中国这几个国家和地区的发明人群体进行比较，在一定程度上是具有可比性的。

已有的研究显示，在相近的时间段内，美国、日本、欧洲六国、瑞典的女性发明人在发明人群体中所占的比例分别为5.2%、1.7%、2.8%、8.6%（见表4-6）。在这些令人失望的数据背后，我们也要从时间轴上来发现这些数据令人鼓舞的方面。以瑞典专利发明人作为研究对象，调查结果显示，女性发明人的比例已经从1985年的2.4%上升至2007年的9.1%。在1905—1921年，美国专利中女性发明人的专利占总专利的1.4%，③ 而1977—1998年，女性的专利已经上升至6.3%的份额。

---

① Taehyun Jung, Olof Ejermo, "Demographic Patterns and Trends in Patenting: Gender, Age, and Education of Inventors", *Technological Forecasting & Social Change*, Vol. 86, 2014, pp. 110-124.

② https://data.oecd.org/rd/triadic-patent-families.htm, 2019/04/23.

③ Women's Bureau, U. S. DEPARTMENT OF LABOR, "Women's Contributions in the Field of Invention: A Study of the Records of the United States Patent Office", *Bulletin* (*United States. Women's Bureau*); Vol. 28, 1923, p. 12.

表4-6　部分国家或地区女性发明人占发明人群体的份额

	欧洲六国	日本	美国	瑞典	中国
研究样本数（人）	8963	3658	1919	13946	2338
样本选择时间跨度（年）	1993—1997	1995—2001	2000—2003	1995—1997	2000—2015
女性发明人所占比例	2.8	1.7	5.2	8.6	13.0

自从1999年国务院对发明奖励进行重大修改以来，国家技术发明奖在过去的16年中共授予通用项目一等奖14项，二等奖558项，每一项发明的获奖人不能超过6人，获奖者共3329人次。[①] 针对中国国家技术发明奖获奖人员情况进行分析（见表4-7）可以看到，在取样的2338位发明人中，女性发明人有305位，占发明人群体的13.0%。

表4-7　中国重大技术发明人性别分布　　　　（单位：人，%）

获奖发明人排名	获奖发明人性别			
	男		女	
	人数	比例	人数	比例
1	453	92.4	37	7.6
2	376	86.8	57	13.2
3	347	86.1	56	13.9
4	320	86.0	52	14.0
5	286	83.6	56	16.4
6	251	84.2	47	15.8

以上数据显示出两个方面的特点。一方面，在发明人群体中，女性发明人依然占据较低份额，男性发明人占据主导地位。美国、日本、欧洲六国和瑞典等国家属于文化较为先进、文明较为发达的地区，但是女性发明人占据的比例也均在10%以内，相比较世界上很多文化相对落后的地区，女性发明人的情况可能就更不容乐观了。中

[①] 吴红、汪一舟：《琼斯论断与中国重大技术发明人年龄特征研究》，《自然辩证法研究》2017年第33卷第10期，第62—67页。

国国家技术发明奖每一奖项获奖人不超过6位,按发明人贡献大小依次排序。通过表4-7可以看出,在305位女性发明人中,作为发明的主要负责人排在第一位的仅有37人,占7.6%,这是在发明人排序中比例最低的一项,女性发明人从第二位到第六位的排序中比例在13.2%至16.4%之间,并且随着贡献大小的降低而有微弱的增长趋势。可见,女性发明人作为技术发明主要负责人的数量较少,在技术发明活动中男女性别悬殊较大。

另一方面,相比较日本、美国、瑞典等国家,中国女性发明人的比例偏高。根据其他学者的研究和对我国女性发明人的统计(见表4-6),在过去的20多年中,欧洲女性发明人的比例为2.8%,美国是5.2%,瑞典是8.6%,中国的近邻日本女性发明人比例最低,仅有1.7%,而中国女性发明人则高达13.0%。这从一个侧面反映了当前中国技术发明环境中,给女性提供了良好的发明条件。众所周知,我国经历了漫长的封建社会,在新中国成立之前,男女不平等的情况普遍存在并且程度严重。但是,新中国成立后,各项打破封建思想的条例和制度陆续出台,中国女性的地位迅速上升,由于社会因素导致的性别差异不断缩小,而中国的女性具有勤劳、智慧而又坚韧的优良品格,所以当外界提供了良好发明条件的时候,女性发明人就充分展示了她们的发明能力。

二 女性发明人群体所占比例较低的原因

历史研究表明,由于各种法律的、社会和经济的原因,女性被系统地排除在发明、专利以及其他科学与工程相关的领域之外。可以说,很多对女性的公开形式上的歧视随着时间的推移已经大大降低了,然而,非正式壁垒和微妙(不管是有意识还是无意识)的偏见依然存在。[①] 总的来看,在当前社会环境中,以下因素仍然在延续着

---

① Laurel Smith-Doerr, *Women's Work: Gender Equality vs. Hierarchy in the Life Sciences*, Lynne Rienner Publisher, Inc., 2004.

发明活动中的性别鸿沟。

第一，传统文化对女性从事技术发明的束缚。传统文化中的一些不利于女性从事发明活动的影响依然存在，虽然相比较而言在发达国家情况有所缓解，但是在一些发展中和落后国家，传统思想依然根深蒂固。人们对女性发明能力的信任，女性的财产权利，以及对女性工作领域的界定等因素限制了女性发明的机会和她们发明能力的发挥。

长期以来，人们对女性的发明能力和创造性研究的能力没有给予足够的信任，因此也没有积极鼓励女性在现有条件下从事科学研究和技术发明。这一事实与女性发明人的数量，她们发明成果的数量、范围、质量有着直接的关系。当然，这在一定程度上形成了一个恶性循环，因为女性的发明成果的贫瘠，更进一步加深了人们对女性发明能力的不信任，在劳动力分工中性别差异的鸿沟越来越大。

同时，女性拥有对财产的所有权严重影响了女性的发明积极性。早期有法律规定女性的财产及其劳动所得都归于她的丈夫。有的法律认定已婚女性在法律上是无足轻重的附属品，一切都要屈从于她的丈夫，在没有丈夫的许可下，女性自身没有权利签署她们自己的合同以及从事贸易活动。[①] 对女性财产的不尊重，导致了女性从事发明积极性的降低，因为无论她们多么努力地工作，一切所得都不属于自己，自己对任何财产没有支配的权利。同样地，对于她们的发明成果，一方面她们没有权利出售自己的专利权；另一方面发明就算实现了商业化，其收益也不属于自己。发明的经济刺激的力量大大降低，女性发明人对发明的热情随之降低，这在很大程度上限制了她们的发明活动。当前，许多国家和地区女性在经济上的自主地位逐渐建立，女性作为经济主体不仅有权决定是否投入发明活动中，更有权利处理自己的发明成果和享用发明成果带来的收益。越来越多的女性发明人利用便利的机会发挥自己的发明能力，但是，不可否认的是，

---

① B. Zorina Khan, "Married Women's Property Laws and Female Commercial Activity: Evidence from United States Patent Records, 1790–1895", *The Journal of Economic History*, Vol. 56, No. 2, 1996, pp. 356–388.

传统文化中对女性财产权利进行限制的思想残余在一些国家和地区依然存在。

消极的观念和持续存在的职场偏见给女性造成了负面的影响，工程技术类专业领域对她们失去吸引力，并且进入这个领域工作的女性相比较同行男性也会更早地退出。甚至高校依然没有为工程技术专业的女学生创造良好的环境以便让她们在本专业中工作感到舒适，相反，女性对她们的专业学术工作不太满意。① 对于女性所从事专业领域的偏见使很多女性在选择专业的时候不自觉地产生了偏移。长期以来，人们更多地支持男性从事科学、技术和工程相关的专业，而认为社会科学研究，以及管理、秘书、教师、会计等职业则更适合女性。这种偏见融入很多人的思想中并且影响着社会部门对人才的选择，也影响着女性自身对专业和职业的选择。

第二，女性发明人的实际贡献容易被忽略。有学者认为，女性发明人在历史上的发明贡献几乎被抹杀，不过，对史前文化的重构给予了女性作为发明人的重要地位。② 在原始社会，当狩猎尤其是大型动物的捕猎活动分工给男性的时候，女性自然而然地承担起水果、坚果、树叶等物品的采集工作，同时成为制陶、纺织和食物加工包括磨面等活动的主要发明人。她们的工作以一种非专业化的方法进行，女性的发明工作受到原始技术和低效率的限制，对工作设备的改进是一个缓慢的过程。然而，一旦磨坊被水力驱动，磨面工作就要被移动到家庭之外并逐步变成特殊的专业，磨坊技师建造和改进磨坊通常集中于机械本身而忘记了整个工艺加工过程，女性在这个过程中的贡献很大程度上被忽略。这给予了人们一个非常狭隘的观点：技术发展主要是男性的贡献。类似的情况发生在整个技术发展史的进程中，当女性在家庭工作中的发明逐渐迁移到家庭以外并需要复杂的设备成为专业

---

① Valerie Strauss, Why aren't there more Women in STEM?, The Washington Posted, 23 March, 2010, http://voices.washingtonpost.com/answer-sheet/science/why-arent-there-more-women-in.html.

② Arnold Pacey, *Meaning in Technology*, The MIT Press, 2001, p. 153.

化的领域的时候,男性开始接手并成为主要的贡献者,但是人们在看到这个结果的同时,女性最初的贡献则很少被提起。

漫长的父系社会遗留下来的传统规范了女性应该主要担负家庭事务,她们的主要职责是生育抚养、伺候老人以及所有家务劳动。女性和当前的技术文化和社会需求时有脱节,这进一步限制了她们对社会需求的感知,对问题的捕捉和对新技术的掌握。这是为什么很多女性发明人的发明领域主要集中在家庭生活设备中的改进的原因,当然,这种对家庭和个人使用相关的小发明也时常受到轻视。

第三,接受工程技术领域教育的女性人数较少。在以上传统文化和社会附加到女性身上的偏见的影响下,女性发明人群体从根源上来说就存在先天的人员短缺,这种短缺在高等教育分科阶段就已经埋下了伏笔。大多数技术与工程领域的学科中男女比例失调,而像电学、机械、采矿、地质勘探等工作条件艰苦,对研究人员的身体条件要求更高的专业领域中女性学生就更少了。本来数量不多的工程与技术专业女生在她们毕业后进入技术研究和实践岗位的人数只会更少,导致最终从事发明创造的女性发明人的数量和比例再一次降低。这样层层递减的链条,导致了女性发明人群体数量较小的现实结果。尽管近几十年来在大多教育领域一直在朝着缩小性别差距的方向努力,但是在很多工程与技术专业依然是强调男性主导的领域。

第四,女性自身需要担负的现实责任一定程度上影响了她们对发明活动的投入。导致女性发明人所占发明人比例较低还有一个客观因素,那就是女性发明人自身需要担负的现实责任。由于性别分工的不同,自然界赋予了雌性生物承担生育和哺育子女的任务。这项任务困扰了很多年龄处于25—35岁阶段的女性,在她们体力、记忆力和创造力都处于人生比较好的阶段中,她们要为生育、哺育以及抚养孩子成长过程中消耗很多精力,这一方面影响了她们对发明活动的投入;另一方面也会消磨一部分人的抱负,使她们后期对发明的热情降低。同时,女性的母性特质使她们在赡养老人,处理家务琐事方面也承担较多的责任。发明往往是一项复杂的漫长的活动,发明的社会建构理论显示了发明活动绝不是发明人一个人的思考和实验活动,而是发明人和社会多方因素和力量博弈的过程。客观地说,女性发明人在精力和体力有限的情况下能够在发明的道路上坚持下去,确实是一件比较困难的事。

三 女性发明人的发展趋势

已有的经验研究显示了在发明活动中性别差异的两种实际情况:一方面,在整个发明群体中,女性发明人依然占据较小的份额,男性在当前仍然占据主导地位;另一方面,社会提供给女性进入发明活动的机会不断增加,女性发明人队伍呈不断壮大的态势。

首先,受教育的女性数量的增长和比例的提升,有望扩大未来女性发明人群体。

1999年,美国国家教育目标小组(U. S. National Education Goals Panel)总结了当前受教育者的"新的鸿沟",总结显示:女生在数学和科学方面几乎赶上了男生,而男生在文学和写作方面依然落后于女生;上大学的男生比女生少了;寻求更高学位的男生的数量在大幅下降。[①] 同时,美国教育部、教育研究发展办公室、国家教育统计中心联合出版对不同性别的教育状况进行的统计研究,结果表明高中高年级的女生比她们的同样教育阶段的男生接收高等教育的愿望更强烈。女性在接受研究生教育方面取得长足进展,但是大多数领域女性获得研究生学历的比例依然在50%以下,而且年龄在25—34岁这一阶段的女性比男性被雇用的可能性要低,但是这种差距随着时间的推移在逐渐缩小。[②] 因此,根据近些年女性受教育的趋势,对于未来可能更多的女性参与到发明活动中去,是可以持乐观态度的。

其次,越来越多的女性进入科学技术领域从事工作,从事技术发明的女性群体基数自然而然地会增长。

---

① "Boys Just Want to be Boys: Should Schools Let Them?", *The NEGP Weekly*, Vol. 2, No. 31, 1999, p. 8.

② Office of Educational Research and Improvement, National Center for Education Statistics, 2000, pp. 7 – 10.

发明哲学

2007年，英国劳动力调查显示，在科学、工程和技术领域（SET）女性和男性的份额分别是19%和81%，这个比例和2002年基本持平，但是女性工作人员群体增长了12%。而同一时间段，男性工作人员群体只有8.5%的增长。2007年的统计结果显示在SET中，各个领域女性所占比例分别是：管理人员中女性占14%，科学专业人员中女性占39%，工程专业人员中女性占5%，ICT即信息通信技术人员中女性占14%，建筑专业人员中女性占19%，科学和工程技术人员中女性占22%，IT服务交付职业人员中女性占23%，而在技术研究领域女性则占据高达51%的比例，与男性竞争对手比例接近。2004年在欧盟，17%的女性从事信息技术职业，12%的女性是工程师。美国的统计数据与英国和欧洲相近。[1] 这显示了一个全球化的普遍现象，随着社会的进步和文化的不断更新，很多束缚女性从事发明活动的因素在逐渐减少，有利于女性发明的条件日趋增多，越来越多的国家和地区更加关注和重视女性对社会进步所做的贡献。

最后，随着生物学研究的不断深入，男女平等的观念越来越成为共识，人们对女性发明人的信任度也会上升，对应地，女性发明人的自信心同步提升则是顺理成章的事了。

对于男女性别先天差异的看法越来越受到质疑和挑战，陆续有研究来消解男女的生物学差异，很多有说服力的案例向人们证明：生物学基因不决定你的命运。[2] 就算在经历了漫长的女性地位较低的封建社会的中国，在近几十年来，许多女性发明人也为社会的发展做出了重要的贡献。自1978年12月中国国务院重新颁布《中华人民共和国发明奖励条例》以来，截至1997年，荣获发明奖的女性有1348人。更值得注意的是，在某些领域中，女性的贡献是不可或缺的。比如，

---

[1] Aileen Cater-Steel, Emily Carter, edit. Women in Engineering, Science and Technology: *Education and Career Challenges*, Hershey: IGI Global, 2010, pp. 139-140.

[2] Valerie Strauss, Why aren't There more Women in STEM? The Washington Posted, 23 March, 2010, http://voices.washingtonpost.com/answer-sheet/science/why-arent-there-more-women-in.html.

在荣获国家级奖励的医学科学技术成果中,女性参与完成的约占50%以上,其中由女性独立完成的约占1/4。① 越来越多的女性在向世人证明,这一群体的创造力在有条件释放的情况下,她们的发明活动和男性一样精彩。

小　结

总的来说,历史上女性发明人在发明人群体中所占比例相对较少,导致这一现象的原因主要有传统文化对女性从事发明活动的束缚、女性发明人的贡献容易被忽略、接受工程技术领域教育的女性数量相对较少,以及女性自身需要承担更多的社会责任等。但是,随着传统性别差异观点的淡化,社会为消除性别差异所做的工作进一步加大,我们有理由乐观地预测,未来将有更多的女性发明人进入发明大军,她们将与男性同行,共同推动科技发展与社会进步。

---

① 中国发明协会编:《巾帼风采:中国女发明家》,专利出版社1998年版,第2页。

第五章 发明伦理

当前,新技术改变我们的世界观、我们的社会交互模式和人与人之间的关系,但是假如技术的应用方面没有统一的规范,技术进步将会增加社会冲突的风险。

佩西(Arnold Pacey)认为当前在一些科学家和工程师那里还缺少一个社会付出:伦理意识或者说是道德想象力。因为伦理是关注以人为本的首要方面,在面向对象的活动分类中还没有被充分地提起,温纳(Langdon Winner)用"可耻的无能"来评论广大的技术专家,他认为这种无能源于"想象力的萎缩",这是对人类意义的认识的缺失,并由此导致我们接近技术知识根据经济、效能和风险。效能好像被当作一个适合的标准,技术的效能意味着"正确地做事",但是这不总是意味着"做正确的事"。[1] 这是一个伦理问题。目前,围绕技术活动所展开的伦理思考已经涉及诸多方面,但是发明伦理的研究依旧缺席,本章将对技术发明活动中的伦理问题进行初步的探索。

第一节 发明伦理研究的缺失

技术构筑了人类赖以生存的环境,技术变迁带来了人类社会的变

---

[1] Langdon Winner, *The Whale and the Reactor: a Search for Limits in an Age of High Technology*, Chicago: University of Chicago Press, 1986, pp. x, 162–163.

迁，技术给人类生活带来多重影响的同时也产生了一系列伦理问题，由此，对于技术活动和伦理问题的探讨日益成为一个突出议题。约瑟夫·熊彼特把技术变迁划分为三个阶段：发明（新技术的产生）、创新（新技术的商业化）和扩散（新技术的传播）。但是，著名经济学家、技术哲学家布莱恩·阿瑟指出，在这三个阶段中，关于发明的研究最少。① 同样的现象是，目前学界对于商业伦理、负责任的创新、工程伦理等问题已经进行了深入的探讨，但是发明伦理问题却无人问津。

一 已有的研究主要集中于技术在应用阶段产生的伦理问题

自 20 世纪 90 年代以来，研究者开始聚焦于无数的新技术的应用所产生的道德规范问题。② 目前涉及技术所引发的伦理问题的讨论主要分为三个大的方面。

第一个方面，负责任的创新。

负责任的创新是一个既老又新的思想，虽然随着时间和地点的改变，责任的界定有所变化，但是责任一直是研究和创新实践中的一个重要议题。弗朗西斯·培根用"释放人类的产权（for the relief of man's estate），征服自然，对人类生活的自然条件的系统的控制"作为科学的目的，万尼瓦尔·布什（Vannevar Bush, 1945）的"无尽的前沿"③ 和波兰尼（Micheal Polanyi, 1962）的"科学共和国"④ 等观点中都包含责任的观念。到 20 世纪下半叶，随着科学和创新日益相互交织，科学和创新的研究政策越来越正式化，技术力量产生的利

---

① W. Brain Arthur, "The Structure of Invention", *Research Policy*, 36, 2007, pp. 274 – 287.

② Kimball P. Marshall, "Has Technology Introduced New Ethical Problems?", *Journal of Business Ethics*, 19, Vol. 1999, pp. 81 – 90.

③ V. Bush, *Science, the Endless Frontier: A Report to the President*, U. S. Government Printing Offifice, Washington, D. C., 1945.

④ M. Polanyi, *The Republic of Science: Its Political and Economic Theory*, Minerval, 1962, pp. 54 – 73.

益和危害都变得更加清晰,关于责任的辩论开始扩大,^① 我们已经意识到科学家责任的协商已经超出他们的职业角色,科学家的对"研究诚信"的思想对应于社会关注点的改变而随之改变。当前,在实践科学家、创新者和外界之间的责任的磋商依然是一个重要而颇有争议的领域。

朔姆伯格(R. von Schomberg)曾经把"负责任的研究与创新"界定为是一个透明、互动的过程,在这个过程中,社会行动者和创新者在创新过程及其可市场化的产品中涉及的伦理可接受性、可持续性和社会认可度(societal desirability)等方面,彼此积极互动回应,以期让科学技术进步以正确的方式嵌入我们的社会。[②] 在此基础上,斯蒂格(Jack Stilgoe)等定义负责任的创新是指当前通过对科学和创新的集体管理来关照未来的发展。[③]

目前,由于科学和技术在新的领域里的一系列争论产生了很多值得讨论的问题,这些问题是公众质问科学家或者期待科学家反问他们自己。传统的管理主要集中于产品的问题,尤其是技术风险,而伦理治理和科研诚信问题开始跨入创新过程中,比如人类志愿者和动物参与试验的问题。负责任创新的方法从管理方面延伸到一些交叉的问题,这些问题主要涉及创新的产品、创新过程和创新目的三个方面。[④]

---

① H. Jonas, *The Imperative of Responsibility*, University of Chicago Press, Chicago, 1984. D. Collingridge, *The Social Control of Technology*, Open University Press, Milton Keynes, UK, 1980. U. Beck, *The Risk Society*, *Towards a New Modernity*, Sage, London, 1992. C. Groves, "Technological Futures and Non-reciprocal Responsibility", *International Journal of the Humanities*, 2006, 4, pp. 57 – 61.

② R. von Schomberg, "Prospects for Technology Assessment in a Framework Ofresponsible Research and Innovation", In: Dusseldorp, M., Beecroft, R. (Eds.), *Technikfolgen Abschätzen Lehren: Bildungspotenziale Transdisziplinärer*, Methoden. Wiesbaden: Springer VS, 2011, pp. 39 – 61.

③ Jack Stilgoe, Richard Owen, Phil Macnaghten, "Developing a Framework for Responsible Innovation", *Research Policy*, Vol. 42, 2013, pp. 1568 – 1580.

④ Phil Macnaghten, Jason Chilvers, "The Future of Science Governance: Publics, Policies, Practices", *Environment and Planning C: Government and Policy*, Vol. 32, No. 3, 2014, pp. 530 – 548.

(1) 关于创新产品的问题：产品的风险和收益如何分配？我们可以提前预测哪些影响？在未来我们如何改变这些影响？产品的哪些方面我们可能不知道，甚至有哪些方面我们永远无从知晓？（2）创新过程中的问题：如何起草和应用创新过程的标准？产品的风险和收益如何被界定和测量？谁在控制和管理？创新过程中有谁在参与？如果出了问题，谁来承担责任？我们如何知晓我们是对的？（3）关于创新目的的问题：研究者为什么要这么做？研究的动机是透明的吗？研究的目的是以公共利益为出发点的吗？创新最终的获益者是谁？获益者从创新中得到什么？等等。

第二个方面，商业伦理。

商业伦理具有较长的研究历史，主要研究不同商业情境中的伦理困境和伦理规范，在商业伦理研究中，选择不同的思考维度，考虑的商业活动中的要素有所不同。根据商业活动中参与的对象的不同，商业伦理研究分为消费者伦理[1]、利益者之间的关系伦理问题，这些相关利益者关系包括领导关系、外部利益相关人关系、股东关系、供应商关系、竞争者关系等。[2] 根据商业活动过程划分，商业伦理可以从工业伦理、生产伦理、销售伦理[3]等方面展开。还有一些研究涉及商业伦理中的一般性原则，比如商业伦理应该包括公正、诚实、尊重、奉献、关怀等。

技术和产品只在商业伦理研究中占据较轻的地位，研究者在涉及对生产的工人的关怀和对环境的关怀的时候才会提到技术产品生产伦理。虽然技术和产品贯穿大多数的商业活动，但是商业活动考虑更多的是人与产品、人与人、人与环境之间的关系问题，所以商业伦理研究的问题依然是技术发明生产和传播阶段的问题，不涉及发明过程中

---

[1] S. J. Vitell, et al., "Consumers' Ethical Beliefs: The Roles of Money, Religiosity and Attitude toward Business", *Journal of Business Ethics*, Vol. 73, No. 4, 2007, pp. 369–379.

[2] Göran Svensson, Greg Wood, "A Model of Business Ethics", *Journal of Business Ethics*, Vol. 77, No. 3, 2008, pp. 303–322.

[3] Hunt, S. & Vitell, S., "The General Theory of Marketing Ethics: A Revision and Three Questions", *Journal of Macromarketing*, Vol. 26, No. 2, 2006, pp. 1–11.

的道德规范和伦理困境。

第三个方面,工程伦理研究。

工程伦理是调整工程与技术、工程与社会之间关系的道德规范,是在工程领域必须遵守的伦理道德原则。工程伦理的道德规范是对从事工程设计、建设和管理工作的工程技术人员的道德要求。[①] 早期的工程伦理研究是从工程师的职业伦理责任开始的,认为在工程实践中,工程师应该为工程实践后果负责任,比如工程的质量对使用者的影响,工程对社会环境的影响等,由此需要工程师遵守相关的道德规范。随着社会建构论对各个领域的渗透,研究者逐渐认识到工程绝不仅仅是工程师的工程,一项工程活动要受到社会诸多相关利益群体共同影响,包括技术制造和实施人员、经营者和政治权力掌控者、技术传播和使用者等。所以在实践方面,技术因素、经济因素、伦理因素、社会因素是密切联系在一起的,因而在工程决策中伦理层面是不应缺位的。[②] 当然,不光是在工程决策、实施过程中伦理不应缺位,在工程活动的后期阶段,比如工程验收、评估和使用过程中的维护等过程中,伦理规范依然是需要考虑在内的。

工程伦理是技术实践中涉及的伦理困境,依然没有涉及工程实施之前的技术发明阶段。曹南燕在讨论工程师伦理责任的时候这样论述:既然工程师要求对技术的成就接受全部荣耀,那么他们是否也应该承担工程技术的全部过失呢?实际上,工程师的责任是非常有限的。因为,所有工程技术专家的工作在相当大程度上是受经营者或政治家控制,而不是由他们自己支配的。当然工程师对自身工作中由于失职或有意破坏造成的后果应负责任,但对由于无意的疏忽(如产品缺陷)或由于根本没有认识(如地震预报失误)而造成的影响分别应负

---

① 宁先圣、胡岩:《工程伦理准则与工程师的伦理责任》,《东北大学学报》(社会科学版)2007年第9卷第5期,第388—392页。

② 李伯聪:《工程伦理学的若干理论问题——兼论为"实践伦理学"正名》,《哲学研究》2006年第4期,第95—100页。

什么责任?① 在这段话中隐含着一个问题：有缺陷的产品在工程实践之后产生的不良后果由谁来负责？笔者认为，这恰恰是长期以来对技术研究中忽略的地方，就是发明人在发明过程中应该遵循的道德规范，即发明伦理问题。

在工程伦理的研究中衍生了技术伦理的思考，有学者分析由于在工程实施过程中，一以贯之的是技术、利益和责任，因此技术伦理、利益伦理和责任伦理成为工程伦理的三个维度。② 但是在工程伦理中讨论的技术伦理更多地集中于工程师的技术设计和技术选择，为了考虑工程对人类和社会的影响，工程师应该有责任去思考选择哪一种技术来用于实践，在这个技术选择的过程中，没有涉及发明人对技术的责任问题。

技术创新和实施阶段会产生伦理问题，技术扩散阶段，研究者也没有忽略其中的伦理困境，比如金伯尔·马歇尔（Kimball P. Marshall）认为，在技术扩散阶段，根据美国社会学家威廉姆·奥格本（W. F. Ogburn）的观点，由于物质文化发展过快，非物质文化跟不上物质文化发展的速度，产生文化滞后，技术是物质文化的一部分，伦理是非物质文化的部分，文化滞后导致了社会冲突和伦理问题。③ 所以在技术扩散阶段，伦理问题需要人们关注。

以上所归纳的负责任的创新、商业伦理、工程伦理等研究覆盖了以技术为核心的诸多活动领域、过程和相关主体。围绕这些伦理问题对科学家、工程师的责任和应该遵守的职业规范进行了深入的研究，对不和技术直接打交道的其他相关利益群体的责任问题也同样给予关注。在这些名目繁多的研究中，恰恰忽略了技术最初的产生阶段即发明阶段发明人是否需要有责任的思考和道德约束。

---

① 曹南燕：《科学家和工程师的伦理责任》，《哲学研究》2000年第1期，第45—51页。

② 朱海林：《技术伦理、利益伦理与责任伦理——工程伦理的三个基本维度》，《科学技术哲学研究》2010年第27卷第6期，第61—64页。

③ Kimball P. Marshall, "Has Technology Introduced New Ethical Problems?", *Journal of Business Ethics*, Vol. 19, 1999, pp. 81–90.

二 有争议的发明激发道德思考

技术已经渗透人们生活和社会发展的每一个环节,在发明人用新技术解决问题的时候,也频繁出现很多颇有争议的发明,这些发明的争议之处在于这些满足了特定群体需要的发明是不是符合伦理规范。因为并非所有的需要都是合理的,为了满足这些需要的发明也潜在地隐含不合理性,所以发明人"能够做"不代表"应该做"。

1989年,美国退休病理学家、医生杰克·凯沃金(Jack Kevorkian)发明了"自杀机器",为那些因疾病痛苦缠身的人自助终结生命提供服务。想要自杀的人可以借助自杀机器自己动手,在十多秒的时间里即可停止呼吸。[①] 对于那些病人来说,疾病的痛苦和恐惧说服了他们:快速结束生命是最好的解决方案。于是这些人成为主张协助自杀的医生的受害者。首位接受凯沃金自杀机器结束生命的苏珊是一位处于老年痴呆症早期的女性病人,因为担心病情进一步发展而接受了凯沃金慷慨激昂的承诺,保证让苏珊借助他发明的自杀机器快速无痛苦地死亡。在密歇根州没有禁止自杀的法律,法院告诫凯沃金不允许再次执行类似的协助自杀的活动。[②] 出现的问题是凯沃金是否有权利为苏珊提供自杀方式和设备?再进一步,凯沃金应该发明自杀机器吗?

21世纪的第二个十年开始的时候,中国市场上出现了一款"汽车安全带插片",可以消除由于司机不系安全带发出的提示音,解决司机的"噪声烦恼"。到目前为止,汽车安全带插片依旧赫然出现在各类销售柜台,畅销不衰。在现实生活中,类似的新产品每天层出不穷,这些技术产品一方面解决人们需要解决的问题;另一方面旧的伦理框架无法容纳新的技术,伦理冲突伴随产生。不管技术产品带来的伦理问题是直观的还是隐晦的,它都值得我们反思:谁该为这些伦理问题担负起最初的责任?

[①] Norman K. Denzin, "The Suicide Machine", *Society*, Vol. 29, No. 5, 1992, pp. 7 – 10.
[②] Herbert Hendin, "Gerald Kierman. Physician-Assisted Suicide: The Dangers of Legalization", *The American Journal of Psychiatry*, Vol. 150, No. 1, 1993, pp. 143 – 145.

第五章 发明伦理

假使我们谴责发明人的行为，发明人可能从两个方面为自己辩护：一方面，发明人认为他们的发明活动本身不违法，发明没有对他人造成危害，发明人本身具有自由发明的权利，发明导致的是福还是祸完全取决于使用者。另一方面，他们的发明也是出于解决问题的目的，而且发明的确满足了一些人的需要。在这中间显露出一系列关系问题：不违法的是不是就一定合乎伦理道德的？人们需要的是不是就是应该做的？因此，我们逐渐认识到，道德是一个更为复杂的事情，并非简单地判断什么是好，什么是坏。

道德和法律之间的关系经历了漫长而混乱的过程，虽然发明人的创造性的构思不会对他人和社会构成法律上的侵犯，但是起码这些发明的背后都有一个道德目的：让人们的生活更加美好，由此推动社会进步。人类生存需要满足一定基本的需要，人类的生活需要更多高级的需要来维护，但是不同的人有不同的需要，在满足个人需要的时候还应该平衡个人的需要和他人的权利之间的关系，任何个人的需要都不应该凌驾于他人权利之上，人类需要的满足也应该在符合社会道德规范的框架下进行。此外，发明人在一定程度上通过发明对他人和社会提供的帮助来达到满足个人的道德需要，发明人的道德需要是在高度自觉、对他人和社会负责的心理状态下完成的。所以，发明人在选择人们的需要开始发明活动的时候，就应该怀有负责任的态度来决定他人的哪些需要是应该通过技术发明去努力解决的，哪些需要是不符合社会道德规范而应该遏制的。

从已有的工程伦理、商业伦理研究的成果来看，似乎只有新技术实施并且商业化之后，才会产生伦理问题，参与技术实施和技术扩散的工程师、企业家、企业管理人员，投资者等对技术后果负有责任。那么，这些新技术带来的伦理问题是不是只有等到商业化和传播阶段以后才值得思考？技术在发明阶段，即实施和采用之前是否关涉伦理？是否只有工程师、企业家、投资者是真正要对技术后果负责任的群体？发明人仅仅提出发明的理念而不需要考虑发明的后果？如果发明关涉伦理，发明主体如何能够在发明阶段做出符合伦理的道德判断和决策？

第二节 发明关涉伦理吗?

发明是创造新的制度结构、实践和目标,或者以上方面的任何一些重要的改变。① 发明分为社会发明和技术发明,罗伯特·尼斯比特(Robert A. Nisbet)认为中世纪是社会发明盛产的时代,到了20世纪社会发明开始逐渐匮乏,相反的技术发明占据上风。② 本章所讨论的发明专指技术发明,即为解决人们的问题或者满足人们的需求而进行技术或者物质的创造。发明不同于创新,创新是发明的商业化,发明是创新的初始阶段。根据美国技术史家托马斯·休斯(Thomas P. Hughes)的观点,发明在创新之前,发明只是一个概念。③ 本章所说的发明仅表示技术概念产生和设计阶段,不涉及技术应用和商业化阶段。

发明是人类的创造活动,早期的发明大多依靠个人智力完成,在19世纪末20世纪初,发明开始由个人发明向组织化发明转变。当前,发明不仅受到个体发明人的影响,很大程度上还要受到发明人所在组织的影响。发明的所有关系人可以称为发明主体,发明主体包含直接对发明的新颖性结构做出创造性贡献的发明人和发明人所在的组织。当发明人身处技术研究机构或企业等组织的时候,发明的决策权往往不在发明人手中,所以发明组织也是对发明产生做出贡献的群体。

伦理,是指为了保护和履行个人权利而用以影响人类社会行为的指导原则。指导原则不仅意味着特殊行为者所遵循的法律或者禁令,它也是道德准则。这些道德准则包含关于自然界、生命、个人、社会及其社会价值进行分析、信仰和假设时所持有的最基本的原则。④ 简

---

① William Outhwaite, *The Blackwell Dictionary of Modern Social Thought*, John Wiley & Sons, 2008, p. 308.
② Robert A. Nisbet, *Twilight of Authority*, Liberty Fund, 1975.
③ Thomas P. Hughes, *American Genesis: a Century of Invention and Technological Enthusiasm, 1870–1970*, The University of Chicago Press, 2004, p. 17.
④ Kimball P. Marshall, "Has Technology Introduced New Ethical Problems?", *Journal of Business Ethics*, Vol. 19, 1999, pp. 81–90.

单地说，伦理关乎的是人类行为和决定，它要解决的是行为主体应不应该做，以及在何种规则约束下来做的问题。

发明虽然不涉及技术产品实际应用，但是可以从发明后果的不可预测性和发明的价值负荷两个角度进行分析，发明在概念产生和形成阶段是否有必要进行道德判断？发明究竟是否关涉伦理？

一 发明后果的不可预测性

发明是一件非常不确定的事情，偶然性在其中依然处于关键地位。[①]

不论发明人怀有何种目的性去构思一项发明，发明应用的后果都具有不可预测性。迪特里希·德尔纳（Dietrich Dorner）曾经分析复杂系统由于存在复杂性、内部动力、不可见的要素和无知或错误假设四个方面的特征，而产生无法预期的结果。[②] 借用德尔纳的理论来分析发明活动，可以发现发明的后果同样具有不可预测性。

（1）发明具有复杂性。若干年来，许多技术史家、社会学家、哲学家等不断在思索一个问题，即"新技术究竟是如何产生的？"。没有简单而统一的解释能准确地解答这个问题，因为发明是一项复杂的活动，一项发明的来源涉及多方面的要素：人类需求、特定的环境条件、已有的技术、利益的驱动、发明人对需要解决问题的感知能力、发明人给出解决方案要具备的特质等，这些要素相互联系又相互影响。20世纪80年代以来，技术的社会建构论的兴起，从微观层面上剖析了发明是由社会这个复杂的大系统建构而成的。所以，发明从来都不是某一位发明人的事，它是一个复杂的、系统的过程。在这个复杂的过程中，不可避免地会忽略一些要素，使发明产生一些无法预测的后果。

[①] Richard R. Nelson, "The Economics of Invention: A Survey of the Literature", *The Journal of Business*, Vol. 32, No. 2, 1959, pp. 101 – 127.

[②] Dietrich Dorner, *The Logic of Failure: Why Things Go Wrong and What We Can Do To Make Them Right*, Metropolitan Books, New York, 1996, pp. 37 – 42.

发明在萌芽阶段都不会是完美并且可以直接准备投入使用的，发明的概念永远也不会是无瑕疵的，它们必须经历许多次的反复。发明概念孕育的过程是一个伴有许多虚假的阵痛和奇怪的早产儿的漫长过程，极少具有心灵的孩子（发明）和只有那些经历许多次调整和整形手术之后的孩子（发明）能够存活下来。①

不经过试验想要精确预测理论或者试验结果的有效期是不可能的，这是由一般事物的复杂性和每一个领域的知识的不完备所决定的。②

（2）发明的内部动力机制。发明活动不是发明人独立的思考，大多发明的产生都不是发明人自由的决定，发明的来源取决于多种要素。这些要素随着社会变迁而不断改变并推动新发明的产生，由此形成发明活动的内部动力。未来发明的走向，社会对发明的需求，很多情况下都无法预测，发明活动一定程度上受制于其所处时代的内部动力。

（3）发明活动中不可见的要素。发明活动中还隐藏着一些不可见的要素，这些要素一直影响着发明的产生。比如，一项发明的产生不仅受到当地文化、技术水平的影响，可能还会受到气候的影响，气候因素在被忽视的情况下就成为发明活动中不可见的要素。发明计划的制订者和决策者有时候不能全面了解发明的相关因素，他们的决策必然会受到一些或偶然出现或没有关注到的要素的干扰。

发明得越复杂，要解决的问题自然就越困难，因此很多细节就有可能被忽略，这些被忽略的细节只有在它们被生产或投入使用测试的时候才能表现出来。小发明，通常在使用的时候是大批量生产的，它们的缺陷在样本测试阶段就可能被发现，但是非常大的发明和产品，有可能是用于特殊目的或者唯一定制的，由于发明本身的规模庞大，

---

① F. R. Bichowsky, *Industrial Research*, New York: Chemical Publishing Co., 1942, p.36.

② T. A. Boyd, *Research, the Pathfinder of Science and Industry*, New York: D. Appleton-Century Co., 1935, p.171.

一旦在应用中出现结构或者功能上，后果就可能是灾难性的，而不是经济损失。

（4）发明过程中的知识欠缺和错误假设。想要做出一项好的发明，发明主体不仅要清楚当前的状况还要预见未来的环境条件，同时还要知晓他们的行为如何影响环境。因此，他们的知识结构要足够全面才能跟得上不断变化的环境条件。但是，对于任何发明主体而言，储备所有必需的知识可能是一件困难的事情，因而在发明过程中，由于某些方面知识的匮乏或者无知，对于某些状况出现错误性的假设而导致发明后果超出预期，就不难理解了。

发明结果的不确定性和相关领域的知识程度和寻求进步的程度都具有密切的相关性，尝试开发一个存在较大进步的对象，则存在较大的不确定倾向；而尝试改进现存的目标，则不确定性较低。[①] 在进行较大进步的发明的过程中，涉及许多新的或者前沿领域的知识，而对这些新知识的应用积累的经验相对较少，或者发明人对新知识的把握就具有一定的限度，从而导致了较大进步的发明结果的不确定性程度相对较高。

很多发明在头脑中构思或者在纸上展示出来的时候看起来很好，但是在实践中却未必会那么好。这就要求发明人在面对一个假设的时候，要尽快地采用试验或者模型测试等方式来给予确定，只有这样，才能最大限度地避免发明中错误的假设，实际问题才能够快速地被解决。

奈尔森（Richard R. Nelson）对很多发明进行案例研究，这些案例都证明了尽管在一个特殊领域的发明的预期收益会影响那个领域发明活动的速度，但是重大技术突破活动中的巨大不确定性妨碍了发明的程序化或者对发明的精确预测。需求和科学知识的状态为我们预测和分析提供了一个粗略的引导。[②]

[①] Richard R. Nelson, "The Economics of Invention: A Survey of the Literature", *The Journal of Business*, Vol. 32, No. 2, 1959, pp. 101–127.

[②] Ibid..

发明活动由于其本身的复杂性和内部动力，时常出现无法预期的结果，发明主体因为对发明系统中的一些要素无法看清，同时存在发明知识的欠缺和错误的假设，发明产生预期之外的后果就成为必然。发明后果的不可预测性会产生两种结果：意料之外的但是令人满意的结果和意料之外令人不满的结果。① 变化是永恒存在的现象，即便没有人干预，变化也一直在进行，所有的变化几乎都涉及预期之外的结果，因此意料之外且令人不满意的结果是社会发展、技术变迁的一个部分，也是技术发明产生的后果之一。

二 发明的价值负荷

技术的价值是技术对使用者来说产生的意义和有用性。技术在发明阶段尚不能给使用者带来影响，但是发明在其概念形成时就已经负荷价值，这些价值将在发明实施阶段实现。按照发明负荷价值的倾向性，可以分为正向价值、负向价值和中性价值。② 正向价值或多或少与"好"的意思相近，也可以是较为宽泛的意义上的"好"，与之相反的"坏"则是指负向价值，在狭隘的意义上，中性价值指的是既不是正向价值也不是负向价值，其价值属性取决于在不同的环境中的体现和不同的评价标准。技术的价值在发明阶段和应用阶段有不同的体现。

第一类是明显负荷正向价值的发明。发明的最终价值体现在要对人类生活和社会发展起到积极的推动作用。比如给人们生活带来便利的自行车、空调、医疗设备等就属于这类发明，这些发明产生的时候，就带有正向价值的倾向性。但是，这类发明在应用阶段，部分负向价值可能会逐渐显露，比如空调中使用的制冷剂（氟利昂）对大气臭氧层的破坏，这属于发明的意料之外但令人不满意的后果。具有

---

① Tim Healy, "The Unanticipated Consequences of Technology", in Ahmed S. Khan, *Nanotechnology: Ethical and Social Implications*, CRC Press, Taylor & Francis Group. LLC, 2012, pp. 155 – 174.

② Ramon M. Lemos, *The Nature of Value: Axiological Investigations*, University Press of Florida, 1995, pp. 2 – 3.

明显正向价值的发明在技术史中占据较大比例，也正因为这一类发明的产生，人类的生活才愈加便利和快捷，社会的快速发展很大程度上归功于此类发明。

第二类是明显负荷中性价值的发明。这类发明本身无所谓好坏，最终价值体现主要依赖于用户如何使用它。比如军事器械、炸药等属于此类发明。贝尔在实验室的一次意外中偶然发明了炸药，炸药可以用于炸开岩石，加速建筑活动的进行，但是，炸药一样也可用来破坏人类生命。这类发明显示，发明人往往无法掌控发明的应用后果。[①] 但是，在特定条件下，这类发明又是社会进步所需要的。

第三类是明显负荷负向价值的发明。虽然广大科学家、工程师、发明人、企业管理人员、投资人等的共同奋斗目标是创造先进的物质文化以满足人类的需求，推动社会向前发展，但是在技术发展史上，从发明阶段就表现出直接的负向价值的产品从未缺席。"汽车安全带插片"满足了部分司机狭隘的需求，同时却给司机本人带来巨大的潜在风险；汽车驾驶导航仪本来的主要功能是为司机在陌生路段提供驾驶路线引导功能，但是其附加的"前方有监控，请限速"的提醒功能，却成为很多司机逃避超速惩罚的主要手段。冷静反思一下，司机仅在有摄像头监控的路段降低车速，其余路段可以随心所欲地主宰车速，对于司机本人和路上其他车辆和行人而言都潜藏隐患。生产商为了追求利益将此类产品推向了市场，使用者为了满足一己私利采用了这些产品，但是在产品的发明阶段，发明者是能够也应该清晰预见这些发明的负面影响。

发明是有目的的，虽然发明的目的在发明应用时获得，从以上关于发明的价值负荷和分类可以看出，发明在概念阶段就已经负载价值倾向性。其价值尤其是负向价值就是显在或潜在的。第二类尤其是第三类发明隐含的风险，在发明阶段就应该有所预见，发明主体在发明过程中需要遵循一定的道德准则，以尽可能地规范发明活动，减少其

---

① Franci Rogers, The Ethics of Invention, Baylor Business Review, 2006, Fall.

应用时给社会带来的负面影响。每一项技术，包括自杀机器和汽车安全带插扣，都内嵌了价值，所以对发明采用或传播的决定也就是对发明价值采用或者传播的决定。

迪肯大学（Deakin University）从事创造力与发明研究的保罗·卡特（Paul Carter）教授说："要理解我们所做事情的社会价值，需要研究发明过程而不是其结果"，"发明的价值，既不在发明之后也不在发明之前，而是在发明的过程中"。① 所以，技术的价值根植于发明阶段，发明所蕴含的价值决定着发明成果应用阶段和传播阶段的后果，一项新技术在发明阶段就需要对其进行价值上的判断和道德上的考量。发明关涉伦理，发明伦理相比较创新伦理、工程伦理具有先在性。发明伦理是发明主体在发明活动中对所涉及的道德价值、问题和决策的判断。发明伦理研究发明主体在发明活动中应该恪守价值观念、社会责任和行为规范。

第三节 发明伦理准则

当具有强大潜力的技术迎合人们需要的时候，随之而来的问题是我们的生活质量会随着技术的发展而得到提高吗？技术的发展是不可避免的，但是我们至少可以影响的是对技术的选择，虽然一项技术的出现受到社会多种力量的影响，但是发明主体对技术的选择是首当其冲的。新发明的多样性选择要求发明主体思考发明的伦理意涵：发明的机会接踵而至，哪些发明应该被发明出来，如何恰当地使用这些发明？

有一种观点说"伦理盛行之处，技术必须服从"，但是此观点已经被颠覆，因为技术从来不受控制。② 发明主体无法控制发明被滥用，

---

① Paul Carter, "Interest: The Ethics of Invention", in Barrett, Estelle and Bolt, Barbara Dr. (eds), *Practice as Research: Approaches to Creative Arts Enquiry*, I. B. Tauris, London, UK, 2007, pp. 15–25.

② Isabelle Stengers, *Power and Invention: Situating Science*, Minneapolis. London: University of Minnesota Press, 1997, p. 217.

但是他们能够努力做到在发明时遵守一定的准则并具有高度的发明伦理道德,以及怀有发明好的事物的信念。发明伦理关乎发明主体行为和决策的制定,当发明主体面对多种选择的时候,发明伦理有助于他们做出正确的决策。发明伦理的一个重要功能是为发明主体提供评价标准。① 发明伦理可以为发明主体回答我应该发明什么、我追求的目标是什么和我应该遵循什么规则等问题。

有些情况下,我们可以直接判断哪些是好的,那些是坏的,比如破坏、污染、盗窃等都是坏的行为,但是伦理不是仅仅告诉我们:不要破坏、污染和盗窃。伦理还涉及困境。② 这些困境要由发明主体来解决,发明主体很清楚想要找到问题的恰当解决方式,对问题深入的分析是必要的,同时需要把一些伦理规范内化为行为的自律,才能很大程度上避免坏的发明出现。

伦理的组成要素包括个人责任、诚实、相互帮助、正直、彼此尊重、公正、自尊、对多样性的容忍、公民责任和自我约束。③ 而在讨论新技术中的伦理问题时,有四个关键概念与伦理相关:自我,与他人的关系,社会共同体和产权。围绕"自我""与他人的关系"和"社会共同体"这三个关键词涉及以下核心概念:自由、隐私、尊重和责任;围绕"产权"这一关键词涉及的核心概念是责任、所有权和自愿性。发明伦理作为发明主体的行为规范,同样可以借鉴以上概念。发明主体在发明概念设计和构成的过程中,需要考虑发明的可应用性、发明使用者和非使用者之间的关系、发明在社会共同体中的影响等方面,由此形成发明伦理的准则。

---

① Paul Carter, "Interest: The Ethics of Invention", in Barrett, Estelle and Bolt, Barbara Dr. (eds), *Practice as Research: Approaches to Creative Arts Enquiry*, I. B. Tauris, London, UK, 2007, pp. 15 – 25.

② Marc J. De Vries, *Teaching about Technology: An Introduction to the Philosophy of Technology for Non-philosophers*, Netherland: Springer, 2005, p. 89.

③ Samuel C. Obi, *A Handbook of Productive Industrial Ethics*, Bloominton: Author House LLC, 2014, p. 17.

发明哲学

一 前瞻性原则

前瞻性关乎未来，发明的应用也总是在未来。发明主体选择和决定哪一个发明可以开发的时候，为了避免发明的失败，需要遵从前瞻性的原则。全球瞭望小组（Global Lookout Panel）曾经给出在前瞻性行为决策中的一些"道德障碍"，包括有：没有充分关注后代的需要，只关心自己群体或国家的福祉，领导者和政策制定者的腐败，贪婪和以自我为中心，接受不公正的现象，缺乏对世界的整体性认识，不尊重环境，缺乏同情心和对他人的宽容。[①] 所以，发明主体应该努力打破这些道德障碍，克服外部和自身内部的弱点，选择符合社会需要并且推动社会进步的发明。

发明的前瞻性的考虑，涉及发明主体对技术发展的预测能力。因为发明从产生到应用之间有一定的时间间隔，这个间隔是技术发明和技术创新之间必要的孵化阶段。发明主体要能够预见到哪些发明在跨越孵化阶段之后，依然能够适应社会的需要。

一项发明可能会立即展示其有用性，也可能是空想的，需要在使用之前对技术或适用范围上进行重大改进。和发明一样，创新也可能快速完成，也可能需要很长时间。一项创新通常由以下不同的活动组合而成：一项发明被认可，获得资金，寻找到可以生产的工厂，雇用好管理人员和工人，市场开发，然后是生产和销售。这个过程不仅要消耗大量的资源，而且在创新的每一个步骤中都有可能出现失败、反复，因此拖延和阻碍创新的顺利进行。

伊诺斯（John L. Enos）对35项重要的发明展开研究，统计分析后得出他们从发明到创新的平均时间间隔是13.6年。[②] 伊诺斯定义发明的时间为"产品关键的商业化形态的最初概念产生的时间"，这个时间

[①] Jerome C. Glenn, Theodore J. Gordon and James Dator, "Closing the Deal: How to Make Organizations Act on Futures Research", *Foresight*, Vol. 3, No. 3, 2001, pp. 177 – 189.

[②] John L. Enos, "Invention and Innovation in the Petroleum Refining Industry", in *The Rate and Direction of Inventive Activity*, Princeton: Princeton University Press, 1962, pp. 299 – 322.

恰恰是本章所讨论的发明人进行发明的选择的时间，也是需要对发明的价值进行判断的阶段。类似的研究还有阿加瓦尔（Rajshree Agarwal）和贝叶斯（Barry L. Bayus）对30项重要的发明进行统计分析，时间覆盖从1830年的缝纫机到1979年的计算机光盘驱动器，最后发现发明到创新平均需要28年的时间，① 曼斯菲尔德（Mansfield）认为从发明到最初商业化的平均时间是10年到15年②，厄特巴克（James M. Utterback）和布朗（James W. Brown）认为产品引入到市场之后，在市场上产生重要影响还需要额外的5年到8年的时间。③ 由此可见，从发明产生到发明被采用，更进一步发明产生实质性的影响，这个阶段往往需要几年到几十年不等，所以在确定发明主题的时候，发明主体不仅能够看到当前的社会需要，还要能够准确预测未来的技术需要，起码能够预测未来几年到十几年甚至几十年的技术发展趋势，发明主体对未来需要预测得越准确，越能够增加发明成功被采用的概率。

发明的前瞻性是发明具有持久生命力的关键原则。一项好的发明应该不仅能够解决当前人们迫切要解决的问题，更要体现在其长时间的市场竞争力上。发明主体应该充分预测未来环境条件的变化，以使当前的发明能够适应未来的环境条件。一项不具有前瞻性的发明很有可能仅仅停留在发明阶段，这对发明主体和投资者而言会造成资源上的浪费；即使发明进入应用阶段，也很有可能由于不能跟随环境条件的变化而很快退出市场。所以发明的前瞻性原则是对发明主体的时间、精力和社会资源负责任的表现。

二 科学性原则

发明不仅涉及发明主体的创造性能力，还受制于自然法则。发明

---

① Rajshree Agarwal, Barry L. Bayus, "The Market Evolution and Sales Takeoff of Product Innovations", *Management Science*, Vol. 48, No. 8, 2002, pp. 1024–1041.

② Edwin Mansfield, *Industrial Research and Technological Innovation: An Econometric Analysis*, New York: W. W. Norton & Company, 1968, p. 129.

③ James M. Utterback, James W. Brown, "Profiles of the Future Monitoring for Technological Opportunities", *Business Horizons*, Vol. 15, No. 5, 1972, pp. 5–15.

过程中要把自然规律融入发明的建造中去，发明让生活变得更加美好，这是基于科学原理的正确应用的结果。就像飞机的发明需要把提升的原理、阻力和飞行等科学原理融入发明中去，在莱特兄弟发现正确的空气动力学原理之前，飞机发明的探索一直无法实现持续的动力飞行技术。

　　超乎寻常的创造力是发明人共同拥有的特质。但是，立足于丰富的创造力基础上的发明要符合基本的科学原理，否则，发明只能是空想，甚至走向另外一个极端——伪科学。不符合科学性的发明，往往导致比较严重的后果，要么浪费大量的人力、物力、财力等研究资源，要么给使用者带来巨大损失。在科学发展史上，不符合科学原理的发明时常掺杂在科学的发明的行列中浑水摸鱼，比如"水变油"的发明，打着科学的旗号，与科学研究争夺资源，给广大使用者带来损失。发明主体一方面由于对科学的无知或者知识的匮乏，另一方面出于对发明产品利润的贪婪，使发明盲目进行，这在世界范围内的发明史上并不少见。所以，发明主体在确定新的发明课题时就要慎重考虑：本发明是否符合当前已有的科学原理，能否达到预期的性能？

　　1996年，一个美国地方法院批准了针对科卓公司（Quadro Corporation）的永久禁令，禁止科卓公司销售具有包含多种名称的一类产品，像科卓跟踪器Quadro Tracker、高尔夫球探测器（Golfball Gopher）、跟踪器（Trailhook）、寻宝猎人（Treasure Hunter）等。这些产品宣称能够探测到看不见的物品，引导设备持有人按照正确的方向去寻找物品，比如，公司宣称科卓跟踪器能够探测像毒品和爆炸物这样的违禁品。经过X-射线扫描过后发现科卓跟踪器不过是一个中空的塑料外壳再加上一个无线电天线，结果是必然的，科卓跟踪器不能检测任何事物。[1] 这项欺骗性的发明的受害者涉及广大消费者、执法机构、监狱、学校等，因为科卓跟踪器被卖给这些机构用于其宣称的检测毒

---

[1]　United States v. Quadro Corp. , 928 F. Supp. 688（E. D. Tex. 1996）-U. S. District Court for the Eastern District of Texas - 928 F. Supp. 688（E. D. Tex. 1996）April 22, 1996, http: // law. justia. com/cases/federal/district-courts/FSupp/928/688/1446818/，2015/05/20.

品、枪支和炸药,此外,本发明产生的另一种影响是通过对产品的虚假描述对普通公众产生误导。

这是一个非常典型的非科学的发明案例,客观地讲,由于人类认知的有限性和科学技术的复杂性,很多发明在最早出现的时候都包含很多不确定性的因素,包括科学的和非科学的,技术的发展恰恰就是通过不断地去除非科学的部分而不断标准化和向前发展。鉴于科卓跟踪器简单的结构,也没有最新的科学研究成果用于其中,发明主体应该很清楚其发明的虚假成分,更进一步的发明接着被推向市场,发明主体和创新主体不仅缺乏研究中的科学精神,还缺乏对创新负责任的态度。

三 尊重性原则

伦理与技术之间的传统对立是基于这样一个观点:纯粹的技术方案在本质上和真正的人类无关,把人类当作和其他事物一样对待,而不考虑选择和价值。[①] 尊重的态度是主体和客体(对象)之间的关系,即主体从某个角度以某种适当的方式对待客体。18 世纪哲学家康德(Immanuel Kant)认为所有的人都是需要被尊重的对象,在康德之前,荣誉、自尊和审慎被认为在道德和政治理论中具有重要地位,康德最早坚持人拥有绝对的尊严应该被尊重,人是自身的目的。这一思想已经成为现在人本主义和政治自由主义的核心思想。并且,近些年来越来越多的学者讨论道德上的尊重也应该延伸到人类以外的事物,比如非人类生物和自然环境等。[②]

尊重是一个响应性的关系,通常尊重和响应的关键要素相联系,这些要素包括关注、敬意、判断、确认、评价和反应。我们尊重一个

---

① Isabelle Stengers, *Power and Invention*: *Situating Science*, Minneapolis, London: University of Minnesota Press, 1997, p. 217.
② Stanford Encyclopedia of Philosophy, Respect, Stanford Unversity, First published Wed Sep 10, 2003; substantive revision Tue Feb. 4, 2014, http://plato.stanford.edu/entries/respect/, 2015/10/27.

客体的原因是我们可以判断出客体具有正当得到尊重的特征，这一类型的客体需要得到尊重。尊重，从词源学的角度来说指关心、关怀和以人为本，尊重意味着主体所需要的不是仅仅容忍他人或者根据他人的权利而去做出选择。① 当某人接受了别人的选择，但是别人的行为方式却让他感到耻辱，这就是不被尊重的，所有人都是在别人的行为方式中感受到自己的尊严。② 被尊重的客体有许多不同种类，存在他们值得尊重的多种理由，也因此尊重可以采取除了关注、顺从等以外的不同形式。更进一步，有些对象我们可能不喜欢或者不赞同，但是我们可以尊重这些对象，比如敌人或他人的观点。尊重的方式有很多，比如保持距离、提供帮助、赞扬或仿效他们的行为、服从或信守、不冒犯和不干扰、保护或小心对待、以能体现出他们价值或地位的方式谈论他们、悼念、培育等。③

发明要考虑到以下三个方面的尊严。

第一，发明要尊重使用者的尊严。一切发明都是面向使用者，对使用者最起码的尊重是发明被用户接纳的基本条件。人具有内在价值，所以我们不仅要尊重自己的尊严也要尊重别人的尊严，这是长期且普遍存在的观念。④ 所以，好的发明在应用过程中要无损于使用者的尊严、自由、人格等。

第二，尊重发明所处的时代文化和社会环境。对发明伦理的讨论已经超越一些特殊的发明，就算氢弹这样特殊的发明也不能脱离社会环境之外来谈论它们。因为社会大环境不是独立于发明之外而是和发明成为统一体，这在讨论"发明伦理"这个词语的时候是明显的，

---

① Alfred Allan, Graham R Davidson, "Respect for the Dignity of People: What Does This Principle Mean in Practice?", *Australian Psychologist*, Vol. 48, No. 5, 2013, pp. 345 – 352.

② Richard Dean, *The Value of Humanity in Kant's Moral Theory*, Oxford University Press-Special, 2006, p. 138.

③ Stanford Encyclopedia of Philosophy, Respect, Stanford Unversity, First published Wed Sep 10, 2003; substantive revision Tue Feb. 4, 2014, http://plato.stanford.edu/entries/respect/, 2015/10/27.

④ Alfred Allan, Graham R Davidson, "Respect for the Dignity of People: What Does This Principle Mean in Practice?", *Australian Psychologist*, Vol. 48, No. 5, 2013, pp. 345 – 352.

这并非意味着要区分"好"的发明和"坏"的发明,而是指发明的习惯。① 发明总是处于特定的社会条件下,发明是否尊重其所处的社会文化是决定社会能否容纳发明的一个重要特质。尊重,在不同的文化中也是共享的。② 发明要考虑到区域文化的特殊性,才是"以人为本"的发明。

第三,发明也要确保使用者和非使用者之间产生彼此的尊重。大多数发明都只能满足于部分用户的需求,一项发明不仅考虑到使用者使用时是感到被尊重的,还要兼顾和使用者有相互影响的非使用者群体也不会感觉到不被尊重。发明的使用者由于采用某项特殊的发明而侵犯了他人的隐私、自主性和多样,这样的发明同样是需要慎重考虑的。

虽然发明可以影响到多种对象的尊严,但是发明的主体总是人,有意识、具有认知能力的理性的存在,他们能够自觉和有意识地做出反应,能够对不敬的行为负责任。表达尊重的形式应该直接来自行为者对客体的认知,而不是根据行为者个人的利益和欲望。③ 发明主体在进行发明内容选择的时候,应该充分考虑发明在使用的过程中是否给使用者、非使用者以及社会文化产生不尊重的后果,发明主体表达尊重的方式应该建立在对客体充分认识的基础上,而不是首先考虑发明给发明主体带来的经济利益或者其他好处。

四 负责任的原则

人类行为的新秩序需要相应的具有前瞻性和责任感的伦理道德。

---

① Paul Carter, "Interest: The Ethics of Invention", in Barrett, Estelle and Bolt, Barbara Dr. (eds), *Practice as Research: Approaches to Creative Arts Enquiry*, I. B. Tauris, London, UK, 2007: 15 – 25.

② Alfred Allan, Graham R Davidson, "Respect for the Dignity of People: What Does This Principle Mean in Practice?", *Australian Psychologist*, Vol. 48, No. 5, 2013, pp. 345 – 352.

③ Stanford Encyclopedia of Philosophy, Respect, Stanford Unversity, First published Wed Sep 10, 2003; substantive revision Tue Feb. 4, 2014, http://plato.stanford.edu/entries/respect/, 2015/10/27.

发明主体对发明负有责任感主要基于发明主体对发明的社会影响或应用后果的预见，发明主体对发明的社会影响的预见是他们选择发明主题的重要参考。如果发明主体不能客观地预见发明的社会影响而仅凭当前人们的需要和发明带来的可见的经济效益来选择发明，这是对他人和社会的不负责任，不仅可能造就给社会带来负面影响的发明，也有可能创造大量较短生命周期的发明。

发明对社会产生的影响很多时候不会立刻暴露出来，它们还需要时间来充分展示，就像一个孩子从少年逐渐长大成人。奥格本把发明的影响分为即时影响和衍生影响，即时影响是发明投入使用后产生的最快和最直接的后果，生产者和使用者最先受到影响；衍生影响则是发明产生的次一级或再次一级的影响，衍生影响的产生具有一定的滞后性，有时候这个滞后性可能需要更长的时间，并且由于发明的影响受到社会多重因素的干扰而呈现辐射状向四周散开，所以对发明的影响尤其是衍生影响的观察和预测难度很大。[1] 但是，发明主体需要尽可能预见这些发明的影响，这将减少发明的有害作用。

当前，技术不仅仅应用到非人类领域，人类自身已经被嵌入技术的目标中去了，而责任更多的是面向人类的责任。[2] 发明行为虽然受到金钱、权力、名誉等利益的驱动，但是由于发明产品不仅作用于自然界，也作用于人类自身，发明主体要对发明后果负有责任感。人的自我规范决定了他的实际行为，也就是说人永远是他过去行为的执行者，最重要的是他是自己未来行动的准备者，责任感是发明人内在的规范和自我约束的力量，是对他将要发明什么技术的一种自我监督机制。人们的活动内容、正在产生影响的事件和发明的不确定的后果共同汇集形成了相关的责任界限，发明人要深思熟虑这个责任界限，并

---

[1] Ogburn, W. F. and S. C. Gilfillan, "The Influence of Invention and Discovery", *US President's Research Committee on Social Trends*, *Recent Social Trends in the United States*, New York: McGraw-Hill, Vol. I, 1933, pp. 158-163.

[2] Jonas, Hans, "Technology and Responsibility: Reflections on the New Tasks of Ethics", *Social Research*, Vol. 40, No. 1, 1973, pp. 31-54.

做出英明的决策来决定应该发明什么。

从技术的社会建构的角度出发,发明的选择通常不能仅仅按照发明主体的单方面持有的价值,但是,发明主体一定是参与发明构思过程的主要群体,发明主体的责任是发明伦理中不可或缺的概念,为了应对发明的责任,发明主体需要有能力识别和分析道德困境,以及在发明决策争论时具有争论和辩护的能力。当然,即时停止技术开发,人们能够预见到的未来是有限的,人们不能预测到技术发展带来的每一个伦理问题,因为人类的认知系统是有限的,所以对技术发展的伦理认识永远不会终结。然而,人们能够做的是打开新技术的潜在的后果,由于应用伦理是一个动态的事情,人们需要竭尽所能地持续地对环境状态做出评估。①

乔治·W. 康克(George W. Conk)认为当发明人从法律获得发明垄断权并为之带来利益时,责任也应当随之而来,发明人有特别的义务去跟踪产品的效果、优势和劣势。②康克考虑的是发明被应用之后发明人的责任,而在对发明主题进行选择和决策的时候,发明主体也应该本着对发明的使用者和社会负责任的原则。

当发明由群体进行的时候,发明活动则蕴含着集体责任的问题。当由于发明的失败导致重大灾难发生的时候,整个发明群体都应该对此负有责任。发明中的责任不仅仅是个人的特点,也是群体应该遵循的原则。群体责任使对发明进行伦理思考变得更加复杂,假如责任首先是一个集体性的事情,个人如何担负起责任?每个人都可以辩解他或她只是集体的一小部分,他或她的个人力量不可能改变发明的过程,他们以此来捍卫自己。从哲学上看,这个问题在于是否存在一些每个人都共享的"团队精神",这些精神包括诚实的美德,发明群体

---

① James H. Moor and John Weckert, "Nanoethics: Assessing the Nanoscale from an Ethical Point of View", in Discovering the Nanoscale, eds., *Davis Baird, Alfred Nordmann and Joachim Schummer*, Amsterdam: IOS Press, 2004, pp.301–310.

② [美]乔治·W. 康克:《发明与发明人的义务》,周琼译,《科技与法律》2014年第2期,第316—327页。

中每个人都应该具有的责任感和可靠性。发明团队的精神要求团队中的每一位成员都要为发明负有责任感，否则发明的后果可能更为严重，因为当前重大的发明主要出自集体发明。

五 安全性原则

如果不关注风险问题，那么对发明伦理的讨论就是不完备的。风险的概念是和未来的机会和不确定性相联系的。假如发明人能够准确知晓发明所导致的影响，那对发明的决定就会容易得多。但是，发明人做不到。这也适用于安全方面，发明人很难知晓他们的发明是否足够安全，假设能够实现按照预先排除所有的风险的方式从事发明，成本也会太高，因此，发明人几乎被迫允许风险存在。但是，发明人在有限的判断能力范围内，应该有尽量判断和避免风险的能力和意识，因为对风险的规避是发明人对待发明影响的严肃的态度，这个态度驱使发明人在发明活动中遵循安全性的原则。

几乎所有的发明都以后续的广泛应用为目标，产品的安全性是能否进入应用阶段的关键要素，也是发明主体负责任的重要体现。发明的安全性，包括人的身体安全和心理安全，起码具有两个层面的含义：一是使用者本人在使用发明的过程中是安全的，不会损害使用者的身体、心理健康，甚至发明能够促进使用者提升自身的安全性；二是使用者在使用发明产品过程中不会给其他人带来不便，甚至危害，即使用者所处的社会群体是安全的。发明后果的不可预测性决定了发明产品风险的存在，发明人无法选择或者消除发明后果的不确定性，但是可以降低发明后果的不确定性。发明主体可以通过增加知识、通过更多组织汇总充分的数据、增强对现有条件的控制能力以及放缓发明进程的步伐来减少发明后果的不可预期性，[①] 降低发明应用的风险，提高其安全性。

---

① Frank Knight, *Risk, Uncertainty, and Profit*, Mineola, NY: Dover Publications, 2006, p. 239.

技术始终是一件有风险的事业，对于风险的量化是在管理和工程领域出现的一个相对较新的现象。在20世纪80年代早期，美国航空航天局（National Aeronautics and Space Administration，NASA）评估航天飞机飞行的成功率可以达到99.999%。但是，挑战者号的失败可以让人们重新思考航天飞机的设计细节和操作，并且在吸取经验教训的基础上进行调整。在经历了20个月的沉寂之后，航天飞机重新恢复使命，并且在成功执行了113次任务之后，终结于2003年哥伦比亚号航天飞机的解体事件。历史记录了在哥伦比亚号事件之前，航天飞机的成功率是99.11%，这次失败使成功率降到98.23%，在2010年5月亚特兰蒂斯号航天飞机完成最后一次飞行返回的时候，这个数据增长到98.84%。即便如此高的成功率，风险和失败依然存在，而人们对技术成功的估计往往过于乐观。[1]

风险的问题导致了发明中的安全性原则，如果发明的风险很难估量，安全性原则则成为发明决策的指导方针。这个原则告诉发明人要站在安全的一面，假如某一项发明可能带来的破坏具有很大的不确定性，安全性原则要求发明人：不要继续。

准则不是客观的责任而是自我决定的主观特性。[2] 发明伦理准则不仅需要发明主体在追求"好"的发明过程中自觉遵守，更需要发明主体塑造其内在的道德品质。那么，在发明伦理准则和发明的其他利益冲突的情况下，发明人如何发展他们高尚的道德情操和塑造追求真、善、美的良好动机，如何承担起发明伦理责任并建构发明的伦理道德呢？

第四节 发明主体伦理道德的建构

发明主体的伦理责任是很难界定和检验的。从个体发明人的角度看，发明是一种自由的活动，发明人可以任意发明各种产品。对于发

---

[1] Henry Petroski, *To Forgive Design*: *Understanding Failure*, Cambridge, Massachusetts: The Belknap Press of Harvard University Press, 2012, pp. 27–28.
[2] Jonas, Hans, "Technology and Responsibility: Reflections on the New Tasks of Ethics", *Social Research*, Vol. 40, No. 1, 1973, pp. 31–54.

明组织而言，它们自己制定的公司规范更多是保护自身的利益，甚至很多公司不告诉它们的研究人员本公司的伦理规范如何执行，所以公司制定的规范多是装点门面的东西。[①] 另外，即使发明人及其组织使用了正确的操作过程和符合伦理道德的分析，但是依然有可能会出现好人做坏事，或者是好的组织从事不道德的行为的现象，这种事情是如何发生的呢？肯尼斯·劳顿（Kenneth C. Laudon）已经意识到道德行为具有经验限制，这些限制主要表现为：（1）有限的道德理性，它限制了对于"最好结果"的准确估量；（2）新形式的不确定性需要人们借鉴过去的经验对当前状况做出反应；（3）每种环境都具有独特性，因此现存的规则未必适用；（4）其他行为者扰乱环境产生一批机会主义者，机会主义者采取的极端方法不能正确反映出预期的结果。

由此可见，在发明过程中，想要提高发明蕴含的正向价值，减少发明的负向价值，需要发明主体不仅要遵循发明伦理准则，更应该对发明决策和发明可能出现的应用后果做出正确的价值判断。发明活动中最基本的伦理问题就是如何让发明主体建立起有效的伦理道德规范，以此来促进发明以道德的方式出现。

考虑到发明受到发明人和发明组织的决定性影响，可以从发明人平衡内部和外部道德制约建构道德想象力以及发明组织进行发明的道德决策三个方面建构发明主体的伦理道德。

一 发明人平衡内部和外部的道德制约

发明人在选择发明课题时，首要考虑的因素包括社会需求、利益和发明的可能性和可行性等。如果一项发明不能给发明人及其所在的组织带来利益，发明人一般对其不予考虑。当前的发明很大程度上受到狭隘的功利主义的影响，即发明主体的动机是其自身从发明中获得的收益，他们判断一项发明的有用性的标准是"只要有人需要"，而

[①] Max B. E. Clarkson, "A Stakeholder Framework for Analyzing and Evaluating Corporate Social Performance", *The Academy of Management Review*, Vol. 20, No. 1, 1995, pp. 92–117.

较少考虑有多少人需要和需要是否合理等问题。功利主义对"什么是我们应该做的?"这个问题的回答简单而又直接:在恰当的环境下,如果一个人的行为能够为绝大多数人带来快乐,他就应该去做。这个表述是建立在约翰·穆勒(John S. Mill)的最大幸福原则基础上的。①按照穆勒的观点,道德的基本信条是有用性,他认为道德建立在人类的社会情感基础上,所谓的幸福不是某个人的幸福,而是最大多数人的幸福。前文提到的汽车安全带插片的发明满足了部分汽车司机的短暂需求,但是并不能给大多数人带来安全和幸福。这样的产品不是真正有用的产品,发明人的发明动机也是自私的和狭隘的。

伦理,首要的是品行的美德而不是准则,② 好的发明依靠具有内在美好品行的发明人。那么,发明人如何在发明决策中拥有良好的道德动机呢?平衡其内部道德制约和外部道德制约是发明人树立良好动机的重要方面。

根据穆勒的道德理论,人的行为活动受到两种道德制约影响:外部制约和内部制约。外部制约指的是两种不同的外部力量影响一个人的道德行为,它包括对可能受到外部力量惩罚的恐惧和对获得别人的好感、同情的渴望;内部制约指的是责任感,表现在人类意识中。如果说外部道德制约主要来自对他人的影响而造成结果的话,那么内部道德制约则主要建立在个人良心本质基础之上。穆勒认为道德最重要的基础或者说道德动机最重要的支撑是建立在对社会中其他人同情的感情基础上的。根据西蒙·科勒(Simone de Colle)和帕特里夏·韦翰尼(Patricia H. Werhane)对穆勒道德制约的分析并将其应用到商业伦理理论中的观点,③ 我们可以借鉴过来用以分析发明人道德动机的

---

① John S. Mill, *Utilitarianism*, London: Longmans, Green, Reader, and Dyer, 1871, pp. 9 – 10.

② Edwin M. Hartman, "The Role of Character in Business Ethics", *Business Ethics Quarterly*, Vol. 8, No. 3, 1988, pp. 547 – 559.

③ Simone de Colle, Patricia H. Werhane, "Moral Motivation Across Ethical Theories: What Can We Learn for Designing Corporate Ethics Programs?", *Journal of Business Ethics*, Vol. 81, 2008, pp. 751 – 764.

建立。

发明人想要建立起道德行为的动机，为最大多数的人的幸福进行发明，他们需要具备两种能力。一种是获得用以欣赏社会合作价值和社会幸福的道德情感的能力，要想为社会的幸福做出贡献，就需要他们的发明不仅能为发明人自己带来益处，还要尽可能地为利益相关者带来益处。另一种是知晓符合道德的行为的外部利益和不道德的行为的消极影响的能力，亦即发明人需要知晓遵循发明伦理准则而产生的发明会给他们带来名誉、金钱回报、良好的职业等，相反，不符合伦理道德规范的发明则会给他们带来名誉损失、丢失客户甚至法律制裁。具备这两种能力，发明人才能够平衡内部道德制约和外部道德制约，更好地调整发明活动的方向。

二 发明人道德想象力的建立

发明活动是一种创造性的活动，其本质是构思出新颖性的产品，发明结果因为其"新"，所以本身带有很大的不确定性，这种不确定性意味着新发明给使用者带来利益的同时也伴随风险。发明人需要建立"道德想象力"，在发明阶段充分想象发明成果怎样影响以及在多大程度上影响了使用者和使用者所处的环境，提前规避发明带来的消极影响。

道德想象力，是在特定情境下发现和评估各种可能性的能力，在进行评估时不仅取决于环境和系统规则或受规则支配的焦点，还受制于它所运行的心智模式。[1] 道德想象力具有以下功能：第一，对自身及其所处环境状态进行反省；第二，站在所处情境之外思考，理解心智模式或者描述所控制的状况，预见计划实施之后可能产生的冲突和道德困境；第三，道德想象力具有想象新的可能性的能力；第四，道德想象力进一步要求从旧的情境，所控制的心智模式和已经预设的新

---

[1] Patricia H. Werhane, *Moral Imagination and Management Decision-Making*, New York: Oxford University Press, 1999, p.93.

的可能性等角度进行道德观点的评估。① 道德想象力对理性尤其是道德理性的形成而言是一个有效的促进过程。道德判断不仅仅是头脑中的想象，它还要求认知的推理过程和公正的权衡，道德想象力是富有责任感的道德判断中的一个必要组成部分，是实践道德理性的必要补充。

发明人的道德想象力可以从三个层面运行。首先，发明人理性地站在特定情境之外来总览全局，即全面理解发明面对的环境条件、发明所针对的人群、发明所需要遵守的道德标准等，以此来判断发明的可能性。其次，发明人要充分想象发明应用后产生的各种可能性，对发明的科学性、安全性和对使用者及非使用者的尊重等方面进行理性分析和道德判断，以此来决策发明的必要性和可行性。最后，对发明产生的社会后果进行总体评估，反复思考发明是否为社会最大多数人带来幸福、发明是否负荷正向价值并推动社会向前发展。在这一阶段，发展道德敏感性有助于发明人更为全面地为其发明进行道德评估。

道德想象力在发现和发明阶段就应该伴随进行，而不是在问题出现之后再进行反思。在一个新发明的创造过程中，道德想象力就应该开始工作。道德想象力应该成为发明人道德思考（审议）的基础，从理想的层面上讲，道德想象力应该为发明人理解自己、别人、社区和文化提供方法，为反思性批判、为转换思考提供方法途径，这些都是发明人道德成长的基础。道德想象力不仅仅是发明人的预防剂，它还用以确定新发现所需要的领域，并且为新发明的发展提供一个框架。②

三 组织化发明的道德决策的制定

发明伦理问题，一方面集中于个人判断和个人决策，另一方面涉

---

① Patricia H. Werhane, "Moral Imagination and Systems Thinking", *Journal of Business Ethics*, Vol. 38, 2002, pp. 33–42.

② Michael. E. Gorman, *Transforming Nature: Ethics, Invention and Discovery*, Kluwer Academic Publishers, 1998, p. 197.

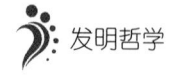

及企业决策。

弗吉尼亚大学的迈克·高曼（Michael E. Gorman）教授在给工程类学生讲课过程中，告诉学生设计决策如何能够以及必须嵌入伦理因素，但是学生们对这个话题一直不能顺畅地接受，他们更愿意区分伦理和设计决策，对他们以及其他很多实践者而言，伦理应该是涉及企业行为等问题，而设计决策则是价值中立的。[①] 实际上，不仅企业行为涉及伦理问题，设计决策也同样嵌入伦理因素。同样，当发明人处于某一企业或者科研机构等组织中的时候，一项发明的决定权更多地受制于组织或发明团体。因此，组织化发明道德决策的制定是减少和避免发明带来不良后果的重要保障。

发明组织感知到需要解决的问题之后，它需要决定采用什么样的方法去解决问题，一个问题往往可以有不同的解决途径，不同的解决途径决定了发明的形式也决定了发明应用的后果。所以，发明组织在决定如何发明的时候，他们会采用发明的柔性特质以适用社会群体、规范和当前的文化。一旦发明实施，最初的灵活性就消失了，所以在发明阶段的决策就变得非常重要了。

组织化发明的道德决策的制定需要注意以下几个方面。

第一，组建一个智慧的决策团队。[②] 发明组织的道德决策通常由团队来确定，有时候在某些组织中会有固定的委员会专门分析和制定新技术开发的决策，有时候则是临时由发明和管理人员组成的决策小组。团队的成员组建较为关键，发明人、工程师和哲学家应该一同工作去解决发明活动中的伦理困境，哲学家理解发明活动和工程实践的某些方面，发明人和工程师获知哲学家解决问题方法的经验知识。这样的团队有助于更好地考虑发明和社会、技术与人文两种关系，遏制不良的发明动机，对发明活动进行道德评估。

[①] Gorman, M. E., *Ethics*, *Invention and Design*: *Creating Cross disciplinary Collaboration*, ASEE Annual Conference Proceedings, 1998, p. 4.

[②] Michael E. Gorman, Turning Students Into Ethical Professionals, IEEE Technology and Society Magazine, Winter, 2001/2002, pp. 21 – 27.

更好的伦理需要伦理学家、科学家和技术专家更好地合作。我们需要一个多学科的方法。① 伦理学家需要被告知技术的本质以及技术的发展和应用有可能带来什么样的后果,科学家和技术专家需要面对由伦理学家和社会科学家提出的注意事项,慎重考虑技术发展的风险或授权应用后可能产生的影响。

第二,平衡发明组织的动机和价值判断。发明组织在进行发明选择时,通常面对多种动机:资金、实践、管理、技术、经济、竞争、企业、组织化、社会、个人和道德问题。它们不能纯粹追求自身利益和效益最大化,相反,对他人的责任、对社会的关怀、对环境的尊重等都应该成为发明组织制定决策的动机之一,也应该逐渐形成组织的发明行为规范。

正向价值和负向价值决定了最终价值,也决定了行为者的思考和行为方式。价值的积极和消极的影响以不同的组合影响着最终价值,价值的来源可能是完全正向的,也可能是彻底负向的,或者是两种价值的结合,所以人的行为可能产生彻底积极的影响,也可能是彻底消极的影响,或者两者兼有。② 发明组织在进行发明的价值判断时,要尽可能让发明负荷的正向价值最大化、负向价值最小化,这是推动发明向好的方向发展的有效思考方式。

第三,建构良好的组织文化,提升发明决策人员的道德认知发展水平。

组织文化是组织成员共同分享的一套设想、价值观、目标和信仰。组织文化在组织成员道德发展中具有重要地位。首先,组织文化影响成员的思想、情感并引导成员的行为。其次,组织文化通过允许组织成员做负责任的决策和鼓励成员承担角色来推动成员个人道德发展。最后,浓厚的组织文化可以成为群体规范以引导行为者,有助于

---

① Nicely elaborated in Philip Brey, "Method in Computer Ethics: Towards a Multi-Level Interdisciplinary Approach", *Ethics and Information Technology*, Vol. 2, No. 2, 2000, pp. 125 – 129.

② Richard M. Sorrentin, Edward Tory Higgins, *Handbook of Motivation and Cognition: Foundations of Social Behavior*, Volume II, The Guilford Press, 1990, p. 196.

成员判断什么是对的和在特定条件下谁来负责任的问题。发明组织通过持续教育培训、组织精神提炼等方式形成良好的组织文化，以便更好地影响发明决策人员的道德发展，提升他们的道德认知发展水平。

小　　结

现代技术不断涉及新领域、新目的以及带来新的结果，原有的伦理框架已经无法容纳这些新现象。虽然仅仅通过哲学探讨发明伦理不可能在很短的时间内杜绝不道德的发明出现，但是当新的道德困境和伦理冲突不断显现的时候，当人们将关注点聚焦于新技术已经产生的实际后果的时候，我们需要回头冷静思考，技术在发明阶段就已经关涉伦理，发明主体就应该对自己的发明活动进行道德规范。虽然说"亡羊补牢，犹未晚矣"，但是在羊"未亡"之前就加强防范措施，却是一件事半功倍的事情。

高曼教授多年来致力于技术、发明与伦理道德方面的教学和研究，他期望学生们尤其是工科的学生们未来能够成为具有伦理道德的发明家—企业家。[①] 发明是重要的，人类社会需要好的发明来推动社会向前发展；发明主体是重要的，因为发明主体决定了发明的产生。但是连接发明主体和发明之间的发明伦理是更为重要的，因为只有考虑到发明伦理的发明主体才能做出有道德的发明。否则，没有伦理规范引导和制约的发明，带给人类的可能是繁荣，也可能是毁灭。

---

① Gorman, M. E., *Ethics, Invention and Design: Creating Cross disciplinary Collaboration*, ASEE Annual Conference Proceedings, 1998, p. 4.

第六章 发明的成与败

所有人们在使用着的产品都暗示了那些在一定程度上成功的发明,可是在这些发明背后,还隐藏着大量的失败的发明,这些失败的发明的数量远远大于展示到人们面前的产品。失败的发明得不到曝光的机会,更得不到赞赏,失败的发明待遇如同垃圾,所以它们几乎没有机会与人们会面,也鲜有研究者把目光投向这些失败的发明。但是,失败,只是一个相对的状态描述,失败的发明并非一无是处,失败的发明是通往成功发明的垫脚石。① 失败的发明和成功的发明有时不过是"差之毫厘,谬以千里",也有时候失败的发明和成功的发明的距离就在一念之间。

所谓失败,根据美国土木工程学会司法鉴定委员会(Technical Council on Forensic Engineering of the American Society of Civil Engineers)的定义,失败是期望的和看到的执行能力之间的令人不能接受的差异。失败的发明就是发明的预期和实际效果之间出现了令人不能接受的差异的发明。失败的发明包含两个方面的含义:发明作为一项技术本身是不成功的;发明活动没有顺利完成,以失败告终。失败的发明往往汇集了很多憾事,但是这丝毫不能抹杀这些发明本身的意义。本章将首先对失败的发明这个研究对象着手,分析失败的发明的类型,从什么程度上来说,它们是失败的;其次总结一项成功的发明的产生

---

① W. B. Shockley, "The Invention of the Transistor—An Example of 'Creative-Failure Methodology'", in Florence Essers and Jacob Rabinow edited, *The Public Need and the Role of the Inventor*, Washington: Proceedings, National Bureau of Standards, 1974, pp. 47–87.

所需要的多种条件，对那些看起来一度失败的发明，却又峰回路转走向成功的发明进行分析；最后探讨发明的失败和成功的辩证关系，从中凸显出失败的发明的价值所在。

第一节 失败的发明

对于发明的成功与失败的界定具有一定的难度，人们更愿意对发明的商业化即创新的成功和失败进行讨论，因为对创新成败的区分较为容易：发明生产销售[①]出去，企业获得利润，创新成功，反之则失败。发明由于处于商业化之前的阶段，发明的好坏没有经历市场的检验，所以很难给它打上成功或失败的标签。可是从另外一个层面上来说，商业化也恰恰是检验一个发明成功与否的最好途径，因此，本书对失败的发明的分析也必须延伸到发明的商业化阶段。一项发明从产生到使用直至最后的消退，这是一个较长的过程，在这个过程的不同阶段，发明都可能被检验出其失败的方面。

美国社会学家奥格本（William F. Ogburn）对发明从概念产生到市场化并产生社会影响这一过程做如下的描述：方案→设计→有形的结构形式→改进→生产→推销→市场化→销售→使用→产生影响。[②] 诸多发明要经历以上的层层关卡，最后给社会带来正向推动作用的发明才是真正成功的发明，发明在经历以上过程被检验的时候，在每一个步骤中发明都可能被驱逐出局。本书借鉴对建筑领域失败的分类方法，[③] 将失败

[①] M. Drdácky, "Learning from Failure-Experience, Achievements and Prospects", in Brian S. Neale edited, *Forensic Engineering: The Investigation of Failures*, London: Thomas Telford Publishing, 2001, pp. 165 – 174.

[②] W. F. Ogburn, "The Influence of Inventions on American Social Institutions in the Future", *American Journal of Sociology*, Vol. 43, No. 3, 1937, pp. 365 – 376. W. F. Ogburn, "National Policy and Technology", in Rosen, S. M. and Rosen, L. (eds.), *Technology and Society: Influence of Machines in the United States*, New York: Macmillan, 1941, pp. 3 – 29.

[③] M. Drdácky, "Learning from Failure-Experience, Achievements and Prospects", in Brian S. Neale edited, *Forensic Engineering: The Investigation of Failures*, London: Thomas Telford Publishing, 2001, pp. 165 – 174.

的发明划分为三类。

一 病理性的发明

这一类发明本身是病态的,主要表现为发明本身所依托的科学原理不稳定,发明在设计的结构、材料选择,生产工艺等方面存在缺陷,导致发明失败。换句话说,病理性的发明的失败主要是发明人发明阶段知识的局限或者考虑不周全而产生的。

(一)发明本身不符合科学原理

所有的技术发明都有转化为现实生产力、解决人们的实际问题的目标,所以发明的科学性、有用性和可实施性都是发明本身所蕴含的特质。这些特质决定了发明要在当前已经证实的科学原理的约束下进行,发明的结构和运行要遵循相应的科学原理,能够接受科学的检验。否则,不符合科学原理的发明不仅可能会耗费发明人的精力和财力,也会给社会造成恶劣的影响并带来巨大的资源浪费。

发明源自发明人浪漫的富有想象力的头脑,所以在发明史上,不符合科学原理的发明时有发生,其中发明的热情持续时间最长、对科学、技术和哲学领域产生的影响最深远的要数永动机的发明。永动机,在一个封闭的系统内能量输出大于输入,但是这显然不符合运动规律和能量守恒定律。所有这些欠考虑的、自毁式的发明都没有产生实际效果,有些发明人寻求资金支持以实现他们永动机的梦想,当然,这个梦想从未被完成。[1] 永动机发明史上,有很多受人尊敬的科学家、机械技师和工程师都投入大量的时间去探索这种不可能的机械。珍妮纺织机的发明人阿克莱特(Sir Richard Arkwright)寻找荒谬的动力,蒸汽机车的发明人史蒂芬逊(George Stephenson)也做过类似的探索。还有很多发明人,在他们长久探索却无法实现他们的梦想之后,要么疯了,要么自杀,要么改变了他们的性格。还有一些发明

---

[1] Arthur W. J. G. Ord-Hume, *Perpetual Motion: the History of an Obsession*, Illinois: Adventures Unlimited Press, 1977, p. 16.

人虔诚地相信他们发现了永动机的秘密。

所有的这些与最基本的科学规律相抵触的发明，均以失败告终。这一类失败的发明多出自具有较高智商的发明人，他们拥有较强的创造力，甚至在科学与技术领域具有一定的造诣。也正因如此，他们的发明往往能蒙蔽广大民众，这一类发明有时候在一段时期内呈现出繁荣的景象，得到人们的追捧，甚至吸引了投资人的兴趣，无一例外的是发明的实践结果验证了他们的失败。

（二）发明的缺陷导致发明失败

发明本身带有技术上的缺陷，这是失败的发明中最主要、最容易辨别的特点，也是发明的生命周期中最早将发明划分到失败的行列中的要素。发明的缺陷是发明本身带有的具体的特性，这些特性是发明过程中形成的，这些特征使发明无法达到预期的性能，不能解决发明人希望要解决的问题。发明中的这些缺陷造主要来自发明的结构缺陷、工艺和材料缺陷、功能缺陷、使用中的缺陷等。

第一，发明的结构缺陷。

发明的概念产生之后，发明人对其头脑中构思的蓝图进行机械表达，即发明在结构上的实现。发明的机械表达过程不仅涉及物理基础知识、相关的机械原理，还涉及技术上的经验。这是有些简单而巧妙的发明出自经验丰富的能工巧匠之手的原因。从发明的组合角度来说，发明不过是由一堆螺丝、杠杆、面板等零部件组合而成，不恰当的组合产生的发明在结构上的缺陷，使发明本身难以达到预期的效果。这是导致发明失败的又一个重要原因，也是发明在奥格本的发展序列中"有形的结构形式"阶段中产生的失败。

发明结构上的缺陷给发明带来的直接后果是发明无法有效运行，这种缺陷的产生来源可能有以下两种情况：一方面，发明人缺乏技术经验，在发明的结构设计过程中考虑欠周全；另一方面，已有的知识和技术发展的有限性，发明人没有可以指导和借鉴的知识，只能在试错中探索前行。

许多从未面世的发明就是夭折于机械表达过程中的结构缺陷。因此，很多发明我们不得而知，但是也有一些具有结构缺陷的发明在特殊的条件下被人们熟知，虽然这些发明从未产生实际效用。文艺复兴时期的达·芬奇（Leonardo da Vinci）不仅是一名艺术家，同时还是一位极富创造性的发明家，他的发明的手稿被人们发掘出来之后，达·芬奇成为许多技术发明的先驱，但是，在他的技术发明中，我们看到有些发明在结构上存在着缺陷，这也是为什么在达·芬奇所处的时代，这些发明没有实施的原因。例如，达·芬奇注明的军事发明系列里，有一项"装甲坦克"的发明：一辆上面覆盖金属板的带轮战车，战车里载有狙击手，携带火炮进入敌军阵营，所有敌军战士都会被击得粉碎。[①] 装甲坦克的动力可以是人或者马来提供，相比较而言人力更好，因为在那样狭小和嘈杂的空间里，马会惊慌，影响装甲坦克的正常行动。如果装甲坦克在平地上使用，则可以采用四轮驱动，但是人们永远无法知晓达·芬奇是否想发明一个真正可以实施的坦克，因为在他的四轮驱动的装置中，人们发现前面的轮子和后面的轮子驱动力正好相反，这使坦克车无法移动。人们无法理解，达·芬奇能够发明出这样精妙的设备，却在一些微小之处产生致命的缺陷，这也引得后人诸多猜测：或许是具有和平精神的达·芬奇不想让他的发明用于战争而故意留下的缺憾。

因此，不管多么精巧的构想，在机械表达的过程中，如果出现机械设计的错误，功能部件选择的错误，功能部件搭建上的错误，材料选择的错误等，这都会造成一个同样的结果，那就是发明无法正常运行和实施。这也给发明人一个警示，就是"想当然"的发明设想和真正有效的发明成果是两个具有较大差异的事情，一项发明要首先在结构上是合理的、自洽的，才有可能进入发展的下一个流程。

第二，生产工艺和材料上的缺陷导致发明失败。

任何发明都要经历生产加工之后才能进入市场，投资商或企业在

---

① Charles Gibbs-Smith, *The Inventions of Leonardo da Vinci*, Oxford: Phaidon Press Limited, 1978, pp. 28–29.

追求产品低成本的情况下自然而然地期望产品生产工艺简单，同时产品材料不仅价格低廉而且容易获得。有些发明因为存在其生产工艺和材料选取上的困难而导致发明无法生产，就更不要说使用了，最终导致发明的失败。这一类失败的发明的产生，主要原因在于发明人没有充分掌握与本发明相关的专业基础，发明人不懂得基本的生产工艺，没有充分了解可以采用的材料的性能，所以出现了这种"闭门造车"式的构想。例如，有发明人设想有一种用于高楼逃生用的鞋子，当火灾或地震等意外发生时，使用者可以穿一双鞋底弹性足够的鞋子跳下高楼且安然无恙。那么，发明人就需要选择弹性系数高到足以缓冲高楼跳下过程中加速度造成的地面对身体的冲击力，如果这种材料无法找到，那么本发明注定走向失败。

这类发明的发明人通常是刚开始接触发明的独立发明人，他们的知识和经验有限，缺乏发明的基本技巧。但是这也是很多具有丰厚发明成果的发明人早期不可跨越的阶段，在这个阶段中，发明人不断累积发明的经验，才奠定了他日后发明的技术基础。

第三，功能上的缺陷导致发明失败。

发明的功能是发明在使用中所能够达到的效果，为人们解决问题所能提供的帮助。有些发明由于本身存在功能上的缺陷，它实际产生的效果无法达到发明人的预期，这是失败的发明的一个重要原因。发明在功能上的缺陷主要有两个来源：已有的科学和技术的进步具有一定的限度，还无法实现发明人的预期；发明人在对发明构思过程中考虑得不够全面。在发明史中，因为功能缺陷而导致失败的发明更多地来自前一个原因。

在爱迪生的电话实施之前，多人提出过电话的发明。最早提出具有实质性传递声音功能的电话是里斯（Johann Philipp Reis），里斯在1860年提出了电话发展进程中具有里程碑意义的设想：不连续的电脉冲来传递信息。他发明的设备通过电信号可以传递音符、时而清晰时而模糊的语音。可以说里斯发明了电话，因为他的发明的确可以在一定的距离上采用电流传输声音，但是里斯的电话几乎没有现代意义上的商业可行性,因为这个电话不能为想要传递的声音提供可靠的复制。爱迪生测试了里斯的电话,给出了这样的评价:"虽然这个电话在传递声音的时候能够表达出语调和句型的变化,比如疑问、惊讶、命令等等,但是传递的单个词、阅读或说话的句子却是含混不清且断断续续。"① 在 1947 年之前,英国的标准电话和电缆有限公司(Standard Telephones and Cables Ltd.)也测试了里斯的电话,确证了里斯的电话只能发射和接收较为微弱的语音。

大多数成熟的技术在其早期发展中都会经历发明功能上的缺陷,发明不可避免地受到当时科学和技术条件的制约,里斯发明电话的时期,电磁学的发展处于起步阶段,里斯的发明没有得到电磁学理论的有力推动。另外,发明人没有先例可以借鉴,难免存在考虑上的不周全。有时候发明人仅仅通过想象发明使用的情景和条件来检测他们的发明,但是,现实中发明的使用可能会遇到很多意想不到的状况,发明人考虑不周全也在所难免。但是,发明早期的缺陷和发明人的不懈努力也再次提醒我们,一项发明不管后来发展到多么完善的程度,都不应该忽视和嘲笑其早期的雏形,后来在发明中添加关键一步并使发明成功的发明人也应该向早期的失败的发明致敬。

二 畸形的发明

畸形的发明不是发明的形状和结构出现奇怪的形态,而是发明的目的和功能出现了畸形,这一类发明是和发明人的道德相关联的。发明的畸形出现在发明的来源、新思想的构思阶段,发明畸形的主要原因是那些发明目的或发明的使用不符合道德规范或法律准则。

根据《中华人民共和国专利法》(2008 年修订)第 5 条的规定,对违反国家法律、社会公德或者妨害公共利益的发明创造不授予专利权。发明创造本身的目的与国家法律相违背的,不能被授予专利权。

---

① Lewis Coe, *The Telephone and Its Several Inventors: A History*, North Carolina: McFarland & Company, Inc., 2006, p. 23.

发明哲学

例如，用于赌博的设备、机器或工具；吸毒的器具；伪造国家货币、票据、公文证件、印章、文物的设备等都属于违反国家法律的发明创造，不能被授予专利权。还有些发明虽然没有明确违反国家法律，却因为这些发明在使用的时候违反社会公德、违反社会基本的道德规范而一样被划分到失败的发明的行列，比如可以让盗窃者立即双目失明的设备。畸形的发明本身可能很大也可能很小，但是它们都会产生不良的影响。

畸形发明往往具有巨大的市场和利润空间。畸形发明因为来自特殊的需要和目的，这些需要往往给某些群体带来巨大的利益，发明人才铤而走险。但是，畸形发明因为发明或使用的高风险，必然伴随高利润，这也是这一类发明在违反社会道德准则和法律规则的情况下被发明和使用的原因。

畸形发明本身可能是非常精妙的，发明人不但具有很强的创造力，还具有善于发现社会需要的独到的洞见。畸形发明往往出自极少的发明人之手，这决定了那些发明人独特的发现问题和解决问题的能力。已有的畸形发明历史中，发明人要么具有丰富的专业知识，要么具有深厚的技术制作的功底，他们不仅能够发明出他们想要的技术，还能够找到生产和销售的途径，从而达到牟利的目的。总而言之，畸形发明可能是非常精妙的发明，发明人也往往"身怀绝技"。

畸形发明给社会带来巨大的破坏作用。畸形发明无所谓大小，但是都冲破道德和法律的底线进入社会中，可想而知这些不能被社会所容纳的发明必定会带来巨大的破坏作用。有些畸形发明由于其结构简单，价格低廉，具有广大的适用群体，虽然充满争议，但是依然能够在社会中盛行。比如随着汽车快速进入中国家庭，由汽车催生的很多发明开始充斥市场，其中有一款畅销的"安全带插片"尤其满足了众多驾驶员的需要。汽车安全带本来就是为了保护汽车驾驶员及其乘客自身安全而被创造出来，但是很多乘客思想上麻痹，低估不系安全带的后果，因为觉得麻烦或者不舒适而不愿意系安全带。为了强制性地约束坐在座位上的乘客系安全带，汽车设计成当感应到座位坐有乘客而安全带插扣没有插入相应的固定的插口中时，汽车会发出警示性的鸣响。可是，依然有一部分乘客不愿意系安全带，因此一种安全带插扣的替代品就应运而生，解决了那些不系安全带又免受鸣响烦扰的人的需要。这样的发明有人批判有人吹捧，但是从发明的使用来讲起码是违反交通法规的，从发明的使用后果来看，一旦交通事故出现，则会给使用者造成无法估量的人身伤害。

三　非预期事件的出现导致的失败发明

这一类失败可以总结为由于发明的使用伴随产生预期之外的后果，而导致发明的失败。就算发明本身结构尚没有严重缺陷，发明也可以达到发明人的期望，但是令人意外的是在发明的使用过程中，伴随产生两类后果：一类是发明的使用给用户带来新的不便或者使用的时候比较尴尬，从而使发明人无法接受此类发明，这类附加问题导致发明没有市场；另一类是发明在大规模使用之后，给社会带来负面的影响，比如环境、健康等。

第一类，使用过程中产生的附加问题导致发明失败。

发明在概念完成，结构搭建和功能测试之后，要进入使用阶段，一项发明是否实用和好用在这个阶段才能被检验出来。一些发明本身可以解决人们面临的问题，能够达到预期的性能，但是在使用的过程中伴随出现其他附加的后果，这些后果往往让使用者无法容忍。比如操作烦琐，携带不便，外观怪异，使用时出现尴尬的局面，这些附加的后果严重到一定程度可能会全面否定发明本身的价值。

日本发明人川上贤司（Kenji Kawakami）以解决日常小问题的发明而被人们熟知。然而，每一位使用过川上贤司发明的人都受到这些发明带来的新问题的困扰，有时候还产生严重的尴尬，这使川上贤司的看似富有创造性的发明无法推广使用。发明可以解决问题，但是发明的使用过程中伴随产生的问题超过了发明的有用的方面，这一类发明可以称为"得不偿失"的发明，使用者很难容忍这些发明带来的负面作用。川上贤司发明过太阳能点火器（见图6-1），发明的目的是采用

发明哲学

放大镜的聚焦功能，汇聚太阳光点燃香烟。本发明的目的是采用天然能源，推崇环境保护，从这一点来说，本发明无懈可击，并且也可以达到预期的功能。问题在于，这项发明的使用过程中会出现一些制约性的方面：需要有阳光的天气，在室内、阴天和雨天时，本发明无法使用；点火的过程虽然简单，但是需要较长的时间，从人们的日常生活习惯来说，很少有人能够容忍那么长的点火过程。此外，这个点火器结构没有一般的火柴和打火机那样轻便、小巧，使用者要调整放大镜焦点和烟头的位置等烦琐过程都让这个发明很难投入使用。川上贤司很多类似发明都存在同样的问题，比如鞋子前端带有雨伞以防止鞋子被雨淋湿，将卫生卷纸固定在头顶方便擦鼻涕的装置等。

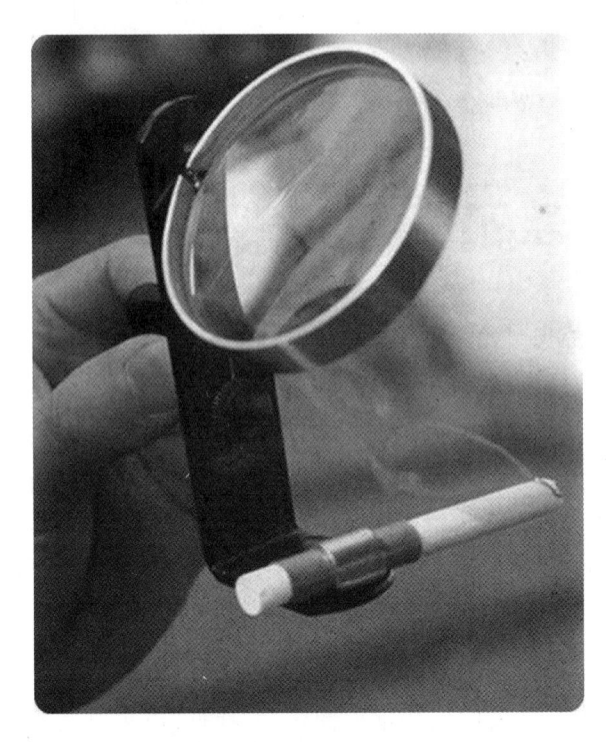

图 6-1　太阳能点火器

图片来源：Kenji Kawakami, *The Big Bento Box of Unuseless Japanese Inventions: the Art of Chindougu*, New York, London: W. W. Norton & Company, 2005, p. 72。

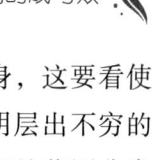

发明使用中出现的负面影响是否严重到否定发明本身，这要看使用者能否容忍这些负面的后果。可以想象，在各种新发明层出不穷的今天，产品和设计的竞争异常激烈，使用者可以选择的产品范围非常宽广，他们对发明缺陷的容忍度就会很低。所以就算一项发明已经推向了市场，但是在使用中暴露出来的缺陷也很可能大大缩短其在市场上停留的时间，新发明会很快取代那些具有缺陷的旧发明。

第二类，发明的使用给社会和人类带来严重的负面的后果。

前述不符合科学原理的发明和本身存在缺陷的发明导致发明直接失败，发明没有商业化的可能和机会。失败的发明中，还有一些发明在商业化或者大规模的使用之前，人们无法直接判断它失败之所在，只有从发明产生的社会后果来评价发明是否成功。这些需要大规模使用，甚至需要很多年的时间验证，才能确定为失败的发明，认定失败的标准是发明的使用给社会和人类带来严重的负面的后果。这一类失败的发明具有以下特点：

其一，发明在很大程度上解决了人们需要解决的问题。从发明本身来看，它是人们所期待的技术，是一项成功的发明。发明符合基本的科学原理，发明在结构上，功能和使用上能够达到发明人的预期目标，人们在发明没有商业化之前认定这是一项具有价值的发明，这些发明能够在强烈的竞争中最终走向商业化阶段。此外，有些发明的负面的社会影响需要较长的时间才能显现出来，这从另一个侧面反映出来部分失败的发明通常具有较强的生命力，在市场上存活很久，表面上看起来一度是成功的。

其二，发明在使用之后给社会和人类带来了负面的影响，有些影响可能非常严重，危害到人类所处的环境和人类本身。发明给社会带来的负面影响和不良后果是部分失败的发明的关键所在。发明的应用即技术创新，特别是基于最近的重大发明的创新，也意味着冒险性地进入部分未知的领域，一些事情直到大众传媒把发明的直接和间接的影响揭露出来之后才被民众完全知晓。这样冒险进入新的和部分未知领域的后果可能是严重的，这些影响有正面的也有负面的。

发明哲学

其三，发明的负面影响无法预知，通常需要在较长的时间之后显现出来。所有新发明的累积的效果都会延续很长的时期，并且在很长的时间之后才能更加清楚地看出发明的影响，这些影响很难提前进行充分的预测和准确的评估。甚至当一些国家仿效其他国家采用熟知的技术的情况下，其结果依然可能无法完全预见，因为虽然技术是已知的，但是和技术相互组合的很多要素是新的，比如体制、意识形态框架等。很多产生了意料之外负面影响的发明在其问世之初都好似人类无限的福音。[1] 这是发明本身的完善程度让人们产生的表面上的看法，同时也是发明得以广泛采用的重要原因。

部分失败的发明在发明史上比比皆是。比如瑞士的化学家穆勒（Paul Mueller）在1939年发明合成了DDT（Dichloro-diphenyl-trichloro-ethane），能够有效地杀除蚊虫、控制疟疾蔓延，DDT在1940年获得瑞士专利，1942年，DDT开始商业化，大规模生产和使用，主要喷洒在植物上，去除害虫，用于植物保护和卫生。DDT曾经有效控制疟蚊、苍蝇和虱子等，有效抵抗了伤寒、疟疾等疾病的蔓延，因为这样巨大的贡献，发明者穆勒在1948年获得诺贝尔生理医学奖。人们对DDT充满了期待，因为DDT将会给人们带来没有害虫的美好世界。没有人质疑DDT的缺陷，更无法预见DDT给地球和人类带来什么样的负面影响。事与愿违，在DDT大规模使用30年后，这种杀虫剂给地球环境和生物界带来巨大伤害，美国于1972年宣布禁用DDT，很多国家和地区相继发出禁用DDT的声明。[2] DDT以辉煌的形象问世，在长时间产生积极作用之后，终究因为过于严重的负面影响以黯淡的身影谢幕，这是很多类似发明所经历的过程。

对部分失败的发明的划分历来颇有争议，人们站在不同的角度看待同样的发明会产生不同的评价，所以这些发明的积极影响和消极作

---

[1] Simon Kuznets, "Modern Economic Growth: Findings and Reflections", *The American Economic Review*, Vol. 63, No. 3, 1973, pp. 247–258.

[2] Thomas Hughes Jukes, et al., *Effects of DDT on Man and Other Mammals: Papers*, New York: MSS Information Corporation, 1973.

用经常在两股不同的力量之间进行拉锯战。这个拉锯战持续的时间基本上决定了部分失败的额发明在市场上停留的时间。发明在其负面影响出现之后，不会立即从市场上消失，人们还需要一段时间对发明的负面影响的严重程度进行评估，还要从不同的角度进行评估，发明的最终命运也受到多方面力量的牵制，比如当地的技术发达程度、经济状况、政治力量等。这也是为什么在20世纪70年代后期，DDT依然会在一些贫困国家和地区使用的原因。

失败的发明一直是人类工程方面的努力和被称为技术的集体成就中的一个部分。我们是人，不可避免地会犯错误，我们很少期望错误或失败出现，但是错误依然不会杜绝，我们最好的期望就是尽我们所能地阻止失败并让失败在未来发明的概率降到最低。这些目标可以通过知晓发明在过去和当前为什么会失败以及如何失败获得经验，更重要的是理解发明本身的本质。①

第二节　成功发明的产生——技术社会学的视角

前面所分析的失败的发明主要从发明设计的本身来研究发明的缺陷，但是这个分析依然不能够解释发明产生的复杂性。假如有人问，是不是只要发明人具有良好的发明能力，发明本身没有缺陷，发明就会以成功的形式出现呢？事实上远非如此！许多夭折的、发明中断的活动无果而终，在这个过程中，发明人有可能心有余而力不足，也有可能迫于其他原因主动放弃，那么究竟什么样的条件能够促成一项成功的发明的产生呢？就算发明完成，众多的发明中，最后能够实施商业化的少之又少，② 什么原因导致这些发明没有发挥它们的价值？

---

① Henry Petroski, *To Forgive Design: Understanding Failure*, Cambridge, Massachusetts: The Belknap Press of Harvard University Press, 2012: 4.
② Greg A. Stevens, James Burley. 3,000 raw ideas = 1 commercial success! *Research Technology Management*, Vol. 40, No. 3, 1997, p. 16.

在发明的英雄理论经历了漫长的发展之后,20世纪20年代到50年代末的奥格本学派的旧技术社会学(发明社会学)和80年代活跃起来的新技术社会学研究者从新的视角审视发明的本质,让人们更为理性地知晓发明的产生过程。技术发明具有社会—技术的本质,在这个话题上卡龙(Michel Callon),平齐(Trevor Pinch),比杰克(Wiebe E.Bijker),拉图尔(Bruno Latour)和休斯(Thomas P. Hughes)等已经提供了丰富的研究,发明社会学和社会建构论思想克服了早期人们对发明认识的局限,特别是避免了技术决定论倾向。

本节将从社会建构的视角来分析作为社会技术的发明是如何被制造出来的。

一 文化的力量

技术是社会变迁中一个系统的组成部分,人们逐渐认识到不能站在社会之外去理解技术,历史学家尤其是技术史家已经逐渐认识到文化、政治和经济价值在形成技术创新中的地位。在对技术和文化相互作用方面的理解所做出的较大努力就是对技术进行"语境化"和历史视角的解释。坚持采用历史的视角来分析技术的学者认为,单纯从技术设计本身来研究技术的产生很难解释技术产生的复杂性,应该从技术所处的社会历史环境去看待技术与社会的复杂要素之间的相互作用。发明和社会之间的相互作用首先体现在发明与社会文化之间的相互作用上。

(一)文化塑造发明

不管发明人如何的雄心勃勃,他的发明总是要受到他所处的社会文化的制约。文化包括物质文化和非物质文化,物质文化主要是那些以具体物质形态展示出来的技术和产品,非物质文化指一个社会的风俗、习惯、法律、道德和社会制度等方面。发明的产生很大程度上受到当前物质文化和非物质文化的影响。

一方面,发明受到文化的催生。在第二章发明的来源部分已经详细分析过,一项发明的产生往往是对社会需要的反映,社会需要是社会文化的体现，人们的生活方式、社会习俗、法律道德的约束等促使人们产生各种需要，以解决他们面对的问题。已有的物质文化也会激发人们的需要，物质文化在一定程度上会影响人们的生活习惯，进而催生新的需要，所以不仅需要是发明之母，发明也反过来是需要之母。所以，文化激发需要，需要催生发明，发明的来源在一定程度上受到文化的影响。

另一方面，发明受到已有文化的制约。发明是现存的、已知的文化要素的组合，包括物质的和非物质的文化。① 现存的文化状态决定了发明的状态，石器时代的人类没有使用计算机的渴望，他们没有庞大的数字需要处理，所以在那样的时代计算机的概念不会出现。但是，石器时代的人类为了追捕猎物，或许有快速飞奔的需要，但是当时已有的物质文化决定他们无法制造出汽车，因为发明出骑车所需要的科学原理，功能部件都不具备，已有的物质文化组合不出汽车发明。从这个角度来说，已有的文化制约了发明的发展，已有的物质文化也决定了一项发明的技术发达程度。

爱迪生不是最早进行灯泡发明的人，但是在他所处的时代，很多人在不断探索电灯照明系统。在1877年到1879年爱迪生申请灯泡专利的28个月期间，美国专利局受理了13份关于灯泡的专利申请。② 爱迪生电灯泡的发明针对的是解决完整的灯泡系统的问题。他是第一位认识到灯泡的电阻必须做得更大一些，起码几百欧姆，这样才有商业化成功的可能。他尝试多种途径设法寻找到非常薄的高电阻碳纤维，这只有在极端真空中才能操作。这种情况反过来要求爱迪生发明一种新的建造灯泡的方式，即把所有的组成部件密封进一个单一的玻璃容器里。这个结果是惊人的，因为他的灯泡可以拥有长达1000个

---

① W. F. Ogburn, On Culture and Social Change: Selected Papers, Edited and Introd, by Otis Dudley Duncan, Chicago: University of Chicago Press, 1964, p. 23.

② J Howells, RD Katznelson. A Critique of Mark Lemley's "The Myth of the Sole Inventor", Available at SSRN 2123208, 2011, V4, pp. 1 – 15, http: //papers. ssrn. com/sol3/papers. cfm? abstract_ id = 2123208, 2015/10/08.

小时的寿命,是在他之前的别人发明的灯泡寿命的100倍,甚至更长。① 由此可见,就算像爱迪生这样伟大的发明家,也不可能脱离他所处的时代的文化而做出一项成功的发明。

文化产生了需要,需要催生发明,文化决定发明的发展,在这样的决定关系中,社会物质文化和非物质文化共同塑造了一项发明的产生和发明的功能结构。

(二) 发明适应文化

技术和社会共同发展,一项技术产生于旧的世界而进入新的世界,它要接受修改以适应新的环境和机遇。② 一项成功的发明,不仅发明自身是较为完善的,其结构功能,材料成本以及使用都不会有非常明显的缺憾,除此之外,成功的发明能够为社会带来积极的推动作用,产生良好的后果。然而,好与坏都是一个相对而言的描述,好与坏的界定要受制于特定的社会文化和道德规范。在一个社会环境中不被接受的后果,在另外一个地区或者文化背景中可能被认为是合理的,甚至是美好的。所以,成功的发明在建构的时候要充分考虑到它能否适应将要实施的社会文化背景,是否会在实施的过程中产生当前社会文化不能容纳的后果,如果发明在建构的过程中忽略了这一点,很可能会因为发明产生的负面的社会后果而被纳入失败发明的行列。

二 技术发明的社会经济 (socio-economic) 形成

技术发明的社会经济形成理论是在寻求塑造和形成技术发明的社会和经济因素的过程中形成的。在技术的社会学研究之前,技术的影响被看作独立的。这种观点强调"技术已经成为一种自主的技术",技术遵循着自身的规律向前发展,并不以人的意志而改变;"技术构成了一

---

① Arthur A. Bright, *The Electric-Lamp Industry: Technological Change and Economic Development from 1800 to 1947*, New York: Macmillan Co., 1949, p. 134.

② Carroll W. Pursell, *The Machine in America: A Social History of Technology*, Baltimore: The Johns Hopkins University Press, 2007, p. xi.

种新的文化体系，这种文化体系又构建了整个社会"。① 所以，技术规则渗透到社会生活的各个方面，技术支配、决定着社会、经济、文化的发展，即所谓的"技术决定论"。现有技术对新技术的形成有直接影响，许多技术创新的前提都是现存的技术，人们逐渐知道技术如何发展和进化，而不是突然在发明者头脑中产生的灵感，这体现在很多"新技术"的研究中。显然，这些观点忽视了技术发明之外的影响因素。虽然经济因素在技术发展的路径上不能始终起决定作用，但"在技术创新产生时，利润和损失问题在决定何种技术在何处产生时处于重要地位"②。社会建构主义明确否定了技术决定论思想，③ 该理论不再坚持技术的累积发展模式，而是强调技术和社会诸多因素的相互作用过程，认为技术是在社会各种力量相互博弈的过程中最终形成其稳定状态的。

早在1945年，吉尔菲兰就论述了发明和社会的相互作用，他说，"发明应社会的需求而产生，反过来，发明也影响社会的需求、财富、商业和文明等非技术方面"④。一项发明产生之后，不是孤立地停止在某处，而是经精心设计之后转化为现实的可以使用的物品，物品会在扩散的过程中产生影响，这一过程的各个阶段形成反馈环路并相互影响。技术发明的关键点不再是"黑箱"，发明的产生过程具有高度的韧性，发明物的功能和属性被不断地塑造和再塑造。

技术发明的社会经济形成涉及多方面的利益，主要包含以下几个方面：

（1）阶级和政治的利益。技术发明的内容和发展方向取决于社会、政治利益，这些因素使技术发明产生，并引导设计、生产和使

---

① Langdon Winner, *Autonomous Technology*, Cambridge, Mass: MIT Press, 1977, p. 17.
② Mcloughlin, Ian, *Creative Technological Change: the Shaping of Technology and Organisations*, London and New York: Routledge, 1999, p. 124.
③ Mackay, Hughie and Gillespie, Gareth, "Extending the Social Shaping of Technology Approach: Ideology and Appropriation", *Social Studies of Science*, Vol. 22, 1992, pp. 685–686.
④ S. C. Gilfillan, "Invention as a Factor in Economic History, The Journal of Economic Hisyory", Supplement: *The Tasks of Economic History*, Vol. 5, 1945, pp. 66–85.

用。早期的社会形成研究集中于技术人工物和发明设计过程系统中显示出来的社会利益。新发明的出现会影响到不同群体的利益,使用者会期待和支持能给生活带来便利的发明,出售新发明的利润、制造商更新生产线的费用、对技术工人进行新操作工艺培训的支出等也会影响企业的经营决策。这些利益主体都有着各自的利益计算方法。而当一项技术发明涉及政府利益的时候,行政力量往往会压倒其他因素,如军事发明或关乎国计民生的发明。

（2）性别的利益。在技术决定论中,一般不讨论性别问题。而在技术的社会建构论中,女权主义则被广泛讨论,甚至有研究者认为"技术也是有性别的"[①]。瓦克曼（Judy Wajcman）认为,由于技术创新是社会的产物,社会产生了技术并决定了它的特定发展路线。工业社会史表明男性被赋予获得社会地位的特权,而女性被排除在外,很少有证据表明女性能够真正进入"技术黑箱"。新技术从原材料中建构而来,其中暗含了性别的社会关系,这些原材料不是固定不变的。而是不断变化的,它们可以在新的环境中重塑和使用。[②] 当女性将其在社会政治范围的影响延伸到技术发明领域时,或通过行动者网络和社会技术研究,就可以通过相互关联的社会组织在发明物和性别之间建立相互影响的机制。

（3）发明者的利益和使用者的作用。新技术发明出来后,发明者往往先进行专利申请以获取知识产权保护。在专利技术转化为人造物的过程中,专利许可和技术转让费用会给发明者提供足够的激励。使用者会在使用过程中检验发明成果的有效性,但使用者会因使用环境不同而对产品有特殊的期待和需求,这会促使使用者进行产品改进,对发明进行重新塑造。弗莱克（J. Fleck）指出,使用者改进的关键"是或多或少地包括了元件的独特的组装,一些是方便使用的标准组

[①] J. Webster, *Shaping Women's Work: Gender, Employment and Information Technology*, London: Longman, 1996, p. 66.

[②] Ann Dudale, "Gender and the New Sociology of Technology, Review: Judy Wajcman, Feminism Confronts Technology", *Social Studies of Science*, Vol. 22, No. 4, 1992, pp. 759–762.

合，另一些则是专门设计的，以满足使用者团体的特殊要求"①。

（4）专利管理的影响。专利的出现晚于发明，但从专利制度出现以来，专利和发明就紧密结合在一起了。对于发明而言，专利具有两个基本的功能：一是专利可以界定发明的原创性并使之公开化；二是专利可以保证一项发明在一定时期内成为专利拥有者的私人财产。在发明经历的设想、设计、生产过程中，专利管理一直参与其中，并从以下三个方面建构发明：第一，不同的人对知识产权有不同的看法，这些看法会影响发明者策略性地将发明转化为产品，这既可能埋没一项优秀的发明，也可能为社会带来重大影响并给发明者带来持久的回报。第二，专利管理系统是个体发明者和社会之间的媒介。专利管理系统与社会的法律系统、经济系统和政治系统都存在交叉领域，这在一定程度上影响着发明者对发明对象的选择，并在专利有效期内持续地产生新发明。第三，专利管理系统是一个社会系统，在这个系统中，出于产权的考虑，人们会不断地建构和调整特定发明的定义，界定发明的"新颖性"。专利管理系统一方面决定了由谁来回报发明者，另一方面也界定了技术之间的重要的或微小的差异。因此，专利管理系统不仅引导着发明者的技术选择，也塑造了我们认识技术对象的方法。②

一个新产品或新技术的发明和商业化之间的道路可能很长，也可能需要花费较多资金，此外，并非所有的发明和新技术都能实现具有商业利润的创新，许多发明从未被使用，也只有一小部分发明获得经济回报。一项发明是否被使用和如何使用，要受到很多因素的影响，例如，专利所有权人可能不具备可以利用的下游资产，更多的情况是，专利拥有者是一家小公司，发明出自独立发明人之手，或者发明

---

① J. Fleck, "Configurations Crystallising Contingency", *International Journal of Human Factors in Manufacturing*, Vol. 3, No. 1, 1993, pp. 15 – 36.

② Carolyn C. Cooper, "Social Construction of Invention through Patent Management: Thomas Blanchard's Woodworking Machinery", *Technology and Culture*, *Special Issue*: *Patent and Invention*, Vol. 32, No. 4, 1991, pp. 960 – 998.

来自科学研究机构，这种情况下，专利授权是一个较好的选项。大公司也有未被使用的专利，它们中有些公司申请专利是战略性地用于阻止竞争对手，在交叉授权许可协议谈判中提高本公司的议价能力或者避免被竞争对手阻止技术上的发展。

三 发明人在发明活动中的影响力

发明在发明活动中到底具有多大的影响力？在论述发明人的历史角色的时候，曾经给出发明人群体在当前发明活动中的情况：在20世纪30年代工业实验室研究群体出现之前，独立发明人是发明的主要承担者，随着大工业实验室的快速发展，到目前独立发明人群体大约占据发明人群体的10%，大多数发明都是受雇于大工业实验室等研发组织的发明成果。可是，在一项发明的实现过程中，由于要受到多种力量和群体的干扰，甚至是博弈，那么发明人在多种力量中究竟在多大程度上左右一项发明呢？

相比较集体发明，独立发明中间发明人更大程度地掌控发明，下面主要分析一下独立发明中，发明人究竟具有多大的独立性，他要想让自己的发明走向成功，需要怎么样的努力才行。由于独立发明的发明人多是单个人，由此我们可能会理所当然地认为起码在独立发明过程中，发明人可以完全主宰发明，但是，事实远非如此。我们以蒸汽机早期发明的成败作为案例，分析独立发明人和社会其他力量的博弈。

林哈德（John H. Lienhard）回顾了蒸汽机早期的发展过程。[①] 在蒸汽机发展史上，第一位给出蒸汽机设计思想的是法国的帕宾（Denis Papin），帕宾于1647年出生于法国布卢瓦（Blois），同年奥托·冯·盖里克（Otto von Guericke）开始真空泵的研究工作，帕宾在他22岁的时候开始学医并且成为一名医生。作为一名医生的帕宾后来转向蒸汽动力机的发明，这绝非偶然，多种社会力量形成了帕宾的发明。

---

① John H. Lienhard, *How Invention Begins: Echoes of Old Voices in the Rise of New Machines*, Oxford: Oxford University Press, Inc., 2006, pp. 51–54.

有三个要素促成了帕宾选择了蒸汽机的发明：第一，早期他和著名的科学家惠更斯（Christian Huygens）一同工作。1672年，在科尔伯特夫人（Madame Colbert）的引荐下，[①] 26岁的外交官莱布尼兹（Gottfried Wilhelm Leibniz）和25岁的医生帕宾进入法国巴黎科学院，成为当时著名的科学家惠更斯的学生和助手。[②] 惠更斯在1661年参观因其对空气的研究而知名的物理学家波义尔（Robert Boyle）伦敦实验室的时候获得了关于空气泵的知识，帕宾在惠更斯的引导下制造了一个真空泵，并且把它应用在试验中，他用这个真空泵作为使用真空保存食品的装置。1673年，当帕宾在和惠更斯一起工作的时候，惠更斯给了他一个建议：可以做一种使用火药进行推动的动力机。这个建议一直留在帕宾的脑海里，并且成为他后来发明蒸汽发动机的主导思考。1687年，帕宾在德国马尔堡大学找到了一个职位，在这里，他重新回忆起火药发动机的想法，但是他很快就发现这个想法是不切实际的。因为火药每次爆炸后都在活塞里留下很多弹性气体，他突然想到蒸汽可以被凝结到几乎没有，由此能够完成一个活塞冲程。帕宾不采用爆炸的火药去创造压力，而是凝结蒸汽创造真空并且让外部空气压力完成一个工作行程。这就是第一个使用蒸汽机的工作方式。

第二，他是法国新教徒——胡格诺派教徒（Huguenot）。自从1598年南特赦令（Edict of Nantes）宣布宗教自由以来，胡格诺派与法国天主教和平共存。但是17世纪80年代早期，反基督教情绪迅速积聚，路易十四于1685年废止南特赦令，40万名胡格诺派教徒被驱逐出法国，身在英国的帕宾余生在科学最为发达的英格兰和德国度过。英国当时正在处于世界科学的中心，英国皇家学会及其成员在各个学科领域都展开了深入的研究，对于大气的研究也是其中重点之一。帕宾有接触到最前沿的科学研究成果的机会。

第三，他有幸成为波义尔的助手。在1675年，帕宾独自旅行到

[①] 1666年，法国财务总理科尔伯特（Jean-Baptiste Colbert）创办法国巴黎科学院。

[②] Sir Robert Abbott Haldfield, *The History and Progress of Metallurgical Science and Its Influence Upon Modern Engineering*, Volume 1. Botolph Printing Works, 1923, p. 20.

伦敦并且很快成为波义尔的助手。波义尔和他的助手是什么关系呢？夏平（Steven Shapin）引用过波义尔当众抱怨绅士科学家不应该在实验室弄脏他们的手这样的话。波义尔指责他的助手"女人般的神经质"，他的很多实验都是经过助手来操作完成的。[1] 就连后来成为伟大科学家的胡克（Robert Hooke）彼时也是波义尔的助手。1679 年，帕宾发明了一个设备，取名为蒸炼器，基本上是一个现代人们使用的高压锅。波义尔作为当时英国著名的科学家，正在致力于空气和空气泵的研究，他拥有巨大的配备良好的实验室，帕宾在这个实验室中思考真空的设备是顺理成章的。假设帕宾投入一位研究冶金的科学家门下，他做出蒸汽机的发明的可能性就比较小了。

1690 年，帕宾在莱比锡的《博学通报》（Acta Eruditorum）上发表了他的历史性的文章（标题为：A New Method of Obtaining Very Great Moving Powers at Small Cost），公开了他称为"大气热机"的设计。由于每次给热机中的水加热和冷却都需要时间，所以这个大气热机每小时只能完成 30 个冲程，虽然很慢，但是这台机器可能在改进劳动力方面提供关键的进步。而后，帕宾在卡塞尔（Kassel）找到了一个更好的职位，成为政府工程师，[2] 这个职位让帕宾有足够自由的时间继续他的动力机研究。1707 年，帕宾发表了他最终的更为简单的高压动力机，在这个动力机系统中用上了他早期发明的蒸炼器。不幸的是，帕宾止步于他的动力机制造的困难面前，尤其是加工一个能够承受住高压的活塞和汽缸的困难。[3] 最终，帕宾的动力机没有被使用，后来在英国德文郡的铁匠纽可门（Thomas Newcomen）带来了实际应用的大气动力机，纽可门的动力机和帕宾的第一个动力机非常相近。

帕宾在蒸汽机的发展史上已经非常接近成功，他发明了高压动力

---

[1] Steven Shapin, "Who Was Robert Hooke?", in M. Hunter and S. Schaffer, eds., *Robert Hooke: New Studies*, Wolfeboro, NH: Boydell Press, 1989, pp. 253 – 286.

[2] Simon Schaffer, "The Show That Never Ends: Perpetual Motion in the Early Eighteenth Century", *The British Journal for the History of Science*, Vol. 28, No. 2, 1995, pp. 157 – 189.

[3] John H. Lienhard, *How Invention Begins: Echoes of Old Voices in the Rise of New Machines*, Oxford: Oxford University Press, Inc., 2006, p. 54.

机，但是这个机器能否达到预期的性能，有待于验证。帕宾没有最终成功的原因是多方面的，主要可以归纳为五个方面：

第一，缺乏经济支持。他积极地发表和构架了一系列蒸汽泵，他曾努力尝试使莱布尼兹（微积分的发明人之一，和帕宾是好友）的雇主、汉诺威（Hanover）市长候选人有兴趣用泵抽取哈茨山脉（Harz）的或他的赫恩豪森庄园的水，但是帕宾从来没有得到充足的资金。帕宾不仅没有得到他期望得到的资金用于他的发明的实施，而且他一生几乎都在贫穷中度过，直到去世。①

第二，他没有及时进行专利申请。1698 年，萨弗里（Thomas Savery）发明的用于矿井抽水的蒸汽泵在伦敦获得专利授权，这也是文献记载的第一个蒸汽机专利。② 1699 年，萨弗里在英国皇家学会面前展示他的蒸汽机模型，他的演示实验很成功并且得到皇家学会的赞赏。帕宾在萨弗里申请专利之前，发明过蒸炼器，蒸汽动力机和高压动力机，此外他还设计了许多空气泵，但是他没有申请专利的意识，没有很好地借用专利这个连接发明人和社会之间的媒介。

第三，帕宾缺乏出色的游说能力。萨弗里获得蒸汽机专利权的消息传到了卡塞尔，帕宾想要和萨弗里的发明比较并论证他的发明更具有经济前景，卡塞尔领地的伯爵大人赞同帕宾的提议。1707 年，帕宾出版了他的最为雄心勃勃的关于泵的方案，但是依然没有成功。他打算在公众面前展示他的泵，他设计了一艘轮船从富尔达（Fulda）航向不来梅港市（Bremen），演示过程中需要通过加压喷射转动一个水轮，结果，在演示过程中一个引擎爆炸了，伯爵被炸伤了。在很多势力强大的敌人的抗议之后，帕宾只好收拾行李回到伦敦。③ 在伦敦，帕宾努力劝说皇家学会对他和萨弗里的发明进行比较判断，但是没有

---

① Steven Shapin, "The Invisible Technician", *American Scientist*, Vol. 77, No. 6, 1989, pp. 554 – 563.

② Thomas Tredgold, *Steam Engine: Its Invention and Progressive Improvement*, London: W. S. B. Woolhouse, F. R. A. S., & c., 1838, p. 5.

③ Simon Schaffer, "The Show That Never Ends: Perpetual Motion in the Early Eighteenth Century", *The British Journal for the History of Science*, Vol. 28, No. 2, 1995, pp. 157 – 189.

成功。最后，帕宾尝试让学会成立一个股份公司开发利用他的发明，但是这个努力也流产了。

作为帕宾的朋友，经验丰富的莱布尼兹曾经给帕宾在展示他的机器方面的建议："当你给一位君主或者贵族谈论你的设计并获得他的喜爱的时候，你必须提供更多的信息，尤其是你的发明的效果和获得这种效果所需要的费用。比如，给定一个特定的喷水器，就能大致算出在一定的时间内保持运转所需要的成本……想要他们接受任何新的事物，告诉他们这个事物的明显的用途，利润等。"[1]

帕宾的失败充分证明了发明人充分调动社会其他资源的能力的重要性，他在卡塞尔和伦敦的失败也说明想要为政府主持的工程获得一个长期的支持是多么的困难。

第四，当时社会的生产工艺技术。在他所处的时代，高强度的玻璃的生产还不是一项简单的工艺，加上帕宾本人的经济上的拮据，一直得不到实质性的支持，所以他的蒸汽机的实现只能是个梦想。

第五，17世纪英国人对大陆科学的敌视。[2] 对牛顿（Issac Newton）的皇家学会来说，莱布尼兹的世界观——人类应该把握自然界的规律为人类更好的物质条件创造方法——是诅咒。皇家学会公开对科学表现出来的兴趣是在旧的贵族秩序利益下控制科学的发展。作为帕宾的好朋友，莱布尼兹基于动力学如何在一个全新的机器上运转的理论概念协助帕宾发展了蒸汽机，这是和牛顿的经验归纳法相悖的，这也导致了皇家学会在他们发明的传播方面想方设法给予压制。

通过蒸汽机发展的早期帕宾的发明经历的分析，我们可以看出发明表现的是一种重要的社会现象，而非个人的活动。[3] 技术的社会建

---

[1] Simon Schaffer, "The Show That Never Ends: Perpetual Motion in the Early Eighteenth Century", *The British Journal for the History of Science*, Vol. 28, No. 2, 1995, pp. 157 – 189.

[2] Philip Valenti, Leibniz, Papin, and the Steam Engine, Fusion, 1979, pp. 27 – 46, http://www.21stcenturysciencetech.com/Articles%202008/papin_steam_engine.pdf, 2015/10/10.

[3] Mark A Lemley, "The Myth of the Sole Inventor", *Michigan Law Review*, 2011 – 2012, pp. 709 – 760.

构论细致地分析了发明受到社会多种力量的形塑，但是始终没有回答为什么是这个发明人而不是别的发明人做出了某项发明。发明人对发明问题的选择既有一定的偶然性，也在某种程度上存在必然性。偶然性是由发明人的活动轨迹、社会政治经济和文化等因素综合影响的结果，缺少某一个条件，发明人就有可能转向别的发明，或者他的发明轨迹就完全是另外一种状态了。而当这些条件都具备，发明人选择和做出某项发明就具有一定的必然性了，因为他所处的时代的社会文化，他的工作经历，他本身所具有的发明能力等要素碰撞到了一起，那么发明的出现就是必然的了。

就算发明人本人足够努力，他的发明走向成功仅靠他个人的一厢情愿明显也是不够的。在这个过程中，发明所需的主要的经济支持对发明的成功与否起到非常关键的作用，就连爱迪生进行电话发明的时候也需要美国西部联合公司的支持。帕宾一生贫困，没有得到实质性的经济支持，他的发明想要实施其艰难程度可想而知。此外，发明人所站的阵营是否是社会中的力量强大的一方，也将影响发明的发展。发明人不仅需要具有发明能力，还要有较强的组织社会资源的能力，在这一点上，帕宾远不及爱迪生。

发明和社会相互推动也相互制约，在独立发明活动中，发明人个体都无法主宰发明的成功与否，集体发明中，发明人对发明的掌控能力就更弱了，因为发明人本身既不能决定他的选题，也不能掌控发明的过程和结果。卡龙研究法国电力公司开发电动汽车的案例。1973年，法国电力公司（EDF）推出了开发新型电动车的计划（VEL），这个计划需要雷诺公司承担装配底盘和制造车身的任务，还要求 CGE（Compagnie Générale d'Electricité，1968 年即整合成阿尔卡特）公司负责开发电池发动机和第二代蓄电池。当然，仅有这两个技术公司还不够支撑起在整个电动汽车开发的计划，还需要招募政府部门、消费者、电子、铅蓄电池等，这些社会的、非社会的，技术的，政治的，文化的要素共同构成了一个相互依存的网络，这些要素中的每一个方面都影响整个发明计划。所以，当其中 1976 年雷诺公司退出 VEL 计划的时候，该计划只能宣告破产。① 在发明的社会建构过程中，发明人的影响力被压缩到最小。

第三节 发明中失败与成功的辩证关系

当一项发明中非常明显的失败出现时，人们对他的失败原因的估计通常聚焦于结构上或者系统上的问题，这似乎是一个下意识的反应，尤其是大众媒体，寻找发明中的罪魁祸首和发明人的责任。不管什么原因，失败发生的时候，人们往往会保护自己，把失败的原因归咎于发明的设计、生产、销售和使用，而不是从参与这些活动的人身上找原因。发明出现失败之后的这些情况，我们不应该感到奇怪，毕竟现代世界的结构、机器和系统在它们的发明和操作方面都非常复杂，而进行构思、发明并且和这些复杂的事件互动的发明人毫无疑问会犯错误。有时候发明的意外失败还因为人们的不诚实，不遵守道德规范，不具有职业精神等。但是，理解发明的本质，客观地看待失败的发明和成功的发明之间的关系，有助于让失败的发明的价值充分地发挥。

一 失败的发明的本质

错误和失误导致的失败的发明一直伴随整个发明史。然而，我们会继续制造错误，没有任何理由认为在不确定的未来我们不会做类似的失败的发明。发明史早期出现的是机械的发明，现代世界的发明更多的是化学、电子、电力、原子和一些软的技术，这些技术越来越复杂，发明人很难避免出错，虽然他们发明是为了人类更好地生活。不幸的是，失败的可能性似乎潜伏在发明的任何一个环节中，墨菲定律描述"任何有可能出错的事情，就会出错"（Anything that can go wrong, will

---

① Michel Callon, John Law, Arie Rip, *Mapping the Dynamics of Science and Technology: Sociology of Science in the Real World*, London: The Macmillan Press Ltd., 1986, pp. 19 – 34.

go wrong)①，如果墨菲定律是真的，那么它将遵循一个必然的结果：失败是必然的。但是这看起来又是一个过于悲观的看法，在发明史中充满了成功的发明，当然这些成功的发明也有可能是受到之前失败发明的启发。墨菲定律提醒人们错误是不可避免的，在事前尽可能地考虑全面。如果发明真的失败，也要冷静和客观地面对，重要的是总结失败的教训，而不是企图掩盖，这就是失败的真正价值所在。

彼得罗斯基（Henry Petroski）教授曾经在他的课堂上做过一个简单的演示：把回形针大幅度地掰开再合上，反复进行，直到回形针断成两截。这个演示说明了一件技术产品在正常状态下使用，它可以使用很长时间并且维持良好的状态，但是如果使用不当，产品很快就会出现问题。而后，彼得罗斯基教授又拿出半盒回形针发给班级里的每一位同学，让学生们像他之前做的一样进行大幅度的反复掰开合上，然后每一位同学报出反复弯折多少次导致回形针断开，根据学生们报出的数字，汇出了一个钟形曲线分布图。为什么每一个回形针被折断需要的弯折次数不同呢，这主要说明了两个原因：第一，每一个回形针的强度是不同的；第二，每一位学生弯折回形针的方式不同。当然，这个实验也说明了一个事实：产品的疲劳或者过度使用导致的失败不是一个能够精确预测的事件。②

每一个发明新事物的机会，不管是回形针还是航天飞机，都给发明人提供了无数的选择。发明人可以决定从已经存在的成功的发明中借鉴好的方面，他也可能改进失败的发明中的一些缺陷，从而产生更好的发明。这并不是说我们应该鼓励、促进或者为任何形式的失败欢呼，不管是发明人还是投资者或制造商，都不希望发明或者技术系统失败以帮助人们完成以后的成功的发明。但是，因为我们所有的人都会犯错误，我们不宜妄以为我们推出的发明没有任何缺陷。

---

① Nick T. Spark, A History of Murphy's Law, Los Angeles: Periscope Film LLC, 2006, p. 54.

② Henry Petroski, To Engineer Is Human: The Role of Failure in Successful Design, New York: Vintage Books, 1992, pp. 21–22.

当我们听到一个技术产品已经出现负面影响或者系统出现故障的时候，我们开始寻找原因和罪魁祸首，我们要尽力地确定为什么失败会发生，以使我们能够在未来防止类似的灾难。是当时发明概念就出现了偏差，还是发明结构上的缺陷？是选取了劣质的材料，还是生产环节中的不够谨慎？是发明的功能组件在机械表达的时候选择不当，还是产品被误用和滥用？这些问题都是对失败分析时候的一些核心的内容，而且我们必须回答这些问题以找出失败的关键所在，并且在适当的情况下，产品或者系统被重新修改和重新投入使用。提出这些问题还有一个主要目的，就是当发明人没有错误的时候，这些问题的答案可以证明发明人是无罪的。

发明人也驰骋在科学和技术的海洋里，发明人知晓它的流速和深度。他们知晓昨天不可能的事情，今天是可能的，他们用新方法解决老的问题，至少使用潜在的新方法。一些发明完全来自发明人睿智的洞见，而不是靠发明人的手，概念设计的产生可能很容易，但是发明的细节的展示需要无私的辛勤劳动，爱迪生所说的"天才是1%的灵感加上99%的汗水"，说明失败在灵感和汗水中都充当核心的角色。

二 失败的发明对成功发明的启示

成功的发明就是成功，仅此而已。一个成功的发明不会教我们超越它实际工作的任何东西。有一些失败的发明却成为传说，即使他们失败的原因仍然不能十分确定，失败的原因也无可争辩地成为研究的对象，因为它不仅是一个失败，而且它拥有一个明显的教训。通常失败的定义都是贬义的，但是失败的发明还有另外的一个方面，就是它能给发明者带来积极的启示性的一面。

即使一个特定的发明失败的真正原因没有从科学和工程的角度给予确定性的答案，或许永远无法给出，但是对发明的失败进行分析的逻辑和推理对促进未来的发明也是一个宝贵的经验教训。一个特定假设的失败的原因可能不会一直是一个实际失败的确切原因，但是它可能潜在地隐藏于未来某一个不同结构的发明中。对发明的失败的分析的意义在于让更多的发明人理解为什么过去的发明会失败，以此促进未来更好的发明。

失败的发明是通往创造力道路上的垫脚石。① 在很多失败的发明中，最大的技术悲剧不是失败而是没有从失败中获得正确的教训。每一次失败都是对无知的启示，一个偶然的尝试都可能包含一些线索，这些线索可以回溯追踪到出错的原因，这些错误可能就在发明、制造和使用过程的每一步。跟随追踪这些错误的来源就是发起一次更好的理解发明和与发明互动的机会。因为成功的发明是先预期再消除失败，每一次新的失败——不管是从哪个环节开始的——都为理解如何达到一个更为全面的成功提供了更进一步的途径。总会有很多新的错误出现，但是不要重复旧的错误。这些错误当然不仅包括硬件和软件，也包括参与发明的工程师、管理人员以及发明过程中的交流沟通等。

通过我们不断地寻求理解我们失望的原因，寻求从发明的错误中获得教训以避免失败，在这样的活动中，技术得以进步。但是失败依然会发生，因为我们的新发明或新材料会持续不断地应用到新环境中去，但是创新绝不会因为它的不可预测性而被放弃。

在发明中的失败不仅是成功的先兆也是通往成功的道路，现存事物或技术的失败不仅为改进事物或者过程提供了最初的动机，也为思想和模型逐步改进发展成为可申请专利的发明提供途径。②

在实践中存在这样一类发明，其相对于现有技术的贡献在于分析了导致某技术缺陷的原因，而该原因一旦找出，其解决方案却是显而易见的。发明实际完成的过程一般分为如下三个阶段：第一阶段，发明人意识到某现有技术在某一方面存在缺陷，即现象；第二阶段，分析产生该缺陷的技术方面的原因；第三阶段，基于该原因分析寻找解

---

① William Shockly, The Invention of the Transistor — "An Example of Creative-Failure Methodology", Nationa Bureau of Standards Speial Publication 388, Proceeedings of the Public Need and the Role of the Inventor, June 11 – 14, 1973, Monterey, Calif.

② Henry Petroski, *Success through Failure*, Princeton University Press, 2006, p. 63.

决该缺陷的技术手段。①

无论如何，事物和系统的都不会无限制地发展，没有机械的乌托邦，因此，总有改进的空间，最成功的改进最终是集中于那些局限——失败或者缺陷。②

三　成功的发明是对失败发明的超越

（一）成功的发明避免失败的发明的缺陷，优于失败的发明

技术进步一直往前进行，但是永远不会达到完美，总有一些方法需要改进。成功和失败是发明的硬币的两面。很多缺陷在发明的时候并不能显示出来，尤其很多大规模生产的产品，在发明过后要进行样品测试，如果测试通过，我们则声明这个发明起码在构思设计阶段是成功的。成功一般不会太引人注意，而失败总会引起人们的进一步研究，其研究的结果往往是造就新一代的发明。

夹纸的回形针没有取代大头针，仅仅在于大头针价格上的竞争力。这也带来关于发明和创新方面的一个核心思想。一个人工物要想取代现存的产品，就要具有明显的优点。建造出具有优点的发明，最直接、最成功的方式就是指出现存技术的缺点，显示出新技术如何完成旧技术不能实现的目标。没有什么事物是完美的，就算最传统的和已成惯例的做事方式也依然会留给人们怀有其他期望的空间。假如一个新的人工物能够克服旧技术的一个或多个方面明确存在的缺点，新的人工物就有可能接替或革命性的取代旧的设备。然而，通常情况下，已经存在较长时间的人工物，人们熟悉了他们的使用方式并且适应了人工物使用中带来的不方便和问题。发明人或工程师，在作为批判家的时候，他们能够看出已有人工物的任何不足，一旦他们自己从

---

① 魏辛欣：《"发现技术缺陷产生原因"类发明的创造性判断》，《中国知识产权报》2015年8月12日第11版。

② Henry Petroski, *Success through Failure*, Princeton University Press, 2006, p. 3.

事发明活动，他们曾经指出来的缺陷会立即在他们的发明中呈现出来。① 假如一个新发明能够避免这些问题，它就会有后续发展的机会。

除了需要，渴望也是发明之母，新事物和新思想来自人们对现有的事物的不满和对想要的事物的渴望。更确切地说，新的人工物和新技术的开发来自现存事物没有履行其功能上的承诺和预期中的功能。② 使用一个工具或执行一个系统过程中伴随产生的挫折和失望都给人们提出一个挑战：改进这个产品。有时候，当一个部分断成两块的时候，改进的焦点很明显，而有的时候，比如一个复杂的系统运行得越来越慢的时候，给系统提速的方法就不是那么明显了。在所有的案例中，解决问题的开端在于隔离造成失败的原因，并且集中于如何避免、消除、移开或者绕过它。发明人、工程师、设计师和普通用户一直都在面临这些问题。

虽然不能总是完全成功，发明人、产品开发人员和制造商都在不断地解决失败问题，无论是形式的、功能的，或者是财务上的。③ 因此，我们在超市的货架上或产品的广告中就会看到类似的标签：改良配方、低脂、低热量、更好的口感、更轻便、更快速、更加方便清洁等。似乎所有的产品都在和旧的产品比较，确切地说是和旧的产品的失败之处进行比较，所以新旧产品竞争的实质则是现有的发明弥补了先前发明的缺陷和失败之处，是现有发明对先前发明的超越。

（二）成功的发明需要更多的变通，以避免失败

成功和失败在设计中相互交织，虽然专注于失败会产生成功，但是对于先前的成功的过度依赖将会导致失败。成功不是简单地让失败缺席，成功还掩盖了潜在的失败模式。仿效成功在短时间内是有效的，但是这样的仿效行为一定会令人奇怪地失败。④ 比如人们发现某

---

① Henry Petroski, *Invention by Design: How Engineers Get from Thought to Thing*, Cambridge, Massachusetts: Harvard University Press, 1996, p. 15.
② Henry Petroski, *Success through Failure*, Princeton University Press, 2006, p. 1.
③ Ibid., p. 74.
④ Ibid., p. 3.

一种岩石适合用来做锤子,假如人们只要做锤子就找这一种岩石,但一旦遇到更为坚硬的东西,这个锤子在工作中自身就碎了。所以,不管过去的成功出现了多少次和多么的普遍,也不能保证该技术在新环境中表现稳定,就算是很普通的技术,也要根据不同的环境进行调整。

伊德(Don Ihde)曾分析过一个关于风车的案例。[①] 风车设备,结构像纸折的风车,在锋利驱动下旋转。在最古老的案例中,风车在印度被发现,它是一个风力驱动的转经筒或"自动祈祷的设备"。也有手摇的转经筒,一个带有手柄的旋转鼓,鼓面上刻有祷告经文,祈祷者将其祈祷与旋转的经文一起向外发送。自动转经筒借助自然的力量来做这些工作。后来,在美索不达米亚,更大版本的风车出现在9世纪,这些设备实际上给碾磨提供动力。9世纪,风车流传到欧洲,在早期的大规模能量应用的技术革命中,风车领域的发展是为了帮助荷兰低洼地区抽水。今天,风车正进入风力发电的应用阶段,在丹麦被广泛使用。在英国和美国地区,风车也在逐步产生影响。

理论上讲,风车都是风力驱动但是提供不同的力量。风车技术是相同的,但是能够嵌入不同的文化中,祈祷和产生可再生能源的需要是不同的,可是同样的技术却可以在复杂的文化背景中被抽取出它们不同的功能。相同的技术可以嵌入不同的历史文化背景,也就是说相同的技术可以适应不同的环境并扎根于不同的文化地区,但是技术人工物的表现形式会因为环境不同而有所改变。

似乎没有什么不能被其他没意识到的、非预期的使用和结果所颠覆,不管是简单还是复杂的,都具有不确定性。作为人工制品,技术似乎潜在地包含了多种用途或多种发展轨道。即便是最简单的人工物,一个阿舍利时期(欧洲旧石器时代)的手持斧子也能用于多种目的,在使用结果上,它和有目的地为多种任务设计的工具——瑞士

[①] Don Ihde, "The Designer Fallacy and Technological Imagination", in John R. Dakers (Edited) *Defining Technological Literacy Towards an Epistemological Framework*, New York: Palgrave Macmillan, 2006, pp. 121–132.

军刀没有多少差异。的确,多重任务可能是当前技术的新兴模式。移动电话,就像瑞士军刀一样,它是一个电话、数码相机、扫码器、电子邮件收发装置等。

很明显,当一个新技术投入使用的时候,在实践中会产生很多变化,很多发明案例都表明它们的实践没有任何简单的"确定性的"模式。发明的使用结果是不确定的,也是多样性的。此外,预期中的结果和意外的结果在任何简单的方式上都是无法预测的,因为,人—技术—使用三者之间是相互关联的,并且人、事物和实践都在发生着动态的变化。

虽然发明人从经验中学习,但是每一个新发明中都包含一些不确定的要素,发明人总是能够从他的发明经历中获知不可以做的比可以做的事情要多得多。失败是一个特殊的启发,因为它们为下一个发明提供反例,以提醒自己什么情况下会造成发明的失败。在这个道路上,发明人的任务之一就是每经历一次,就多一次预测的能力。发明人通过理解成功的发明和失败的发明的历史来增强他们对发明行为的预测能力,发明人在不断的失败中实现超越。

四 失败的发明转变为成功的发明

有时候,"失败"这个词具有相对性和暂时性,在某些特定的条件下,失败的发明可以重新转化为成功的甚至是伟大的发明。失败的发明在以下两种情况下,可能转变为成功的发明。

第一种情况,失败的发明寻找到新的用途。

在 20 世纪早期,文学理论家创建了一个概念"意图谬误",这个概念描述的是文本和作者的意图之间的关系,即从作者创作的意图、写作过程中来评价作品的文学评论方法是一种错误的评论方法。[①] 技术哲学家伊德借用意图谬误到技术设计中,称为"设计师谬误",是

---

① William K Wimsatt, Monroe C. Beardsley, "The Intentional Fallacy", *Sewanee Review*, Vol. 54, No. 3, 1946, pp. 468-488.

指设计师可以把目的和用途设计到技术中间去，反过来，这个谬误也意味着材料在某种程度上是中性的或可塑性的，它超出设计师可以控制的范围。伊德认为设计过程具有不同的操作方式，在设计师、使技术成为可能的材料和让技术得以实施的用途之间是一套非常复杂的系统。① 其实，设计师谬误可以理解为，如果按照设计师当初设计的目的来理解设计本身，这是错误的。同样，我们可以把这个含义借用到发明活动中，用"发明人谬误"来描述发明人的目的和发明的真正用途之间的关系。我们如果根据发明人在发明过程中的意图来评价发明，这也是错误的，因为在发明史中经常出现一种状况：发明的实际用途偏离了发明人当初的意图。根据我们对失败的发明的界定，失败的发明就是发明的预期和实际效果之间出现了令人不能接受的差异的发明，所以有些失败的发明不是绝对的失败，而是发明的用途和发明人的意图不吻合，但是换一个角度来看，这些发明恰恰又是成功的。

和一些伟大的发明源于一个幸运的错误一样，无处不在的便利贴（Post-it note）产生于一项失败的发明。② 时间回溯到1968年，3M公司（Minnesota Mining and Manufacturing Company）化学家希尔弗（Spence Silver）在努力改进丙烯酸酯胶黏剂的性能，用于家用胶带的粘贴。但是他发明的一种聚合物胶水没有满足他的预期。它能够将两个物体的表面粘贴起来但是不牢靠，它只能粘住一些微小的颗粒，总而言之，这个发明不是希尔弗期望的能够使用的黏合剂，而只是一个能够临时粘贴的胶水，但是希尔弗有一个强烈的感觉：这个发明一定对某些事物有用。怀抱这个坚定的信念，希尔弗许多年持续推动这个发明的应用，他发明了一种布告栏，专门用它的胶水粘贴布告，而不需要用图钉。后来，他召集3M公司的职员一块讨论，看看能不能为

---

① Don Ihde, "The Designer Fallacy and Technological Imagination", in John R. Dakers (Edited) *Defining Technological Literacy Towards an Epistemological Framework*, New York: Palgrave Macmillan, 2006, pp. 121 – 132.

② Laura Fitzgerald, *If at First: How Great People Turned Setbacks Into Great Success*, Missouri: Andrews Mcmeel Publishing, 2004, pp. 109 – 111.

他发明的胶水找到更好的用途。参加讨论的人群中有一位名叫富莱（Art Fry）的化学家，富莱是教堂唱诗班热心的参与者，他一直找不到好的方式帮助他快速找到上次翻到的书页，因为书签很容易滑落，而且硬的书签也不能同时插在多个书页处。一个周日的早晨，在有一次他找不到正确书页的时候，在冗长枯燥的布道的时候，他突然想到了一个解决方案：采用希尔弗的胶水，这样就可以粘贴在书页上并且随时可以撕开而不损坏书页。富莱和希尔弗的观点达到一致，他们开发出了相应的书签。但是有一次在一个研究工作的汇报上，富莱在这个书签上潦草地写了一些信息递给他的同事，这个同事快速抄写了一下书签上的信息接着传递给其他的汇报人，就在一杯咖啡的时间中，富莱就想到了这不仅可以做书签，还可以是一种新的交流方式。

希尔弗发明的胶水没有达到他最初的意图，但是这个胶水用于书签尤其是用于反复粘贴的记事纸片上的时候，满足了很多人的需要，成为一项成功的发明。发明人发明某项技术的时候目的往往是单一的，但是每一项发明都包含多个功能部件，每一个功能部件都能够在某些环境中凸显它的优势。不同的使用者可能会选择发明中的某一个部件的功能并把它扩大成主要用途，这个时候发明功能的多样性就展示出来了。在多样的用途中，总有些用途偏离了发明人当初的意图，所以有时候发明的失败只是一个相对暂时的状态，是发明的功能没有展示出来而已。由此也可以看出，成功的发明不仅在于发明的过程，还在于发明人和使用者寻找发明的用途的过程。

第二种情况，社会环境的变化为早期失败的发明提供了使用的空间。

当人们找到失败的发明的新功能的时候，失败的发明转变为成功的发明，但是还有一种情况就是失败的发明本身在结构和功能上都没有变化，而是发明所处的环境变化了，伴随环境的物质文化和非物质文化都变了。失败的发明恰好迎合了新环境的需要，从而展示了自己的功能，发明人的意图得以实现。通常来说，新环境激发了失败的发明的生命力，发明的功能的实现和发明的产生之间要么有一个时间的

发明哲学

间隔,要么就是在地理环境上有一个跨越,不管怎样,失败的发明找到了适合它的土壤。

川上贤司给他的发明取名为珍道具(chindogu)艺术,这些发明是针对人们生活中的小问题而做出的发明,只不过这些发明要么过于怪异,要么就是因为发明的使用在解决了发明人想要解决的问题的同时又带来新的麻烦,而这些麻烦往往掩盖了发明本身的价值,所以川上贤司的珍道具发明被人们称为"没用的发明"。但是,随着时间的推移和文化的变迁,有些在当时没用的发明迎来了适合它使用的环境。比如在 2005 年出版的介绍川上贤司的没用的发明中,有一个名为相机自拍杆(self-portrait camera stick)的发明,在一根可以伸缩的长杆一端可以固定相机,任何人手持相机自拍杆都可以不用别人帮助,自己为自己拍照。[①] 十年后的今天,相机自拍杆已经属于相机使用配件中最重要的一种,因为带有高品质摄像头的手机在 21 世纪的第二个十年得到急速发展,相机自拍杆实质上成为手机自拍杆。但是,自拍杆本身没有多少变化,而是技术的发展带动了物质文化的发展,自拍杆在新文化中迎合了人们的需要,这个早期看似失败的发明成功转型。

在技术发明史上,类似自拍杆这样的发明从失败和被嘲笑转向成功的例子有很多,出现这种情况的一个重要原因是因为发明人的远见卓识,他们的发明具有前瞻性。有时候,发明人的想法过于超前,发明出现的时候社会和广大民众还不能领会发明的意图,无法接纳那些超前的发明,这使发明出现暂时性的失败。由此,也提醒我们不要对新发明轻易地给出失败的判决,不要仅仅根据一个时期、一个地区或一个范围较小的群体的标准作为评价发明的绝对标准,有时候过于武断的评价或者过于苛刻的批判,有可能让一个本来只是暂时失败的发明永远失败。

---

① Kenji Kawakami, *The Big Bento Box of Unuseless Japanese Inventions*, New York: W. W. Norton & Company, Inc., 2005, p. 250.

综上所述，人们总是期望发明成功，但是成功的发明要少于失败的发明；人们总是想方设法避免发明失败，但是人的发明能力的有限性和技术发展的复杂性、不确定性注定失败的发明总会出现。失败的发明和成功的发明表面上看是一对相互对立的状态，但是失败和成功都是相对的、暂时的状态，失败的发明不仅可以启发发明人改进原有的技术，在某些特定的条件下失败的发明也有可能直接转向成功。一度看起来很成功的发明，它的社会影响也可能在一个较长的时间段之后才能显露出来，颠覆这个发明早期的光环，成为失败的发明。发明和失败是发明过程中相互纠缠、相互作用的两个方面，共同推动了人类技术的发展。

结　语

　　人类的历史可以看成一个漫长的技术变迁的历史，在几十万年甚至上百万年前，人们发现了火的使用，在一万年前，食物生产开始出现，在五千年前，人们进行城市中心的建设，大规模的机器发明只在几个世纪以前，电子产品的发明在几十年前。一些发明产生于偶然的机遇，有些发明产生于有目的地对于特殊问题的解决；有些发明产生于发明人瞬间的火花，有些发明经历漫长的人类思索和试验。发明对人类社会发展具有非凡的意义，但是对发明的本质的探索步履缓慢，已有的研究散落在心理学、社会学、经济学以及技术史领域，对于发明的"哲学之思"寥若晨星。本书以对发明的词源学解释为开端，对发明的含义、发明的来源、发明的组合模式、发明活动的主体即发明人、发明主体的道德规范和失败的发明展开研究，从而得出以下结论：

　　第一，发明的含义经历发现、修辞学中主题的选择和当前的设计构思新事物的含义之后，又和创新纠缠不清；当前的发明不仅要符合新颖性、有用性，还要合伦理性。

　　从古代到中世纪，发明一直表达"揭露出隐藏的、人们不曾知晓的事物"即发现的意思，在词语使用上，发明（invention）和发现（discovery）混合出现。文艺复兴时期，随着工匠精湛的技艺在社会中影响的扩大，人文学者开始关注技术进步和成就，采用文献学的方式对发明和发现进行梳理和编纂，在这些工作中，他们开始逐渐有意识地区别使用新事物的发明和发现。17世纪的时候，发明的含义倾向于机械发明，并且在 18 世纪以后，发明的使用固定于技术上的创造，这种使用方式一直持续到现在。但是在 20 世纪以后，随着经济学家首先对创新的关注，继而引发了创新研究的热潮，发明与创新时常伴随出现，却也纠缠不清。发明不是创新，发明只是创新的前一阶段，创新是发明和技术扩散的中间阶段。由于发明的目的总是面向使用，所以发明不仅要符合新颖性、实用性，还要合伦理性。

第二，发明的背后存在多种驱动力量：技术创造力、社会需要、现有技术产品的缺陷、变化的社会因素和科学上的进步。

技术人工物的多样性的原因之一就是"设计者想要展示他们的智慧和艺术天赋的渴望"，技术创造力是发明的必要条件但不是充分条件。发明的产生除了发明人本身的创造性头脑外，还需要社会需要的刺激。我们在认可"需要是发明之母"观点的同时，也要清楚"发明也是需要之母"，发明不仅能激发人们之前没有的全新的需求，发明还能够拉动额外的技术进步来维持发明本身的充分运行。更进一步，需要是发明之母，但不是发明的唯一之母，发明还能够在不断更新自身缺陷的努力中获得新生。当环境变化时，发明也会随之给予响应，比如社会环境中人口数量的变化、新的材料和技术功能部件的改变、新的文化的出现和自然环境中突然出现的重大改变，像自然灾害等。科学知识的新发展在近代以来对发明的推动作用尤其明显，科学发现不仅激发发明性顿悟，还是发明实现的保障，此外科学进步促成科学家—发明家群体的产生。

第三，发明是一个组合进化的过程，发明的组合模式包含概念的组合和物理部件的组合，也是发明的思维模型的建立和后续的机械表达的过程。

发明产生于一个过程，一个将需要和能满足需要的某个原理或某个效应的一般性应用连接起来的过程。这个连接的过程的前半阶段是在发明人头脑中构建一个思维模型的过程，发明人在频繁的思维活动中选取哪些功能需要被组合进来，并且形成一个看似完整的框架。在发明的思维模型建立起来之后，发明人要在现实中把思维模型中组合的功能或者原理的要素在现实中通过机械部件显示出来，一个原理可以对应多个待选择的机械部件，发明人选择机械部件的时候，需要考虑组合之后的效果，比如便利性、简单性、低成本等。

第四，发明人是发明活动中不可或缺的部分，当前发明人群体具有几个方面的特征：雇佣发明人成为发明主要群体，女性发明人占据较小比例但是呈现逐步上升的趋势，当前发明人的动机主要来自内部等。

发明人必备的独特的气质使他们成为发明活动中不可或缺的部分，但是不等于说某一位特定的发明人不可或缺。尽管发明深刻地影响了社会变迁，但那些创造出发明的人却不显山露水。典型的19世纪的发明家是自我雇用的孤独的发明人，这些发明人随着他们的发明成就一块脱颖而出，21世纪，主要的发明人更加可能是那些隐藏在企业团队中的无形的成员。漫长的发明史中，在近一个世纪企业雇佣发明人成为主要发明群体之前，一直都是独立发明人在默默进行着创造活动。当前，独立发明人占据很小的比例，但是他们依然没有退出历史舞台。在发明人群体中，女性发明人所占比例较小，但是研究发现，中国女性发明人群体所占比例远远高于欧洲、日本和美国，随着教育、文化和社会环境的改变，女性发明人的潜力会进一步得到释放。当技术的社会建构论盛行的时候，研究发现，当前的发明人的发明动机并非完全来自各种利益，内部动机是发明活动的重要动力因素。

琼斯的知识负担理论说明随着知识的不断累积，发明人需要花费更多的时间进行学习，所以发明人的年龄将会呈现逐渐增长的趋势。但是，通过对2000—2014年这15年间中国国家技术发明奖获得者进行统计，结果否定了琼斯的理论。研究表明中国重大技术发明人的年龄持续平稳，没有出现增长的趋势。这是因为虽然知识不断累积，但是知识的半衰期决定了发明人并不需要掌握已经累积的所有知识，就算需要学习的知识在不断增加，发明人也可以排除掉一部分不需要知晓的技术黑箱里的知识，同时，教育技术的发展让发明人的学习效率也在提高。

第五，发明伦理研究发明主体在发明活动中应该恪守的价值观念、社会责任和行为规范，在发明活动中，发明人应该考虑发明的前瞻性、科学性、尊重性、安全性和责任感。

发明的应用后果具有不可预测性并且发明负荷价值，所以发明虽然仅涉及概念阶段，但是发明关涉伦理。为了做出符合伦理的发明，发明主体在发明活动中需要考虑发明的前瞻性、科学性、尊重性、安全性和责任感等。发明受到发明人和发明组织的影响，可以从三个方面建构起发明的伦理道德：首先，发明人在发明决策中要想拥有良好的动机，需要他们平衡其内部和外部的道德制约，尤其注重塑造发明人自身美好的品性。其次，发明人在进行发明活动的过程中，道德想象力就应该相伴而行，而不是在发明的负面影响出现之后再进行反思。最后，组织化发明在进行决策的时候，不仅要平衡发明组织的动机和价值判断，还应该组建一个由技术专家、伦理学家和科学家共同工作的小组，这有助于慎重考虑发明和社会、技术与人文两种关系。

第六，失败的发明分为病理性发明、畸形发明和非预期事件导致失败的发明，失败的发明需要积极地看待它，因为失败的发明不仅能够启示成功的发明，它还是通向成功发明的阶梯。

发明的成功与失败是两个相互交缠、相互推动的两个方面。由于发明本身的复杂性、人类发明能力的有限性以及知识的有限性，不可避免地会产生失败的发明。失败的发明可以分为三类：发明本身的缺陷导致的病理性的发明，不符合道德规范和法律准则的发明目的和发明的使用造成的畸形的发明，发明在使用过程中产生的非预期的负面影响否定了发明本身的价值。成功的发明也并非发明人的一腔热情能够决定的，一项发明的成功完成以及实施，会受到文化、社会经济等多方力量的制约，就算是在独立发明中，发明人在一定程度上也无法掌控发明的命运。失败的发明和成功的发明极有可能相互转换，也具有相互推动性。尤其是失败的发明，它虽然是通往创造力道路上的垫脚石，但却能不断地给发明人以启迪，在对失败的发明不断超越的过程中，成功的发明才得以产生。所以，我们在高调赞扬成功发明的同时，也应该积极看待失败的发明的价值。

参考文献

A Daniell, "Inventions and Invention", *The Juridical Review*, 1899, 11.

Abbott Payson Usher, *A History of Mechanical Inventions*, Cambridge: Harvard University Press, 1954.

Abbott Payson Usher, Review: A History of Technology, Volume II: The Mediterranean Civilization and the Middle Ages, 700 B. C. to A. D. 1500 by Charles Singer; E. J. Holmyard; A. R. Hall; Trevor I. Williams, *The Journal of Economic History*, Vol. 18, No. 1, 1958.

Adrian Forty, *Objects of Desire: Design and Society Since 1750*, New York: Thames and Hudson, 1992.

AECT, The Definition of Educational Technology by Association for Educational Communications and Technology, Definition and Terminology Committee (pre-publication draft), 2004, http://ocw.metu.edu.tr/file.php/118/molenda_definition.pdf, 2015/08/25.

Aileen Cater-Steel, Emily Carter, edit., *Women in Engineering, Science and Technology: Education and Career Challenges*, Hershey: IGI Global, 2010.

Alex Keller and Giovanni Tortelli, "A Renaissance Humanist Looks at 'New' Inventions: The Article 'Horologium' in Giovanni Tortelli's 'De Orthographia'", *Technology and Culture*, Vol. 11, No. 3, 1970.

Alex Tiempo, *Social Philosophy: Foundations of Values Education*, Manila: REX Book Store, Inc, 2005.

Alexander Marr, Vera Keller, "Introduction: The Nature of Invention", *Intellectual History Review*, Vol. 24, No. 3, 2014.

Alfred Allan, Graham R. Davidson, "Respect for the Dignity of People: What Does This Principle Mean in Practice?", *Australian Psychologist*, Vol. 48, No. 5, 2013.

Alfred Daniell, "Inventions and Invention", *The Juridical Review*, 1899, Vol. 11.

Alfred Louis Kroeber, *Anthropology: Race, Language, Culture, Psychology, Prehistory*, New York: Harcourt Brace Jovanovich, Inc., 1948.

Alwyn Young, Invention and Bounded Learning by Doing, *Journal of Political Economy*, Vol. 101, No. 3, 1993.

Amy L. Landers, "Ordinary Creativity in Patent Law: The Artist Within the Scientist", *Missouri Law Review*, Vol. 75, No. 1, 2010.

Ann Dudal, "Gender and the New Sociology of Technology, Review: Judy Wajcman, Feminism Confronts Technology", *Social Studies of Science*, Vol. 22, No. 4, 1992.

Antoine Dechezlepretre, Matthieu Glachanty, Ivan Hasčičz, Nick Johnstonez, and Yann Me'nie'rey, "Invention and Transfer of Climate Change-Mitigation Technologies: A Global Analysis", *Review of Environmental Economics and Policy*, volume 5, issue 1, winter 2011.

Arnold Pacey, *Meaning in Technology*, The MIT Press, 2001.

Arnold Pacey, *The Maze of Ingenuity: Ideas and Idealism in the Development of Technology*, New York: Holmes and Meier, 1975.

Arthur A. Bright, *The Electric-Lamp Industry: technological change and economic development from 1800 to 1947*, New York: Macmillan Co., 1949.

Arthur W. J. G. Ord-Hume, *Perpetual Motion: the History of an Obsession*, Illinois: Adventures Unlimited Press, 1977.

Arts S., Veugelers R., *The Technological Origins and Novelty of Breakthrough Inventions*, Available at SSRN 2230366, 2013.

A. Gambardella, P. Giuri, M. Mariani, The Value of European Patents Evidence from a Survey of European Inventors, Final Report of the Patval Eu Project, Contract HPV2 – CT – 2001 – 00013, 2005.

A. Meijers, W. Houkes, "The Ontology of Artifacts: the Hard Problem", *Studies in History and Philosophy of Science*, 2006, 37.

Bartlett Jere Whiting, *Early American Proverbs and Proverbial Pharases*, Cambridge, Mass.: Belknap Press of Harvard University Press, 1977.

Becker, Gary S., Tomas J. Philipson, and Rodrigo R. Soares, "The Quantity and Quality of Life and the Evolution of World Inequality", *The American Economic Review*, 2005.

Benjamin F. Jones, "The Burden of Knowledge and the 'Death of the Renaissance Man': Isinnovation Getting Harder?", *Rev. Econ. Stud.* 2009, 76.

Benjamin F. Jones, "Age and Great Invention", *The Review of Economics and Statistics*, FebruaryVol. 92, No. 1, 2010.

B. Zorina Khan, "Married Women's Property Laws and Female Commercial Activity: Evidence from United States Patent Records, 1790 – 1895", *The Journal of Economic History*, Vol. 56, No. 2, 1996.

Bernard S. Finn, "Alexander Graham Bell's Experiments with the Variable-resistance Transmitter", *Smithsonian Journal of History*, 1966, 1.

Boys Just Want to be Boys: Should Schools Let Them? *The NEGP Weekly*, Vol. 2, No. 31, 1999.

Carolyn C. Cooper, "Social Construction of Invention through Patent Management: Thomas Blanchard's Woodworking Machinery, Technology and Culture", *Special Issue: Patent and Invention*, Vol. 32, No. 4, 1991.

Carroll W. Pursell, *The Machine in America: A Social History of Technology*, Baltimore: The Johns Hopkins University Press, 2007.

Catherine Atkinson, *Inventing Inventors in Renaissance Europe: Polydore Vergil's De Inventoribus Rerum*, Germany: Mohr Siebeck, Tübingen, 2007.

Charles Gibbs-Smith, *The Inventions of Leonardo da Vinci*, Oxford: Phaidon Press Limited, 1978.

Christian Cordes, "Long-term Tendencies in Technological Creativity—a Preference-based Approach", *Journal of Evolutionary Economics*, 2005, 15.

Christine Ammer, The American Heritage of Idioms, Houghton Mifflin Harcourt, 1997.

Christopher A. Cotropia and Mark A. Lemley, Copying in Patent Law, 87 N. C. L. Rev. 2009.

Christopher A. Cotropia, "The Individual Inventor Motif in the Age of the Patent Troll", *Yale Journal of Law and Technology*, Vol. 12, No. 1, 2010.

Christopher D. DeCluitt, "International Patent Prosecution, Litigation and Enforcement", *Tulsa Journal of Comparative and International Law*, Vol. 5, 1997.

Cicero, De Invention (Large Type Edition 16pt Bold), Objective Systems Pty Ltd CAN, 2006.

Clarence E. Ayres, *The Theory of Economic Progress*, Chapel Hill, N. C.: The University of North Carolina Press, 1944.

D. J. Conacher, *Aeschylus' Prometheus Bound: A Literary Commentary*, Toronto: University of Toronto Press, 1980.

D. Layton, Interpreters of Science: A History of the Association for Science Education, London: John Murray & the Association for Science Education, 1984.

D. N. Perkins, "The Possibility of Invention, In Robert J. Sternberg", *The Nature of Creativity: Contemporary Psychological Perspectives*, New York: the Cambridge University Press, 1988.

D. Stuart Conger, *Social Invention*, Canada: Saskatchewan Newstart, Inc. , 1974.

Daron Acemoglu, Simon Johnson, Disease and Development: The Effect of Life Expectancy on Economic Growth, Bureau for Research and Economic Analysis of Development, 2006, *BREAD Working Paper* No. 120.

David A. Hounshell, "Bell and Gray, Contrasts in Style, Politics and Etiquette", *Proceedings of the IEEE*, Vol. 64, No. 9, 1796.

David A. Hounshell, "Elisha Gray and the Telephone: On the Disadvantages of Being an Expert", *Technology and Culture*, Vol. 16, No. 2, 1975.

David C. Alexander, Natural Disasters, Routledge Taylor & Francis Group, 2001.

Dean Keith Simonton, "Scientific Creativity as Constrained Stochastic Behavior: The Integration of Product, Person, and Process Perspectives", *Psychological Bulletin*, Vol. 129, No. 4, 2003.

Dietrich Dorner, *The Logic of Failure: Why Things Go Wrong and What We Can Do To Make Them Right*, Metropolitan Books, New York, 1996.

Don Ihde, *Instrumental Realism: The Interface Between Philosophy of Science and Philosophy of Technology*, Indiana University Press, 1991.

Don Ihde, "The Designer Fallacy and Technological Imagination", in John R. Dakers (Edited) *Defining Technological Literacy Towards an Epistemological Framework*, New York: Palgrave Macmillan, 2006.

Donald A. Norman, "Some Observations on Mental Models", in *Mental Models*, ed. D. Gentner and R. Stevens, 7 – 15, Hillsdale, New Jersey: Lawrence Erlbaum, 1983.

Donald A. Norman, *The Psychology of Everyday Things*, New York: Basic Books, 1988.

Doris Simonis, *Inventors and Inventions*, Vol. II, New York: Marshall Cavendish Corporation, 2008.

E. Kaufer, *The Economics of the Patent System*, Switzerland: Harwood Academic Publishers GmbH, 1989.

E. Von Hippel, "Appropriability of Innovation Benefit as a Predictor of the Functional Locus of Innovation, Sloan School of Management", *MIT, Working paper* 1084 – 79, June, 1979.

Edwin M. Hartman, "The Role of Character in Business Ethics", *Business Ethics Quarterly*, Vol. 8, No. 3, 1988, .

Edwin Mansfield, *Industrial Research and Technological Innovation: An Econometric Analysis*, New York: W. W. Norton & Company, 1968.

Elliot Samuel Paul, "Scott Barry Kaufman, Edited", *The Philosophy of Creativity: New Essays*, New York: Oxford University Press, 2014.

Elspeth McFadzean, "The Creativity Continuum: Towards a Classification of Creative Problem Solving Techniques", *Creativity and Innovation Managent*, Vol. 7, No. 3, 1998.

Émile Quétànd (translator), *Curiosity of Science, Le Petit Journal*, November 22, 1865, No. 1026, p. 3 (bottom). Extracted from: Of The Transmission Of Sound And Speech By Telegraph, Il Corriere di Sardegna (The Sardinia Courier).

Eric W., Marsden, *Greek and Roman Artillery: Technical Treatises*, Oxford: Claredon Press, 1971.

Eugene M. Emme, "Aeronautics and Astronautics: An American Chronology of Science and Technology in the Exploration of Space, 1915 – 1960, United States", *National Aeronautics and Space Administration*, Washington, DC, 1961.

European Commission, The Green Paper on Innovation, 1995.

F. M. Collyer, "Technological invention: Post-Modernism and Social Structure", *Technology in Society*, Vol. 19, No. 2, 1997.

F. R. Bichowsky, *Industrial Research*, New York: Chemical Publishing Co., 1942.

Feldman D. H., "The Development of Creativeity", in R. J. Sternberg, T. I. Lubart (eds.), *Handbook of Creativity*, New York: Cambridge University Press, 1999.

Fleck, J., "Configurations, Crystallising Contingency", *International Journal of Human Factors in Manufacturing*, Vol. 3, No. 1, 1993.

Florence Essers, Jacob Rabinow, The Public Need and the Role of the Inventor: Proceedings of a Conference held in Monterey, Calting Office, 1974.

Franci Rogers, The Ethics of Invention, Baylor Business Review, 2006, Fall.

Francis Bacon, Of Innovations, in Essays or Counsels Civil and Moral, (1625), *Reprinted in* 1851, *with Copious Notes and Notice of Lord Bacon* by A. Spiers, ph. D., London: Whittaker and Co., 1851.

Francis Bacon, *Advancement of Learning*, London: Macmillan and CO, 1869.

Francis C. Moon, *Social Networks in the History of Innovation and Invention*, New York, London: Springer Dordrecht Heidelberg, 2014.

Frank Knight, *Risk, Uncertainty, and Profit*, Mineola, New York: Dover Publications, 2006.

Frank Lloyd Wright, "The Art and Craft of the Machine", in *Rethinking Architectural Technology: A Reader in Architectural Theory*, William W. Braham, Jonathan A. Hale. Abingdon: Routledge, 2007.

Gaurav Desai, "The Invention of Invention", *Cultural Critique*, 1993, 24.

George J. Stigler, "The Nature and Role of Originality in Scientific Progress", *Economica, New Series*, Vol. 22, No. 88, 1955.

George Perkins Marsh, *The Origin and History of the English Language, and of the Early Literature It Embodies*, New York: Charles Scribner & CO., 1867.

George Wise, Willis R., *Whitney, General Electric, and the Origins of U. S. Industrial Research*, Columbia University Press, 1985.

Gerald Zaltman, R. Duncan and J. Holbeck, *Innovations and Organizations*, New York: John Wiley and Sons, 1973.

Glyn P. Norton Edited, *The Cambridge History of Literary Criticism Volume 3: The Renaissance*, Cambridge University Press, 1999.

Göran Svensson, Greg Wood, "A Model of Business Ethics", *Journal of Business Ethics*, Vol. 77, No. 3, 2008.

Grant Adam, James W. Berry, "The Necessity of Others is the Mother of Invention: Intrinsic and Prosocial Motivations, Perspective Taking, and Creativity", *Academy of Management Journal*, Vol. 54, No. 1, 2011.

Greg A. Stevens, James Burley. 3,000 raw ideas = 1 commercial success! *Research Technology Management*, Vol. 40, No. 3, 1997.

H. J. Walberg, "Creativity and talent as learning", in: Sternberg, R. J. (ed.), *The Nature of Creativity: Contemporary Psychological Perspectives*, Cambridge University Press, Cambridge, 1988.

Hans Jonas, "Technology and Responsibility: Reflections on the New Tasks of Ethics", *Social Research*, Vol. 40, No. 1, 1973.

Henry Dircks, Edward Somerset Worcester, *The Life, Times and Scientific Labours of the Second Marquis of Worcester*, London: Bernard Quaritch, 1663.

Henry Petroski, *Invention by Design: How Engineers Get from Thought to Thing*, Cambridge, Mass. : Harvard University Press 1996.

Henry Petroski, *Invention by Design: How Engineers Get from Thought to Thing*, Cambridge, Massachusetts: Harvard University Press, 1996.

Henry Petroski, *Success Through Failure: the Paradox of Design*, New Jersey: Princeton University Press, 2006.

Henry Petroski, *The Evolution of Useful Things*, New York: Vintage Books, a Division of Random House, Inc. , 1992.

Henry Petroski, *The Evolution of Useful Things*, New York: Vintage, 1992.

Henry Petroski, *To Engineer Is Human: The Role of Failure in Successful Design*, New York: Vintage Books, 1992.

Henry Petroski, *To Forgive Design: Understanding Failure*, Cambridge, Massachusetts: The Belknap Press of Harvard University Press, 2012.

Herbert A. Simon, "Discovery, Invention, and Development: Human Creative Thinking", *Proc. NatL Acad. Sci. USA*, 1983, 80.

Herbert Hendin, Gerald Kierman, "Physician-Assisted Suicide: The Dangers of Legalization", *The American Journal of Psychiatry*, Vol. 150, No. 1, 1993.

Hyejin Youn, etc., *Invention as a Combinatorial Process: Evidence* from U. S. Patents. J. R. Soc. Interface 12: 20150272, Published 22 April, 2015.

Hyunjin Kwon, Changyol Ryu: Model of Technological Creativity Based on the Perceptions of Technology-Related Experts, Daejeon Technical High School, Chungnam NationalUniversity, Korea, www. aichi-edu. ac. jp/intro/files/seika05_ 2. pdf, 2015/09/08.

Inventors, Final Report of the Patval EU Project, Contract HPV2 – CT – 2001 – 00013, January 2005.

Isabelle *Stengers, Power and Invention: Situating Science*, Minneapolis, London: University of Minnesota Press, 1997.

J. Howells, R. D. Katznelson, "A Critique of Mark Lemley's 'The Myth of the Sole Inventor'", Available at SSRN 2123208, 2011, V4, http: // papers. ssrn. com/sol3/papers. cfm? abstract_ id = 2123208, 2015/10/08.

J. Frederick, Lake Williams, *An Historical Account of Inventions and Discoveries in Those Arts and Sciences, Which Are of Utility or Ornament to Man*, Volume I, London: T. and J. Allman, 1820.

J. Jewkes, D. Sawers, and R. Stillerman, *The Sources of Invention*, London: Macmillan & Co., 1958.

J. M. Keynes, "Some Economic Consequences of a Declining Population", *Eugen Rev.* Vol. 29, No. 1, 1937.

J. P. Guilford, *Creativity, American Psychologist*, Vol. 5, No. 9, 1950.

J. P. Guilford, *The Nature of Human Intelligence*, N. Y.: McGraw Hill. 1967.

J. P. Walsh, S. Nagaoka, "Who Invents?: Evidence from the Japan—US inventor Survey", *RIETI Discussion Papers*, 2009 – E – 034.

J. Webster, *Shaping Women's Work: Gender, Employment and Information Technology*, London: Longman, 1996.

Jack Stilgoe, Richard Owen, Phil Macnaghten, "Developing a Framework for Responsible Innovation", *Research Policy*, Vol. 42, 2013.

Jacob Schmookler, "Changes in Industry and in the State of Knowledge as Determinants of Industrial Invention", in Universities-National Bureau Edited, *The Rate and Direction of Inventive Activity: Economic and Social Factors*, Princeton University Press, 1962.

Jacob Schmookler, "Inventors Past and Present", *The Review of Economics and Statistics*, Vol. 39, No. 3, 1957.

Jacques Derrida, *Psyche: Inventions of the Other*, Stanford, Calif.: Stanford University Press, 2007.

James E. Brittain, "The Introduction of the Loading Coil: George A. Campbell and Michael I. Pupin", *Technology and Culture*, Vol. 11, No. 1, 1970.

James H. Moor, John Weckert, "Nanoethics: Assessing the Nanoscale from an Ethical Point of View", in Discovering the Nanoscale, eds., *Davis Baird, Alfred Nordmann and Joachim Schummer*, Amsterdam: IOS Press, 2004.

James M. Utterback, James W. Brown, "Profiles of the Future Monitoring for Technological Opportunities", *Business Horizons*, Vol. 15, No. 5, 1972.

Janice M. Lauer, *Invention in Rhetoric and Composition*, Indiana: Parlor press LLC, 2004.

Jerome C. Glenn, Theodore J. Gordon and James Dator, "Closing the Deal: How to Make Organizations Act on Futures Research", *Foresight*, Vol. 3, No. 3, 2001.

Jim Blythe, "Innovativeness and Newness in High-tech Consumer Durables", *Journal of Product & Brand Management*, Vol. 8, No. 5, 1999.

Joel Mokyr, *The Lever of Riches: Technological Creativity and Economic Progress*, New York: Oxford University Press 1990.

John C. Stedman, "Rights and Responsibilities of the Employed Inventor", *Indiana Law Journal*: Vol. 45, No. 2, 1970.

John H. Lienhard, *How Invention Begins: Echoes of Old Voices in the Rise of New Machines*, Oxford: Oxford University Press, Inc., 2006.

John L. Enos, *Invention and Innovation in the Petroleum Refining Industry*, in The Rate and Direction of Inventive Activity, Princeton: Princeton University Press, 1962.

John S. Mill, *Utilitarianism*, London: Longmans, Green, Reader, and Dyer, 1871.

John Wilkins, *A Discovery of a New World, or, a Discourse: Tending to Prove, That'tis Probable There May be Another Habitable World in the Moone*, London: John Norton for John Maynard, 1640.

Joseph P. Lane, Jennifer L. Flagg, "Translating Three States of Knowledge-discovery, Invention, and Innovation", *Implementation Science*, Vol. 5, 2010.

Joseph Rossman, "A Study of the Childhood, Education, and Age of 710 Inventors", *The Journal of the Patent Office Society*, Vol. 17, No. 5, 1935.

Joseph Rossman. *Industrial Creativity: the Psychology of the Inventor*, New Hyde Park, New York: University Books, 1964.

Joseph Schumpeter, *The Theory of Economic Development*, New Jersey: New Brunswick, Original Printing 1934, Sixteenth Printing, 2012.

Josiah Royce, "The Psychology of Invention", *The Psychological Review*, Vol. 5, No. 2, 1898.

Jr Alland, *The Artistic animal: An Inquiry into the Biological Roots of Art*, Garden City, NY: Anchor Press, 1977.

Jr George Westinghouse, "A Reply to Mr. Edison", *The North American Review*, Vol. 149, No. 397, 1889.

Julian Wolfreys, Literature, in Theory: Tropes, Subjectivities, Responses and Responsibilities, 2010.

K. M. Sheldon, etc., "Trait Self and True Self: Cross-role Variation in the Big Five Traits and Its Relations with Authenticity and Subjective Well-being", *Journal of Personality and Social Psychology*, 1997, 73.

K. B. Whittington, L. Smith-Doerr, "Women Inventors in Context", *Gend. Soc.*, 2008, 22.

Kenji Kawakami, *The Big Bento Box of Unuseless Japanese Inventions*, New York: W. W. Norton & Company, Inc., 2005.

Kimball P. Marshall, Has Technology Introduced New Ethical Problems? *Journal of Business Ethics*, Vol. 19, 1999.

Kristina B. Dahlin, Dean M. Behrens, "When is an Invention Really Radical?: Defining and Measuring Technological Radicalness", *Research Policy*, Vol. 34, No. 5, 2005.

L. L. Bernard, "Invention and Social Progress", *The American Journal of Sociology*, Vol. 29, No. 1, 1923.

Langdon Winner, *Autonomous Technology*, Cambridge, Mass: MIT Press, 1977.

Langdon Winner, *The Whale and the Reactor: a Search for Limits in an Age of High Technology*, Chicago: University of Chicago Press, 1986.

Laura Fitzgerald, *If at First: How Great People Turned Setbacks Into Great*

Success, Missouri: Andrews Mcmeel Publishing, 2004.

Laurel Smith-Doerr, *Women's Work: Gender Equality vs. Hierarchy in the Life Sciences*, Lynne Rienner Publisher, Inc., 2004.

Laurence Dreyfus, *Bach and the Patterns of Invention*, Pennsylvania: President and Fellows of Harvard Collede, 1996.

Lewis Coe, *The Telephone and Its Several Inventors: A History*, North Carolina: McFarland & Company, Inc., 2006.

Lowell v. Lewis, 1 Mason. 182; 1 Robb, Pat. Cas. 131, Circuit Court, D. Massachusetts, May Term, 1817, http://cyber.law.harvard.edu/IPCoop/17lowe.html, 2015/03/18.

Luis Suarez-Villa, *Invention and the Rise of Technocapitalism*, Maryland: Rowman & Littlefield, 2000.

Luis Suarez-Villa, *Invention and the Rise of Technocapitalism*, Maryland: Rowman & Littlefield Publishers, Inc., 2000.

Lynn Thorndike, "An Unidentified Work by Giovanni da'Fontana: Liber de Omnibus Rebus Naturalibus", *Isis*, Vol. 15, No. 1, 1931.

M. Drdácky, "Learning from Failure-Experience, Achievements and Prospects", in Brian S. Neale edited, *Forensic Engineering: The Investigation of Failures*, London: Thomas Telford Publishing, 2001.

M. L. Tushman and P. Anderson, "Technological Discontinuities and Organizational Environments", *Administrative Science Quarterly*, Vol. 31, No. 3, 1986.

Mackay, Hughie and Gillespie, Gareth, "Extending the Social Shaping of Technology Approach: Ideology and Appropriation", *Social Studies of Science*, Vol. 22, 1992.

Magee G. B., "Rethinking Invention: Cognition and the Economics of Technological Creativity", *Journal of Economic Behavior & Organization*, Vol. 57, No. 1, 2005.

Marc J. de Vries, *Teaching About Technology: An Introduction to the Philos-*

ophy of Technology for Non-philosophers, Dordrecht: Springer, 2005.

Margaret A. Boden, "What Is Creativity", in Margaret A. Boden Edited, *Dimensions of Creativity*, The MIT Press, 1994.

Mark A. Lemley, "The Myth of the Sole Inventor", *Michigan Law Review*, 2011 – 2012.

Max B. E. Clarkson, "A Stakeholder Framework for Analyzing and Evaluating Corporate Social Performance", *The Academy of Management Review*, Vol. 20, No. 1, 1995.

Max Planck, *Scientific Autobiography and Other Papers* (F. Gaynor, Trans.), New York: Philosophical Library, 1949.

Mcloughlin, Ian, *Creative Technological Change: the Shaping of Technology and Organisations*, London and New York: Routledge, 1999.

Melvin Kranzberg, "Technology and History: 'Kranzberg's Laws'", *Technology and Culture*, Vol. 27, No. 3, 1986.

Michael E. Gorman, W. Bernard Carlson, "Interpreting Invention as a Cognitive Process: The Case of Alexander Graham Bell, Thomas Edison, and the Telephone", *Science, Technology, & Human Values*, Vol. 15, No. 2, 1990.

Michael E. Gorman, "Turning Students Into Ethical Professionals", *IEEE Technology and Society Magazine*, Winter 2001/2002.

Michael J. Meurer, "Inventors, Entrepreneurs, and Intellectual Property Law", Patent Law in Perspective Institute for Intellectual Property & Information Law Symposium, *Houston Law Review*, 2008 – 2009, Vol. 45.

Michael L. Kiklis, *The Supreme Court on Patent Law*, New York: Wolters Kluwer Law & Business (Firm), 2015.

Michael, E. Gorman, Ethics, Invention and Design: Creating Cross Disciplinary Collaboration, ASEE Annual Conference Proceedings, 1998.

Michael, E. Gorman, *Transforming Nature: Ethics, Invention and Discovery*, Kluwer Academic Publishers, 1998.

Michel Callon, John Law, Arie Rip, *Mapping the Dynamics of Science and Technology: Sociology of Science in the Real World*, London: The Macmillan Press Ltd., 1986.

Mowery, D. and N. Rosenberg, *Paths of Innovation: Technological Change in 20Th-Century America*, Cambridge University Press: Cambridge MA, 1998.

Nathan Machin, "Prospective Utility: A New Interpretation of the Utility Requirement of Section 101 of the Patent Act", *California Law Review*, Vol. 87, No. 2, 1999.

National Research Council, *On Time to the Doctorate: A Study of the Lengthening Time to Completion for Doctorates in Science and Engineering*, Washington, DC: National Academy Press, 1990.

Nicely Elaborated in Philip Brey, Method in Computer Ethics: Towards a Multi-Level Interdisciplinary Approach, *Ethics and Information Technology*, Vol. 2, No. 2, 2000.

Nick T. Spark, *A History of Murphy's Law*, Los Angeles: Periscope Film LLC, 2006.

Norman K. Denzin, "The Suicide Machine", *Society*, Vol. 29, No. 5, 1992.

Office of Educational Research and Improvement, National Center for Education Statistics, 2000.

Ogburn, W. F., and Thomas, Dorothy, "Are Inventions Inevitable? A Note on Social Evolution Source", *Political Science Quarterly*, Vol. 37, No. 1, 1922.

Paola Giuri, Myriam Mariani etc., "Inventors and Invention Processes in Europe: Results from the Pat Val-EU Survey", *Research Policy*, Vol. 36, 2007.

Patricia H. Werhane, *Moral Imagination and Management Decision-Making*, New York: Oxford University Press, 1999.

Patricia H. Werhane, "Moral Imagination and Systems Thinking", *Journal of Business Ethics*, Vol. 38, 2002.

Paul Carter, Interest: The Ethics of Invention, in Barrett, Estelle and Bolt, Barbara Dr. (eds), *Practice as Research: Approaches to Creative Arts Enquiry*, I. B. Tauris, London, UK, 2007.

Peter B. Meyer, Episodes of Collective Invention, *U. S. Bureau of Labor Statistics Working*, Paper No. 368, August, 2003.

Phil Macnaghten, Jason Chilvers, The Future of Science Governance: Publics, Policies, Practices, *Environment and Planning C: Government and Policy*, Vol. 32, No. 3, 2014.

Philip Valenti, Leibniz, Papin, and the Steam Engine, Fusion, 1979, http://www.21stcenturysciencetech.com/Articles%202008/papin_steam_engine.pdf, 2015/10/10.

Phillip Sinclair Harvard, Two Hs from Harvard to Habsburg or Creative Semantics About Creativity: A Prelude to Creativity, in Elias G. Carayannis edited, Encyclopedia of Creativity, Invention, Innovation, and Entrepreneurship, Springer, 2013.

Polydore Vergil, edited and translated by Brian P. Copenhaver, *On Discovery*, *Cambridge*, Mass. ; London: Harvard University Press, 2002.

Poynard T. , Munteanu M. , Ratziu V. , et al. , "Truth Survival in Clinical Research: an Evidence-based Requiem?", *Ann Intern Med*, 2002.

Qing Miao, David Popp, Necessity as the Mother of Invention: Innovative Responses to Natural Disasters, National Bureau of Economic Research, *Working Paper* 19223, 2013.

R. Cowan, N. Jonard, "The Dynamics of Collective Invention", *Journal of Economic Behavior & Organization*, Vol. 52, 2003.

R. Kline, Construing "Technology" as "Applied Science": Public Rhetoric of Scientists and Engineers in the United States, 1880 – 1945. *Isis*, Vol. 86, No. 2, 1995.

R. Rothwell, P. Gardiner, "Invention, Innovation, re-innovation and the Role of the User: A Case Study of British Hovercraft Development", *Technovation*, Vol. 3, No. 3, 1985.

R. Stephen Parker, Gerald G. Udell, "The New Independent Inventor: Implications for Corporate Policy", *Review of Business*, Vol. 17, No. 3, Spring 1996.

R. von Schomberg, "Prospects for Technology Assessment in a Framework Ofresponsible Research and Innovation", In: Dusseldorp, M., Beecroft, R. (Eds.), *Technikfolgen AbschätzenLehren: Bildungspotenziale Transdisziplinärer*. Methoden. Wiesbaden: Springer VS, 2011.

R. W. Weisberg, *Creativity: Bqyond the hlyth of Genius*, W. H. Freeman, New York: 1992.

Rajshree Agarwal, Barry L. Bayus, The Market Evolution and Sales Take-off of Product Innovations, *Management Science*, Vol. 48, No. 8, 2002.

Ralph Linton, *The Study of Man*, New York: Appleton-Century-Crofts, 1936.

Ramon M. Lemos, *The Nature of Value: Axiological Investigations*, University Press of Florida, 1995.

Raul Colon, Flying on Nuclear, The American Effort to Build a Nuclear Powered Bomber, The Aviation History On-Line Museum, 2007.

Research Committee on Social Trends, *Recent Social Trends in the United States*, New York: McGraw-Hill, 1933, Volume I.

Richard Dean, *The Value of Humanity in Kant's Moral Theory*, Oxford University Press-Special, 2006.

Richard G. Hewlett, "Beginnings of Development in Nuclear Technology", *Technology and Culture*, Vol. 17, No. 3, 1976.

Richard M. Ryan and Edward L. Deci. Intrinsic and Extrinsic Motivations: Classic Definitions and New Directions, *Contemporary Educational Psychology*, Vol. 25, 2000.

Richard M. Sorrentin, Edward Tory Higgins, *Handbook of Motivation and Cognition: Foundations of Social Behavior*, Volume II, The Guilford Press, 1990.

Richard Nelson, "The Economics of Invention: A Survey of the Literature", *The Journal of Business*, Vol. 32, No. 2, 1957.

Richard Nelson, "The Link Between Science and Invention: The Case of the Transistor", in Universities-National Bureau edited, *The Rate and Direction of Inventive Activity: Economic and Social Factors*, Princeton University Press, 1962.

Robert A. Nisbet, Twilight of Authority, Liberty Fund, 1975.

Robert C. Allen, "Collective Invention", *Journal of Economic Behavior and Organization*, Vol. 4, 1983.

Robert Henry Thurston, *A History of the Growth of the Steam Engine*, New York: D. Appleton and Company, 1886.

Robert John Weber edited, *Inventive Minds: Creativity in Technology*, New York: OxfordUniversity Press, 1992.

Robert K. Merton, Singletons and Multiples in Scientific Discovery: A Chapter in the Sociology of Science, 105 PRoc. AM. PHIL. Soc'Y 470, 470 (1961).

Robert P. Multhauf, "The Scientist and the 'Improver' of Technology", *Technology and Culture*, Vol. 1, No. 1, 1959.

Robert Stuart, *Historical and Descriptive Anecdotes of Steam-engines, and of Their Inventors and Improvers*, Volume I. London: Wightman and Cramp, Paternoster. Row. 1829.

Ronald A. Nykiel, "Technology, Convenience and Consumption", *Journal of Hospitality & Leisure Marketing*, Vol. 7, No. 4, 2001.

Rong Tang, "Citation Characteristics and Intellectual Acceptance of Scholarly Monographs", *College and Research Libraries*, Vol. 69, No. 4, 2008.

Samuel Arbesman, The Half-Life of Facts: Why Everything We Know Has an Expiration Date, Blackstone Audiobooks, 2012.

Samuel C. Obi, *A Handbook of Productive Industrial Ethics*, Bloominton: Author House LLC, 2014.

Samuel Smiles, *Men of Invention and Industry*, Bremen: Eueropaeischer Hochschulverlag GmbH & Co KG, 2010 (Originally been Published in 1884).

Schoenmakers, Wilfred; Duysters, Geert, "The Technological Origins of Radical Invention", *Research Policy*, October, Vol. 39, No. 8, 2010.

Semir Zeki, "Artistic Creativity and the Brain", *Science*, 6 July 2001, Vol. 293, Issue 5527.

Sheila J. Henderson, Correlates of Inventor Motivation, Creativity, and Achievement, A Dissertation of Stanford University, for the Degree of Doctor of Philosophy, 2002, http://www.researchgate.net/publication/245536347.

Sherman M. Kuhn Editor, *Middle English Dictionary*, Volume 5, The University of Michigan Press, 1975.

Shirley Tilghman (chair), et al., *Trends in the Early Careers of Life Sciences*, Washington, DC: National Academy Press, 1998.

Simon Kuznets, "Inventive Activity: Problems of Definition and Measurement", in *The Rate and Direction of Inventive Activity: Economic and Social Factors*, Universities-National Bureau, Princeton University Press, 1962.

Simon Kuznets, "Modern Economic Growth: Findings and Reflections", *The American Economic Review*, Vol. 63, No. 3, 1973.

Simon Schaffer, "The Show That Never Ends: Perpetual Motion in the Early Eighteenth Century", *The British Journal for the History of Science*, Vol. 28, No. 2, 1995.

Simone de Colle, Patricia H. Werhane, "Moral Motivation Across Ethical

Theories: What Can We Learn for Designing Corporate Ethics Programs?", *Journal of Business Ethics*, 2008, 81.

Sir Robert Abbott Haldfield, *The History and Progress of Metallurgical Science and Its Influence Upon Modern Engineering*, Volume 1, Botolph Printing Works, 1923.

Source, -U. S., Department of Labor, Women's Bureau, Women's Contributions in the Field of Invention: A Study of the Records of the United States Patent Office, *Bulletin* No. 28, Washington, D. C., 1923.

Stanford Encyclopedia of Philosophy, Respect, Stanford Unversity, First published Wed Sep 10, 2003; substantive revision Tue Feb 4, 2014, http://plato.stanford.edu/entries/respect/, 2015/10/27.

Stein M. I., *Stimulating creativity*, New York: Academic, 1974. Rickards T., "The Management of Innovation: Recasting the Role of Creativity", *Eur J Work Organ Psychol.* Vol. 5, No. 1, 1996.

Stephen Machin, "The Changing Nature of Labour Demand in the New Economy and Skill-Biased Technology Change", *Oxford Bulletin of Economics and Statistics*, Vol. 63, 2001.

Steven Johnson, *Where Good Ideas Come from—the Natural history of Innovation*, New York: Riverhead Bokks a member of Penguin Group (USA) Inc., 2010.

Steven Shapin, "The Invisible Technician", *American Scientist*, Vol. 77, No. 6, 1989.

Steven Shapin, "Who Was Robert Hooke?", in M. Hunter and S. Schaffer, eds., *Robert Hooke: New Studies*, Wolfeboro, NH: Boydell Press, 1989.

Subrata Dasgupta, *Technology and Creativity*, New York: Oxford University Press, 1996.

S. C. Gilfillan, Prediction of Inventions, The Journal of the Patent Office Society, 1937.

S. C. Gilfillan, *The Sociology of Invention, Supplement*, Cambridge, Massachusetts, the M. I. T Press, 1970.

S. C. Gilfillan, *The Sociology of Invention: An Essay in the Social Causes of Technic Invention and Some of its Social Results: Especially as Demonstrated in the History of the Ship*, Chicago: Follett Publishing Company, 1935.

S. C. Gilfillan, "Invention as a Factor in Economic History, The Journal of Economic Hisyory", *Supplement: The Tasks of Economic History*, Vol. 5, 1945.

S. Hunt & S. Vitell, "The General Theory of Marketing Ethics: A Revision and Three Questions", *Journal of Macromarketing*, Vol. 26, No. 2, 2006.

S. J. John M. Staudenmaier. *Technology's Storytellers: Reweaving the Human Fabric*, Cambridge, Massachusetts: The M. I. T. Press, 1985.

S. J. Vitell, J. J. Singh, & J. G. Paolillo, "Consumers' Ethical Beliefs: The Roles of Money, Religiosity and Attitude toward Business", *Journal of Business Ethics*, Vol. 73, No. 4, 2007.

T. S. Pittman, J. Emery, A. K. Boggiano, "Intrinsic and Extrinsic Motivational Orientations: Reward-induced Changes in Preference for Complexity", *Journal of Personality and Social PEychology*, Vol. 42, 1982.

T. A. Boyd, *Research: the Pathfinder of Science and Industry*, New York: D. Appleton-Century Co. , 1935.

T. Hughes, *American Genesis: A Century of Invention and Technological Enthusiasm, 1870 – 1970*, Chicago, Chicago University Press, 2004.

T. M. Amabile, "Motivation and Creativity: Effects of Motivational Orientation on Creative Writers", *Journal of Personality and Social Psychology*, Vol. 48, 1985.

Taehyun Jung, Olof Ejermo, "Demographic Patterns and Trends in Patenting: Gender, Age, and Education of Inventors", *Technological Forecas-

ting & Social Change, Vol. 86, 2014.

Technology, *Social Studies of Science*, Vol. 22, No. 4, 1992.

Terman, Frederick E., "A Brief History of Electrical Engineering Education", *Proceedings of the IEEE*, Vol. 86, No. 8, 1998.

The New Encyclopaedia Britannica, Chicago: Encyclopaedia Britannica, Founded 1768, 15th Edition, Volume 4, 1985.

Théodule Ribot, *Essay on the Creative Imagination*, Chicago: the Open Court Publishing Company, 1906.

Thomas Bartholin, Published by Nich, Culpeper and Abdiah Cole, *Bartholinus Anatomy Made from the Precepts of His Father, and from the Observations of all Modern Anatomists, Together with His Own*, London: Printed by John Streater, 1668.

Thomas H. Jukes etc., *Effects of DDT on Man and Other Mammals: Papers*, New York: MSS Information Corporation, 1973.

Thomas Hodgskin, Popular Political Economy: Four Lectures Delivered at the London Mechanics' Institution, S. and R. Bentley, 1827.

Thomas P. Hughes, *American Genesis: a Century of Invention and Technological Enthusiasm, 1870 – 1970*, The University of Chicago Press, 2004.

Thomas P. Hughes, "The Evolution of Large Technological Systems", in *The Social Construction of Technological Systems: New Directions in the Sociology and History of Technology*, Wiebe E. Bijker, Thomas P. Hughes, T. J. Pinch, Anniversary ed., Cambridge, Mass.: MIT Press 2012.

Thomas S. Robertson, "The Process of Innovation and the Diffusion of Innovation", *Journal of Marketing*, Vol. 31, No. 1, 1967.

Thomas Tredgold, *Steam Engine: Its Invention and Progressive Improvement*, London: W. S. B. Woolhouse, F. R. A. S., & C., 1838.

Thomas Tredgold, *The Steam Engine: Comprising an Account of Its Inven-*

tion and Progressive Improvement; *with an Investigation of Its Principles, and the Proportions of Its Parts for Efficiency and Strength*: detailing its Application to Navigation, Mining, impelling Machinery, & C. *with* 20 *Plates and numerous Wood-cuts*, London: Jos. Taylor, 1827.

Thompson, Robert Luther. 1947, *Wiring a continent*: *A history of the telegraph industry in the United States. 1832 – 1866*, Princeton, NJ: Princeton University Press.

Thorstein Veblen, *The Instinct of Workmanship and the State of the Industrial Arts*, New York: Cosimo, Inc., 2006 (Originally Published in 1914).

Tim Healy, The Unanticipated Consequences of Technology, In Ahmed S. Khan, *Nanotechnology*: *Ethical and Social Implications*, CRC Press, Taylor & Francis Group. LLC, 2012.

Tom Nicholas, "The Role of Independent Invention in U. S. Technological Development, *1880 – 1930*", *The Journal of Economic History*, Vol. 70, No. 1, March, 2010.

Translated by Stephen A. Barney et al., *The Etymologies of Isidore of Seville*, New York: Cambridge University Press, 2006.

Translation from Pancirolli, *The History of Many Memorable Things lost*: *Which Were in Use Among the Ancients*: *and An Account of Many Excellent Things Found*, *Now in Use Among the Moderns*, *both Natural and Artificial*, London: John Nicholson, 1715.

U. S. Patenting by Women, 1977 to 1996, in U. S. PAT. & Trademark Office, U. S. Department of Commerce, Buttons to Biotech, 1996 Update Report with Supplemental Data Through 1998 (1999), available at http://www.uspto.gov/web/offices/ac/ido/oeip/taf/wom_ 98. pdf.

Ulrich Witt, "Propositions About Novelty", *Journal of Economic Behavior and Organization* (2008), Vol. 70, No. 1 – 2, 2009.

United States v. Quadro Corp., 928 F. Supp. 688 (E. D. Tex. 1996) - U. S. District Court for the Eastern District of Texas – 928 F. Supp. 688

(E. D. Tex. 1996) April 22, 1996, http://law.justia.com/cases/federal/district-courts/FSupp/928/688/1446818/, 2015/05/20.

Valerie Strauss, Why aren't there more Women in STEM? The Washington Posted, 23 March, 2010, http://voices.washingtonpost.com/answer-sheet/science/why-arent-there-more-women-in.html, 2015/05/20.

W. B. Arthur & W. Polak, "The Evolution of Technology Within a Simple Compute Rmodel", *Complexity*, 2006, 11.

W. Brain Arthur, "The Structure of Invention", *Research Policy*, Vol. 36, 2007, 36.

W. B. Shockley, The Invention of the Transistor—An Example of "Creative-Failure Methodology", In Florence Essers and Jacob Rabinow edited, *The Public Need and the Role of the Inventor*, Washington: Proceedings, National Bureau of Standards, 1974.

W. Bernard Carlson, Michael E. Gorman, A Cognitive Framework to Understand Technological Creativity: Bell, Edison, and The Telephone, In *Inventive Minds: Creativity in Technology*, Robert John Weber, David N. Perkins edit, Oxford University Press, 1992.

W. Bernard Carlson, Invention and Rvolution: the Case of Edison's Sketches of the Telephone, in John Ziman, *Technological Innovation as an Evolutionary Process*, Cambridge University Press, 2000.

W. Brain Arthur, "The Structure of Invention", *Research Policy*, Vol. 36, 2007.

W. F. Ogburn and S. Colum Gilfillan, The Influence of Invention and Discovery, US President's.

W. F. Ogburn, On Culture and Social Change: Selected Papers, Edited and Introd, by *Otis Dudley Duncan*, Chicago: University of Chicago Press, 1964.

W. F. Ogburn, *Social Change with Respect to Culture and Original Nature*, Gloucester (Mass): Peter Smith, 1950.

W. F. Ogburn, "The Influence of Inventions on American Social Institutions in the Future", *American Journal of Sociology*, Vol. 43, No. 3, 1937.

W. F. Ogburn, "National Policy and Technology", in Rosen, S. M. and Rosen, L. (eds.), *Technology and Society: Influence of Machines in the United States*, New York: Macmillan, 1941.

W. Guth, M. E. Yaari, "Explainin Greciprocal Behavior in Simple Strategic Games: an Evolutionary Approach", in: U. Witt (ed) *Explaining Process and Change*, The University of Michigan Press, AnnArbor, 1992.

W. W. Powell, E. Giannella, Collective Invention and Inventor Networks, in Bronwyn H. Hall, *Nathan Rosenberg, Handbook of the Economics of Innovation*, Vol. I, UK: North-Holland, 2010.

W. Houkes and A. Meijers, "The Ontology of Artifacts: the Hard Problem", *Studies in History and Philosophy of Science*, Vol. 37, 2006.

Waldemar Kaempffert, "Invention and Society", *Reading with a Purpose Series*, No. 56, American Library Association, Chicago, 1930.

Waldemar Kaempffert, "Systematic Invention", *The Forum*, Vol. 70, 1923.

Wiebe E. Bijker, "The Social Construction of Bakelite: Toward a Theory of Invention", in *The Social Construction of Technological Systems: New Directions in the Sociology and History of Technology*, Wiebe E. Bijker etc. edited. MIT Press, 2012 (1987 first).

William B. Shockley, Transistor Technology Evokes New Physics, Nobel Lecture, December 11, 1956.

William Foote Whyte, "Social Inventions for Solving Human Problems", *American Sociological Review*, Vol. 47, No. 1, 1982.

William J. Baumol, etc., "The Superstar Inventors and Entrepreneurs: How Were They Educated?", *Journal of Economics & Management Strategy*, Volume 18, Number 3, Fall 2009.

William K Wimsatt, and Monroe C. Beardsley, "The Intentional Fallacy", *Sewanee Review*, Vol. 54, No. 3, 1946.

William Lambard, *A perambulation of Kent: Conteining the Description, Hystorie, and Customes of Shyre*, London: Edm Bollifant, 1576.

William Outhwaite, The Blackwell Dictionary of Modern Social Thought, John Wiley & Sons, 2008.

Women's Bureau, U. S. DEPARTMETN OF LABOR, Women's Contributions in the Field of Invention: A Study of the Records of the United States Patent Office, Bulletin (United States. Women's Bureau); 28, 1923.

Woodworking Machinery, "Technology and Culture", *Special Issue: Patent and Invention*, Vol. 32, No. 4, 1991.

Yale Brozen, Research, "Technology, and Productivity", in L. R. Tripp (ed.), *Industrial Productivity*, Madison, Wis.: Industrial Relations Research Association, 1951.

[美] 布莱恩·阿瑟：《技术的本质：技术是什么，它是如何进化的》，曹东溟、王健译，浙江人民出版社2014年版。

[美] 乔治·巴萨拉：《技术发展简史》，复旦大学出版社2000年版。

[美] 朱克思等：《发明的源泉》，陶建明译，科学技术文献出版社1981年版。

[苏] B. 赫森：《牛顿〈原理〉的社会经济根源》（一），池田译，《山东科技大学学报》（社会科学版）2008年第10卷第1期。

[苏] B. 赫森：《牛顿〈原理〉的社会经济根源》（三），王彦雨译，《山东科技大学学报》（社会科学版）2008年第10卷第3期。

曹南燕：《科学家和工程师的伦理责任》，《哲学研究》2000年第1期。

贾绪计、林崇德：《创造力研究：心理学领域的四种取向》，《北京师范大学学报》（社会科学版）2014年第1期。

姜振寰：《技术发明的年龄谱研究》，《自然辩证法通讯》1992年第

14 卷第 2 期。

李伯聪：《工程伦理学的若干理论问题——兼论为"实践伦理学"正名》，《哲学研究》2006 年第 4 期。

龙九尊：《一个国家的发明史——国家技术发明奖发展综述》，《中国科技奖励》2009 年第 10 期。

《马克思恩格斯选集》第 4 卷，人民出版社 1972 年版。

宁先圣、胡岩：《工程伦理准则与工程师的伦理责任》，《东北大学学报》（社会科学版）2007 年第 9 卷第 5 期。

[美] 乔治·W. 康克：《发明与发明人的义务》，周琼译，《科技与法律》2014 年第 2 期。

[美] 乔治·巴萨拉：《技术发展简史》，周光发译，复旦大学出版社 1987 年版。

魏辛欣：《"发现技术缺陷产生原因"类发明的创造性判断》，《中国知识产权报》2015 年 8 月 12 日第 11 版。

吴红：《奥格本学派的形成及其对技术社会学的贡献》，《自然辩证法研究》2014 年第 30 卷第 2 期。

吴红：《发明社会学——奥格本学派思想研究》，上海交通大学出版社 2014 年版。

夏保华：《发明哲学思想史论》，人民出版社 2014 年版。

杨中楷等：《重大技术发明产出年龄分布特征研究——基于美国发明家名人堂数据》，《科学学研究》2015 年第 33 卷第 3 期。

衣新发、王小娟等：《创造力基因组学研究》，《华东师范大学学报》（教育科学版）2013 年第 31 卷第 3 期。

赵红州：《科学能力学引论》，科学出版社 1984 年版。

中国发明协会编：《巾帼风采：中国女发明家》，专利出版社 1998 年版。

朱海林：《技术伦理、利益伦理与责任伦理——工程伦理的三个基本维度》，《科学技术哲学研究》2010 年第 27 卷第 6 期。

后　记

　　发明，是我长期以来一直很感兴趣的一个主题，这不仅仅是因为发明对社会进步的意义，更吸引我的是发明的魅力，在发明活动的背后隐藏的本质。因此，我选择"发明哲学"作为本书的题目，也是我的国家社科基金项目的题目。本书的构思经历了一个较长的时间，而动手撰写的过程则较短。这就像本书中提到的发明的"思维模型"的建立和"机械表达"的过程。

　　"发明哲学"一词最早来自英国工程师、发明家德克斯，但是我获知这一词语则来自我的博士生导师夏保华教授，因此，我首先要诚挚地感谢夏老师在对我这一题目上所给予的启示。虽然已经博士毕业，但是在本书的撰写过程中，夏老师给予我无私的指导，提供了极具价值的建议。夏老师对学术研究一直保持着极高的热情，他严谨的学风、与人为善的品行一直是我学习的榜样。

　　我还要感谢英国约克大学哲学系迈克·比尼（Micheal Beaney）教授。迈克教授邀请我到英国约克大学哲学系创造力研究中心（Centre for Research into Imagination, Creativity and Knowledge）做访问学者。在学术访问的一年中，我研读了大量的外文文献，设想如果没有这些文献，本书的撰写可能更加困难。迈克教授热心于创造力研究，并就创造力的界定和特征方面和我多次进行交流。本书中关于技术创造力的话题，那是我在约克大学和迈克教授共同做一个题为"创造力"的学术讲座的时候，迈克教授讲授科学与艺术中的创造力，他希望我能讲授技术发明中的创造力，由此引发了我对这个话题的思考，并且最终形成了本书中技术创造力的部分。

  本书的出版得到了上海交通大学马克思主义学院学术出版基金的资助。最后，要感谢我的家人给我的爱，这是我不断前进的永恒动力！

2015 年深秋

于约克大学 Berrick Soul Building